高职教育水利类专业教学改革特色教材

水利水电工程施工与组织

（修订版）

主　编　金　晶
副主编　熊芳金　章朝峰　彭志荣
　　　　王　锋　廖　铖　曾　敏
　　　　王玉丽　胡红亮　付建国
　　　　廖　欢
主　审　潘　乐

黄河水利出版社
·郑州·

内 容 提 要

本书为高职教育水利类专业教学改革特色教材。全书分为八个项目,主要内容包括导流工程、爆破工程、土石方工程、混凝土结构工程、灌浆工程、土石建筑物施工、渠道及渠系建筑物施工和施工组织与计划。

本书可作为高职高专水利类专业教学用书,也可供从事水利水电建筑工程施工的专业技术人员学习参考。

图书在版编目(CIP)数据

水利水电工程施工与组织/金晶主编.—郑州:黄河水利出版社,2018.2 (2022.1 修订版重印)

高职教育水利类专业教学改革特色教材

ISBN 978-7-5509-1968-6

Ⅰ.①水… Ⅱ.①金… Ⅲ.①水利水电工程-工程施工-高等职业教育-教材 ②水利水电工程-施工组织-高等职业教育-教材 Ⅳ.①TV75

中国版本图书馆 CIP 数据核字(2018)第 030826 号

组稿编辑:王路平 电话:0371-66022212 E-mail:hhslwlp@163.com

田丽萍 66025553 912810592@qq.com

出 版 社:黄河水利出版社 网址:www.yrcp.com

地址:河南省郑州市顺河路黄委会综合楼 14 层 邮政编码:450003

发行单位:黄河水利出版社

发行部电话:0371-66026940、66020550、66028024、66022620(传真)

E-mail:hhslcbs@126.com

承印单位:河南承创印务有限公司

开本:787 mm×1 092 mm 1/16

印张:12

字数:280 千字 印数:3 501—4 500

版次:2018 年 2 月第 1 版 印次:2022 年 1 月第 3 次印刷

2020 年 7 月修订版

定价:30.00 元

前　言

水利工程的建设事关民生福祉，有利于促进区域协调发展，对社会稳定也有重要意义。水利工程施工与组织是水利工程建设中的重要环节。本书是根据江西水利职业学院水利水电建筑工程专业人才培养方案的要求编写的。

为了不断提高教材质量，编者于2020年7月对全书进行了认真修订完善，改正了书中在教学实践中发现的问题和错误。

本书综合考虑了江西省水利工程的特点和现状，以水利水电工程及其有代表性的建筑物为对象，拟定编写大纲和编写要求。在编写过程中，吸收了水利水电建筑工程施工的新理论、新方法、新设备和新工艺，参阅了水利水电工程施工的相关技术规范、规程，共编写了8个教学项目31个教学任务。

本书主要由江西水利职业学院承担编写工作，江西省水利水电建设有限公司廖欢参与，具体编写人员及编写分工如下：金晶编写绪论、项目1，熊芳金编写项目2，章朝峰编写项目3，彭志荣编写项目4，王锋编写项目5任务5.1～5.3，廖铖编写项目5任务5.4～5.5，曾敏编写项目6，王玉丽编写项目7任务7.1～7.2，胡红亮编写项目7任务7.3～7.4，付建国及廖欢编写项目8。本书由金晶担任主编并负责全书统稿，由熊芳金、章朝峰、彭志荣、王锋、廖铖、曾敏、王玉丽、胡红亮、付建国和廖欢担任副主编，由潘乐博士担任主审。

由于编者水平有限，加之时间仓促，书中难免存在疏漏和不足，诚恳读者批评和指正。

编　者

2020年7月

目　录

绪　论

水利工程是民生工程,不仅有防洪效益,还有供水、发电、灌溉、运输、渔业等方面的效益。自中华人民共和国成立以来,特别是经过改革开放以来的建设与发展,水利行业的发展日新月异。“十二五”水利投资年均增速 20% 以上,较“十一五”18% 的年均增速有所提高。水利投资从“十一五”的 7 000 亿元增加至“十二五”的 1.8 万亿元,新增 1.1 万亿元;同时中央投资从 2 934 亿元增加至 8 000 亿元,新增 5 066 亿元。“十三五”时期,水利建设投资初步估算规模达到 2.43 亿元,较“十二五”规划投资规模增长 35% ,较“十二五”时期实际投资增长 20% 。

江西省境内水系发达,河流众多。赣江、抚河、信江、饶河和修河五大河流为省内主要河流,纵贯全境,五河来水汇入鄱阳湖后经湖口注入长江。江西省的水利建设也取得了巨大成就,形成了较完善的防洪、治涝、灌溉、供水、发电、水土保持等水利工程体系。截至 2016 年底,全省已建成大量各类水利工程,其中水库 10 798 座(大 30 座,中型 260 座),万亩❶以上灌区 313 座;堤防长度达到 13 578.02 km;水闸 11 332 座。泵站工程数量19 966 座。全省有效灌溉面积达到 2 036.83 khm^2,累计治理水土流失面积 5 674.9 khm^2。2016 年水利工程年供水量 2 416 593.25 万 m^3,其中:水库工程 1 136 250.56 万 m^3,塘坝和窑池工程 147 566.37 万 m^3,河湖引水闸工程 434 665.37 万 m^3,河湖取水泵站工程604 533.21 万 m^3,机电井 75 599.99 万 m^3,其他 17 977.75 万 m^3。近几年,江西省水利事业发展迅速,已基本形成了一个较为完整的蓄水、引水、提水、排水、防洪、灌溉、发电和水土保持的水利工程体系。

水利工程建设一般分为规划、可行性研究、设计、施工和工程后评价等阶段,各部分既有分工又有联系,是建设项目科学决策和顺利进行的重要保证。水利工程有规模大、一次性投资高、失事后果严重等特点。因此,施工过程中要根据质量控制、进度控制和投资控制的要求,尽量做到安全、快速和经济。

1　水利水电工程施工的特点

(1)导流工程一般在枯水期进行,受地形、地质、水文等影响比较大。施工过程中体现了很强的季节性和必要的施工强度。不同的导流方案,其工期和投资不同,我们要进行合理的选择,周密的安排,精心组织施工,在力保安全的前提下,尽量缩短工期,降低工程投资。

(2)水利水电工程施工对地基的要求比较严格,遇到复杂的地质条件,如渗漏、断层、破碎带、软弱地基及滑坡等,要及时进行相应的地基处理,以免留下安全隐患。

---

❶ 1 亩 = 1/15 hm^2,全书同。

(3)水利工程多位于偏远地区,需要在现场设置混凝土工厂、钢筋加工厂、办公和生活用房等临时设施,以保证施工的顺利开展。

(4)水利水电工程由多种水工建筑物组成,涉及的工种多,施工技术复杂,施工受干扰的机会多,工程量大,需要做好施工组织设计,严格规范管理,确保施工安全和施工质量。

(5)水利水电工程一般为露天作业,需要根据工程的实际情况,采取适合冬季、夏季等不同季节的施工技术措施,以保证施工进度和质量。

(6)重视工程质量,失事后果严重。水利水电工程中修建的挡水建筑物等关系着人民群众的生命财产安全,一旦失事,将会带来严重的损失。在施工过程中,需要严格遵守规范、制度,确保施工质量。

(7)新技术的发展与创新对工程建设的影响比较大。如水下混凝土施工技术、施工机械、温控技术等的发展,加快了工程建设速度,降低了工程造价,缩短了工期。

2　我国水利水电工程施工的成就与施工技术的发展

在历史上,中国人民与江河湖海进行了艰苦斗争,为兴水利、除水害进行了不懈的努力,因地制宜地兴建了多种形式的水利工程,水利建设成就卓著,积累了许多宝贵的经验。

春秋时期,楚国孙叔敖大力推行水利建设,修建了我国最早的大型引水灌溉工程——芍陂。部分地区每到夏秋雨季,山洪暴发,形成涝灾;少雨时又经常出现旱灾。为了解决这些问题,孙叔敖根据当地的地形特点,组织人们修筑工程,将水汇集于低洼的芍陂之中。同时,修建五个水门,用石质闸门控制水量。当水位较高时打开闸门泄水,当水位较低时关闭闸门蓄水,合理控制水量。使得当地人们枯水期有水灌溉良田,丰水期能避免洪涝灾害。

战国时期,秦国国力强盛,为了发展农业生产,统一中国,修建了许多水利工程。其中,四川的都江堰、关中的郑国渠和沟通长江和珠江水系的灵渠,称为秦王朝三大杰出水利工程。都江堰位于成都平原西部的岷江上,是一座灌溉成都平原的大型古代水利工程。都江堰工程主要包括宝瓶口、飞沙堰、分水鱼嘴三个工程。整个工程顺地势修建而成,既能将岷江水引入成都平原用于灌溉,又能节制引水量。都江堰工程借助于宝瓶口、飞沙堰、分水鱼嘴能够对岷江做到“三七分流”。洪水期,狭窄的宝瓶口只允许30%的水进入内江,将70%的水量通过飞沙堰等溢漫分流到外江;枯水期,深窄的宝瓶口和较高的飞沙堰迫使70%的水量进入成都灌区。郑国渠是最早在关中修建的大型水利工程,引泾水向东注入洛水,全长300余m,灌溉关中平原,建成后使关中平原的农业生产得到了很好的发展。灵渠是秦始皇统一六国后,为了进一步完成统一大业,解决运输军队粮草的问题而修建的。灵渠设计与布局十分科学,使运河路线迂回,用以降低河床比降,平缓水势,方便船只通行,保证运河的安全。

西汉末年,水患严重,因此开展了一次大规模的综合治理活动,主要内容包括修筑黄河和汴河堤防、建分水和减水水门、整治河道等,实施改河、筑堤、疏浚等工程。经过人民的不懈努力,不仅使得黄河决溢灾害得到平息,而且充分利用了黄河、汴河的水力水利资源为人民造福。自此,黄河800年不曾改道,出现了一个相对安流时期。

元明清时期，为了使南北相连，将粮食从南方运到北方，开凿了京杭大运河。劳动人民先后开凿了三段河道，把原来以洛阳为中心的隋代横向运河，修筑成以大都为中心，南下直达杭州的纵向大运河。元代花了10年时间，先后开挖了“洛州河”和“会通河”，把天津至江苏清江之间的天然河道和湖泊连接起来，清江以南接邗沟和江南运河，直达杭州。而北京与天津之间，原有的运河已废，又新修“通惠河”。这样，新的京杭大运河比绕道洛阳的隋唐大运河缩短了900余km，这对南北经济和文化交流曾起到重大作用，同时还将成为南水北调的输水通道，继续发挥重要作用。

中华人民共和国成立以来，我国水利事业得到了快速的发展。20世纪50年代有浙江新安江水电站、湖南资水柘溪水电站、甘肃黄河盐锅峡水电站、广东新丰江水电站、安徽梅山水电站等；60年代有甘肃黄河刘家峡水电站、湖北汉江丹江口水电站、河南黄河三门峡水电站等；70年代有湖北长江葛洲坝水电站、贵州乌江乌江渡水电站、四川大渡河龚嘴水电站、湖南西水凤滩水电站、甘肃白龙江碧口水电站等；80年代有青海黄河龙羊峡水电站、河北滦河潘家口水电站、吉林松花江白山水电站等；90年代有湖南沅水五强溪水电站、广西红水河岩滩水电站、湖北清江隔河岩水电站、青海黄河李家峡水电站、福建闽江水口水电站、云南澜沧江漫湾水电站、贵州乌江东风水电站、四川雅砻江二滩水电站、广西和贵州南盘江天生桥一级水电站等；世纪之交有三峡水电站、小浪底水电站、大朝山水电站、棉花滩水电站等。截至1999年底，全国已建、在建的大中型水电站220座，100万kW以上的大型水电站20座。

我国水利建设在取得举世瞩目的成就的同时，也积累了许多宝贵的经验。近年来，我国的水利水电工程施工新技术、新设备、新工艺、新材料层出不穷，水利施工取得了一系列的进步与发展。

在土石坝施工中，土质心墙堆石坝已逐渐成为世界上高坝建设的主流坝型之一，随着填筑工艺水平的不断提高和新型土石方机械的大量投入，同时对筑坝材料的研究深入，改变了土石坝长期存在建设工期长、填筑强度低的缺陷。经过研究，劣质土料在正确的土料设计、适合的施工机械和科学的压实参数作用下，也能用于实际工程。

在混凝土坝施工中，混凝土筑坝技术在混凝土骨料、施工机械等方面有很大的创新。混凝土骨料采用人工骨料，可以调整骨料的粒径和级配，生产系统中配置了破碎机械用于碎石。采用风冷骨料技术对大体积混凝土进行温度控制，应用低热膨胀混凝土筑坝技术，简化温控，缩短工期。在混凝土浇筑方面，采用移动式模板、滑模等。

在施工导流与截流技术中，经过多年的研究，积累了丰富的经验。如在河床比较宽的情况下，宜采用分段围堰法；在河床比较窄的情况下，宜采用全段围堰法。截流过程中，在龙口处的抛投材料除了土石外，可以选择钢构架、混凝土多面体、钢筋网石笼等。围堰、隧洞、明渠等建筑物的修建和拆除技术都得到了快速发展。

在工程建设中采用了光面爆破、预裂爆破、定向爆破、预应力锚索、喷锚支护、高压喷射灌浆等新技术、新工艺。施工机械发展到大吨位自卸汽车、塔带机、模板台车等，装备能力迅速增长。水利水电工程施工技术的发展，为水利水电建设事业展示了一片广阔的前景。

3　课程的主要内容和学习方法

本书系统地阐述了水利水电工程施工技术的基本原理、施工特点、施工方法、施工机械以及主要机械的适用条件等。结合江西省水利工程的现状和特点，主要介绍了导流工程、爆破工程、土石方工程、混凝土工程、灌浆工程的施工方法、施工程序和使用的施工机械等内容，还特别介绍了堤防、渠道、水闸等江西省水利工程中的代表性水工建筑物的施工方法、施工条件等内容，最后介绍了施工组织设计、进度计划和施工总布置的内容。通过学习，要求了解水利水电工程施工中常用的施工机械的主要组成部分、工作原理、主要性能及其选择；掌握主要工种的施工过程、施工方法、操作技术、质量控制要点、安全技术措施，以及主要水工建筑物的施工特点、施工程序、施工工艺和质量检查方法。

学习本课程时，应重点学习各类水工建筑物的施工方法、适用条件、优缺点等，掌握基本概念、基本方法等，结合已学过的课程，通过多媒体教学、课堂训练、课程实训等教学环节，进一步理解和掌握相关知识点。同时，课后应及时关注水利工程施工技术的发展，丰富专业知识，培养从事水利工程施工和组织的专业技术能力。

项目1　导流工程

导流工程是修建水利水电枢纽的重要部分,是利于围堰进行基坑围护,并将水引到预定的通道进行下泄,以保证水工建筑物能在干地上进行施工的工程。在施工导流开始之前要收集与分析流域的水文、地形、地质等情况,在保证安全的前提下,综合考虑整个工程的工期、造价、质量和安全度汛,确定导流方案。

任务1.1　施工导流

1.1.1　导流方法

导流方法主要分为两种,分别是全段围堰法导流和分段围堰法导流。根据河床水文特性和地质条件、导流工程的造价、枢纽的布置、施工工期等对两种导流方法进行选择。

1.1.1.1　全段围堰法导流

全段围堰法导流,就是先修建好临时泄水建筑物或永久性泄水建筑物,然后在河床主体工程的上下游各修建一条围堰用于拦断水流,使河水从设计的通道宣泄到下游。采用这种方法可以获得比较大的工作面,主体工程施工受水流干扰小,有利于高速施工的开展。全段围堰法导流一般适用于枯水期流量不大、河道狭窄的河流。具体又可以按照泄水建筑物将它分为隧洞导流、明渠导流和涵管导流。

1. 隧洞导流

隧洞导流是在河岸中开挖隧洞,在基坑上下游修筑围堰,河水通过隧洞下泄,其示意图如图1-1所示。一般适用于山区河流、河谷狭窄、两岸地形陡峻、山岩坚实的情况。隧洞的断面形式一般为圆形、马蹄形和方圆形三种。导流隧洞常常可以考虑与永久隧洞结合布置,如图1-2所示,这样可以减少工程量,提高工程效益。

2. 明渠导流

明渠导流是在河岸上开挖渠道,在基坑上下游修筑围堰,河水经渠道下泄,其示意图如图1-3所示。对于河流流量比较大、岸坡比较平缓或有宽阔河滩的平原河道较为适用。明渠导流要结合工程实际情况,以保证施工方便、水流通畅和开挖量小为原则进行布置。当在施工期有通航要求时,明渠导流还要考虑所需的宽度、深度和长度。

3. 涵管导流

涵管导流是通过埋设在坝下的涵管作为泄水通道,河流经过涵管向下游宣泄的导流方式,其示意图如图1-4所示。通常在修筑土坝、堆石坝工程中采用。由于涵管泄流能力比较小,仅适用于流量较小的河流导流或仅承担枯水期施工导流的任务。

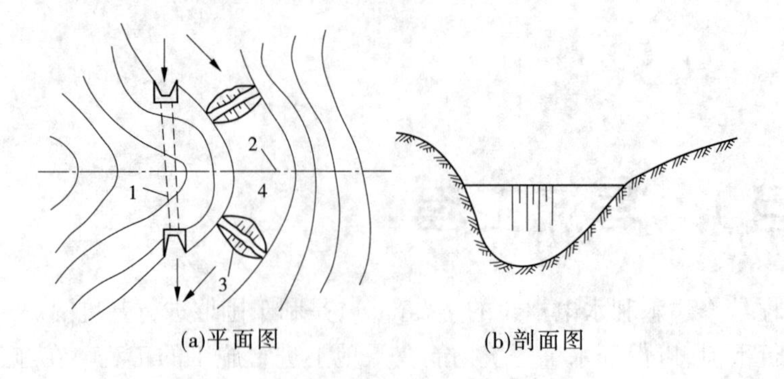

(a)平面图 (b)剖面图

1—导流隧洞;2—坝轴线;3—围堰;4—基坑

图 1-1 隧洞导流示意图

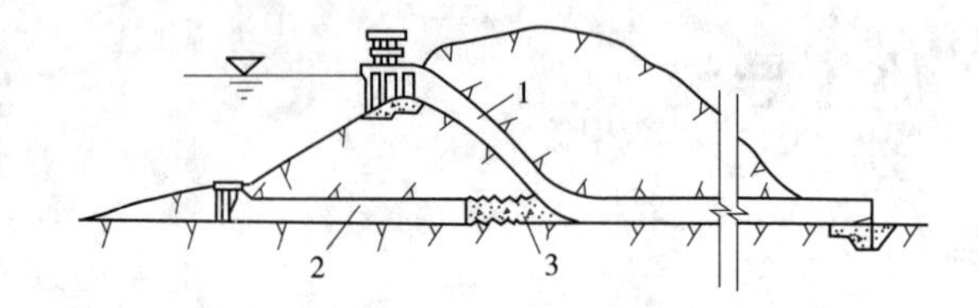

1—永久隧洞;2—导流隧洞;3—混凝土封堵

图 1-2 导流隧洞与永久隧洞相结合

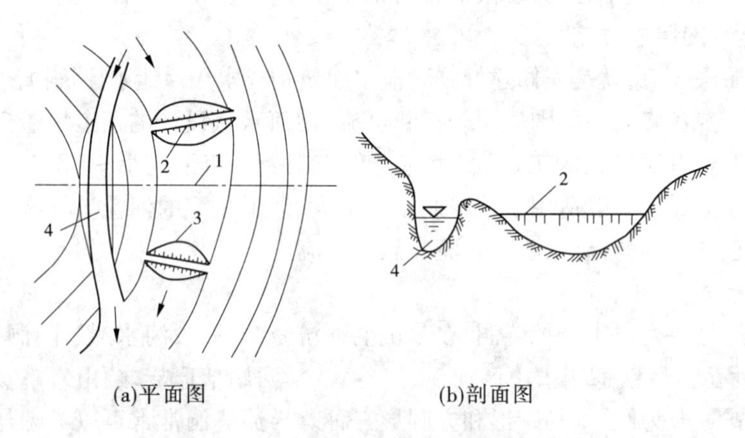

(a)平面图 (b)剖面图

1—坝轴线;2—上游围堰;3—下游围堰;4—导流明渠

图 1-3 明渠导流示意图

1.1.1.2 分段围堰法导流

分段围堰法导流是用围堰将水工建筑物分段、分期维护起来进行施工的方法。一般适用于河流流量大、河床比较宽、工期比较长的情况。利于围堰将水工建筑物分段维护起来进行施工,其实就是将河床分成若干个基坑进行施工,段数越多,围堰工程量越大,施工越复杂;而分期进行施工,就是在时间上将河床分成若干个基坑进行施工,期数越多,工期就可能越长,示意图如图 1-5 所示。一般在实际工程中,以两段两期导流法比较常见。

分段围堰法导流前期是利用束窄的河床导流,后期是利用修建好的泄水通道进行导流,常见的形式有底孔导流和坝体缺口导流。

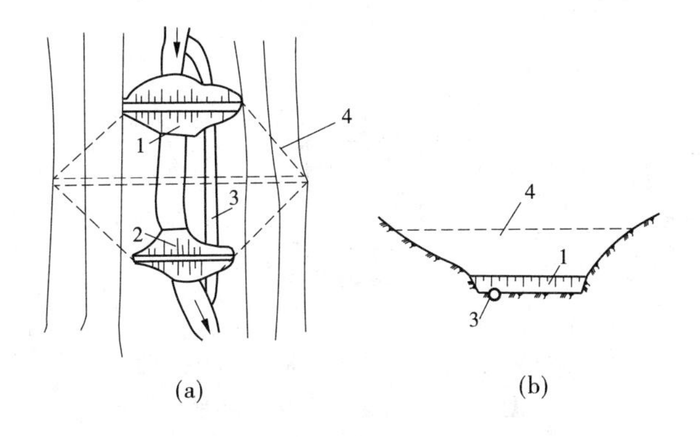

1—上游围堰;2—下游围堰;3—涵管;4—坝体

图1-4　涵管导流示意图

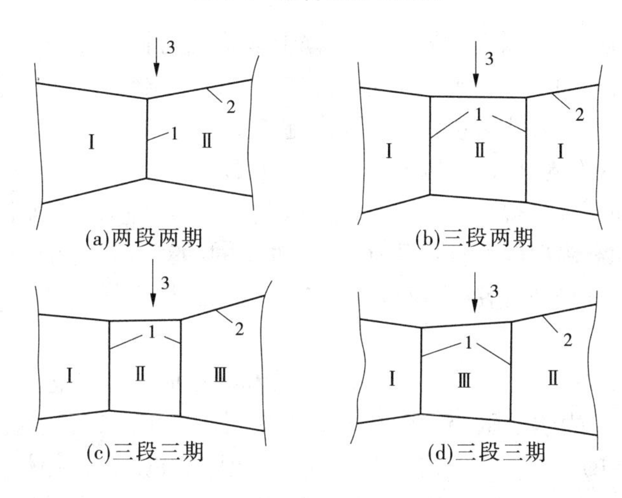

1—纵向围堰;2—横向围堰;3—水流方向

图1-5　导流分期与围堰分段示意图

1. 底孔导流

底孔导流是布置在坝体内的临时或永久底孔,主要用于河床内导流工程,其示意图如图1-6所示。采取底孔导流工作时,让全部或部分水流通过底孔宣泄到下游。

底孔导流的优点是有利于连续性施工,水工建筑物上部的施工不受水流干扰。缺点是在导流期间有被水流中挟带的漂浮物封堵的危险,并且采用临时底孔导流时,用钢量增加,封堵水头比较高,封堵质量影响坝体的稳定性。

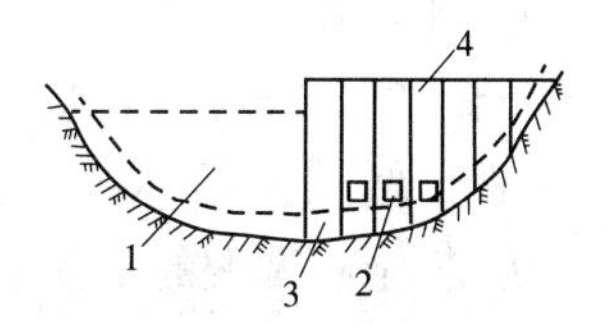

1—二期修建坝体;2—底孔;

3—二期纵向围堰;

4—已浇筑的混凝土坝体

图1-6　底孔导流示意图

2. 坝体缺口导流

当大坝在施工过程中,遭遇导流建筑物不足以满足宣泄条件的洪水时,可以在在建的坝上预先留好缺口以辅助宣泄洪水,汛期过后再对缺口进行修筑。坝体缺口导流示意图如图1-7所示。

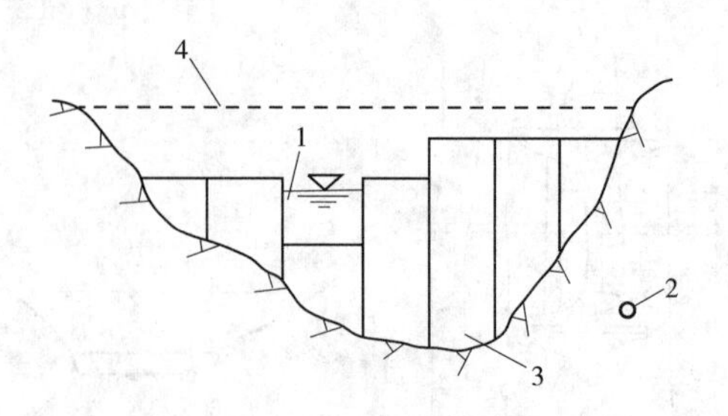

1—过水缺口;2—导流隧洞;3—坝体;4—坝顶

图1-7 坝体缺口导流示意图

1.1.2 围堰

在施工导流过程中,用以保护永久建筑物干地施工的临时性挡水建筑物称为围堰。当导流任务完成时,假如围堰对永久建筑物的使用造成影响,应当进行拆除。围堰对工程施工的影响比较大,一定要严格按照设计要求施工。

根据筑堰材料的不同,可以将围堰分成土石围堰、混凝土围堰、钢板桩围堰和草土围堰等;根据导流期间基坑是否过水,分为过水围堰和不过水围堰;根据围堰与水流的相对位置,分成横向围堰和纵向围堰;根据围堰与坝轴线的相对位置,分为上游围堰和下游围堰;根据施工期的划分,通常情况下可分成一期围堰和二期围堰,具体根据工程实际进行划分。

围堰的平面布置主要包括围堰外形轮廓布置和确定堰内基坑范围。上下游横向围堰的位置取决于主体工程的轮廓,纵向围堰的位置受到水工枢纽布置、地形地质条件、水力学条件、通航等因素的影响。一般情况下,上下游围堰基坑坡址距主体建筑物轮廓应不小于20~30 m,纵向围堰基坑坡址离主体建筑物轮廓不大于2 m。纵向围堰布置后,通常束窄河床段的允许流速不大于围堰和河床的抗冲允许流速。

在施工期间,在高水头作用下,围堰容易出现漏洞、管涌和漫溢等险情。针对漏洞的抢护方法有戗堤法、塞堵法、盖堵法;针对管涌可采用反滤围井法和反滤压盖法;依据上游水情预报,对有可能发生漫溢的险情地方,可以提前在围堰顶部修筑子堤加以防护。

1.1.2.1 土石围堰

土石围堰可以利用当地材料或者弃渣作为修筑的填料,构造简单,便于机械化施工,施工方便,造价低,能够在水流中、深水中、岩基或者有覆盖层的河床上施工,其示意图如图1-8所示。但是,土石围堰的工程量大,抗冲刷能力差,占地面积大,底宽较大,沉降变形大,常用作横向围堰,一般情况下堰顶不能过水。土石围堰是工程中应用最广泛的围堰形式。

土石围堰与土石坝的设计原理基本相同,但是在满足导流期正常运行的情况下,结构形式应该力求简单,以便施工。当作为过水围堰时,下游坡面与堰脚需要采取混凝土板护面、钢筋石笼护面、大块石护面等加固保护措施。

一般情况下,围堰的拆除是在运行期的最后一个汛期之后进行的,伴随上游水位的下降,拆除围堰的背水坡和水上部分。一般土石围堰的拆除方式有爆破开挖、挖土机开挖和人工开挖。

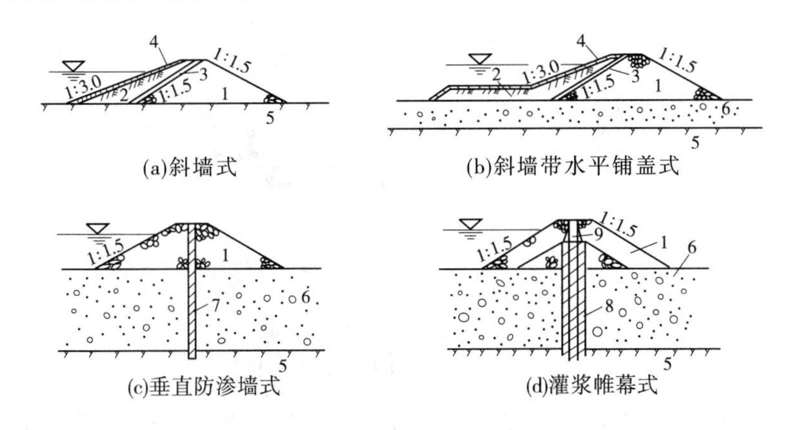

1—堆石体;2—黏土斜墙、铺盖;3—反滤层;4—护面;
5—隔水层;6—覆盖层;7—垂直防渗墙;8—灌浆帷幕;9—黏土心墙

图1-8　土石围堰示意图

1.1.2.2　混凝土围堰

混凝土围堰有占地范围小、抗冲防渗性能好的特点,既可以做挡水围堰也可以做过水围堰,也常做纵向围堰。虽然造价相对土石围堰略高,但依然被很多工程采用。混凝土围堰根据结构形式分为混凝土重力式围堰、混凝土拱形围堰等。

一般情况下,混凝土重力式围堰(见图1-9)建于岩基上,以便抗御水流的冲刷,可将围堰布置在枯水期出露的岩滩上以保证混凝土的施工质量。如果仍不能达到干地施工条件,则需另修筑土石低水围堰加以围护。三峡、丹江口、三门峡等工程的纵向围堰均采用混凝土重力式围堰,其下游段与永久导墙相结合。

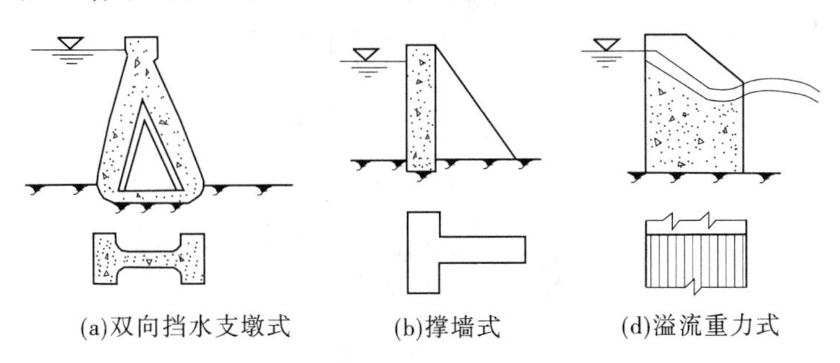

图1-9　混凝土重力式围堰示意图

混凝土拱形围堰(见图1-10),适用于河谷覆盖层不厚的河流上或者两岸陡峻、坚硬的峡谷岩基。与重力式混凝土围堰相比,其断面小、混凝土工程量少、施工速度快,在水利工程中应用较多。一般情况下,围堰的拱座在枯水期的水面以上施工。比如刘家峡、乌江渡、安康等工程均采用了混凝土拱形围堰。对于混凝土围堰的拆除一般只能用爆破的方法。

1.1.2.3　钢板桩围堰

钢板桩围堰是很多块钢板桩用锁扣的方式相互连接成一个临时性挡水建筑物。钢板桩的锁扣形式有握裹式、互握式和倒钩式,如图1-11所示,内回填砂砾石料用以保证整体的稳定性。在填料的过程中需要特别注意,各格体内的填料表面要基本保持在同一平面

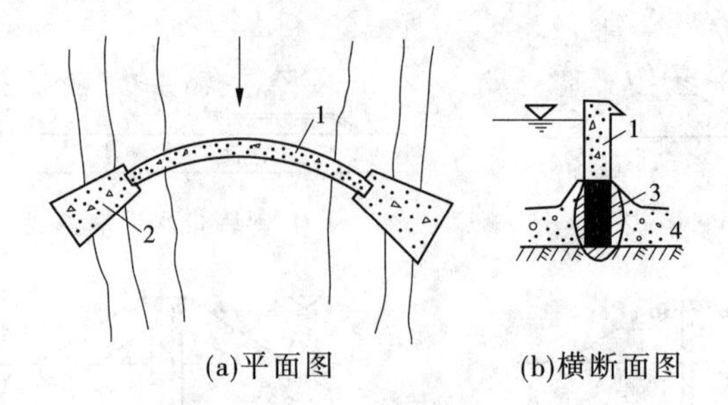

1—拱身;2—拱座;3—灌浆帷幕;4—覆盖层

图1-10　混凝土拱形围堰示意图

并匀速上升,否则高差太大容易造成格体变形。根据格体的平面形式,分成圆筒形格体、扇形格体和花瓣形格体等。其中,应用比较广泛的是圆筒形格体,如图1-12所示。

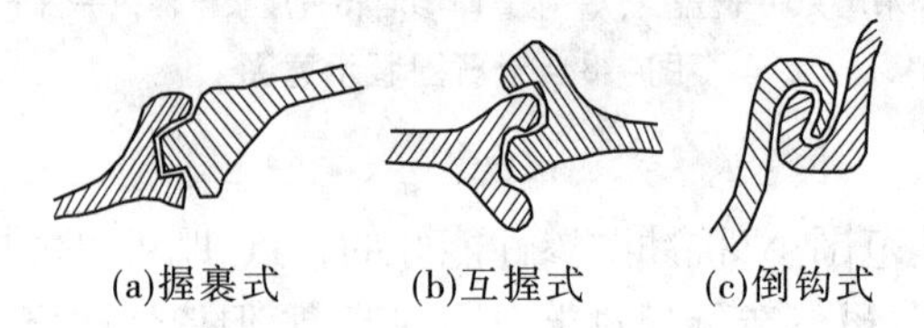

图1-11　钢板桩锁扣示意图

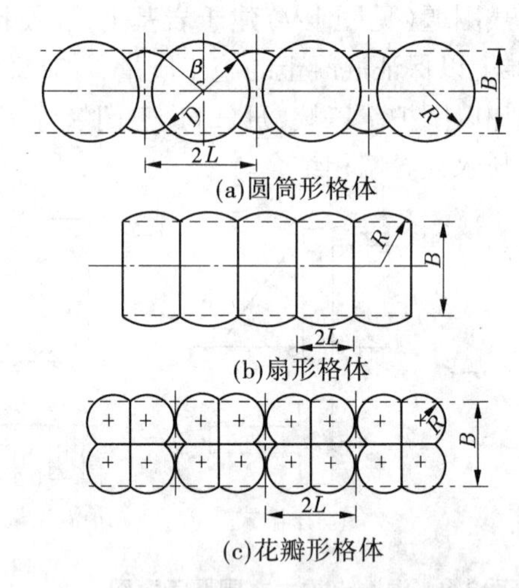

图1-12　钢板桩格型围堰平面形式

钢板桩围堰的优点是坚固、抗冲、抗渗,围堰断面面积小,机械化施工方便,钢板桩可以重复使用,回收率高。适合在束窄度大的河床做纵向围堰使用,目前仅在大型工程中应用。它既可以在软基上使用,也可以在岩基上使用,一般最高挡水水头不超过30 m。

圆筒形格体钢板桩围堰的修筑由定位、打设模架支柱、模架就位、安插钢板桩、打设钢板桩、填充料渣、取出模架及其支柱和填充料渣到设计高程等工序组成。一般在修建过程中,受水位的变化和水面的波动影响比较大,施工难度也比较大。

钢板桩围堰的拆除主要分为两个步骤,首先用抓斗或吸石器将格体内的填料清除掉,然后使用拔桩机把钢板桩拔起,逐一拆除。

1.1.2.4 草土围堰

草土围堰是一种草土混合结构,通过采用捆草法将麦草、稻草、柳枝等主要材料修筑而成,其示意图如图1-13所示。例如,青铜峡、盐锅峡、八盘峡水电站等大型水利水电工程施工中都成功地使用过草土围堰。

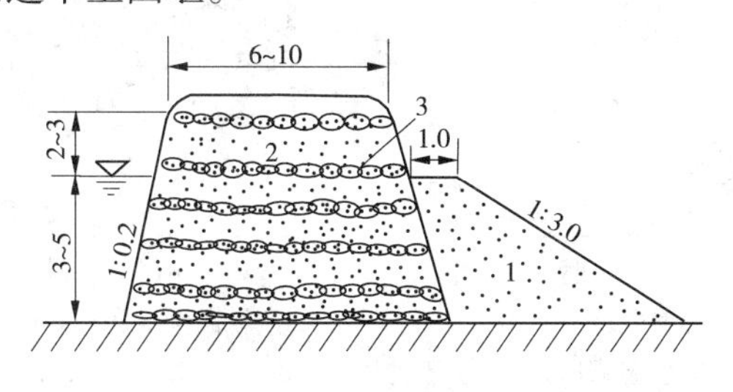

1—戗土;2—土料;3—草捆

图1-13 草土围堰示意图 (单位:m)

草土围堰施工速度快、结构简单、容易取材、拆除方便、造价低,能够较好地适应沉降变形,对地基适应性好,特别适用于软土地基。但是,能承受的水头较小,只能应用在水深不超过6 m、流速不超过3.5 m/s,使用期限不超过两年的工程中。

一般情况下,草土围堰的断面形式为矩形或梯形,坡比为1∶0.2~1∶0.3,堰顶一般为1.5~2 m,岩基河床上的宽高比为2~3,软件河床上的宽高比为4~5。

草土围堰是用散粒料堆成的,因此可以用挖掘机直接挖除或爆破拆除。

任务1.2 截流工程

在施工导流中,截断原河床水流,使河水引向导流泄水建筑物下泄,在河床中全面开展主体建筑物的施工,就是截流。截流工程是水利水电工程施工的重要环节,不仅影响整个工程布局,还直接影响工期和造价。如果不能按时完成,将会延误整个建筑物工程施工,甚至有可能使工期拖延一年。因此,截流是一项难度比较大并且至关重要的工作。

截流的主要过程为进占、龙口裹头与护底、合龙、闭气等,如图1-14所示。从河床的一侧或两侧向河床中填筑截流戗堤,逐步束窄河床的工作称为进占。戗堤进占达到一定程度,形成流速较大的泄水缺口,这称为龙口。为了降低截流难度,龙口一般选在河床水深较浅、岩基或者覆盖层比较薄的地方。为了使龙口两侧堤端和底部的抗冲稳定得以保障,通常采取抛投大块石、铅丝笼等工程防护措施,这就是龙口裹头与护底。一切准备好后,在较短的时间内封堵龙口的工作称为合龙。合龙后,龙口段及戗堤本身仍然漏水,在戗堤全线设置防渗措施,这一工作称为闭气。与此同时,立即使戗堤加高培厚到设计要求,形成围堰。

1.2.1 截流的方法

截流方法有很多种,基本方法为立堵法和平堵法。在实际工程中,需要结合水文、地质、地形、材料供应、施工条件等因素综合考虑,进行技术比较,从中选择最优方案。

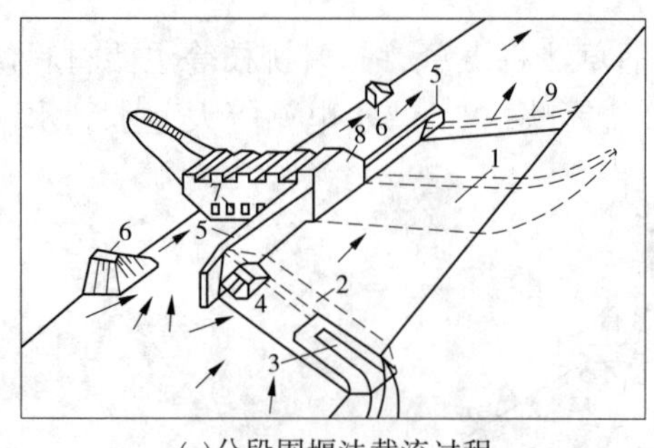

(a)分段围堰法截流过程

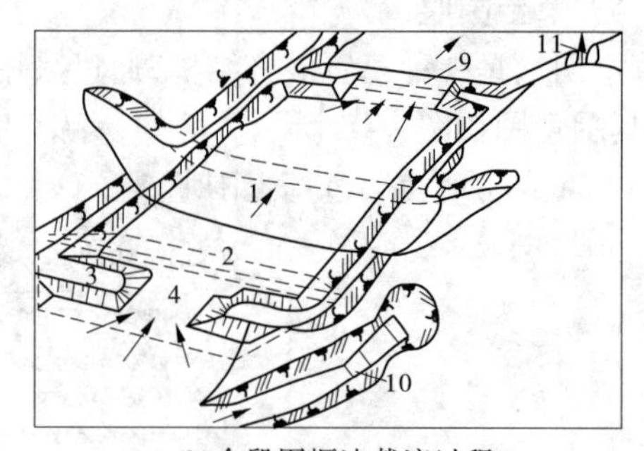

(b)全段围堰法截流过程

1—大坝基坑;2—上游围堰;3—戗堤;4—龙口;5—二期纵向围堰;6——期围堰的残留部分;
7—底孔;8—已浇筑的混凝土坝体;9—下游围堰;10—导流隧洞进口;11—导流隧洞出口

图 1-14　截流过程示意图

1.2.1.1　抛投块料截流施工方法

1. 立堵法

立堵法截流(见图 1-15)是指利用自卸汽车等机械设备,将截流材料由河床一岸或两岸向河床中间抛投形成戗堤,逐步进占束窄龙口,直至截断水流。一般情况下,立堵法截流适用于大流量、岩基或覆盖层较薄的岩基河床。对于软基河床,需要采取护底措施后,才可以使用。它是我国水利工程堵口的传统方法,被广泛采用,如葛洲坝、李家峡等工程均采用了这种方法。

立堵法的优点是施工简单、便于机械化施工、造价低。其缺点是龙口单宽流量和流速比较大,流速分布不均匀,水力学条件比较差。随着合龙的进行,流速越来越大,需要的单个截流材料越来越大。由于端部进占,工作面狭窄,施工强度受到限制。

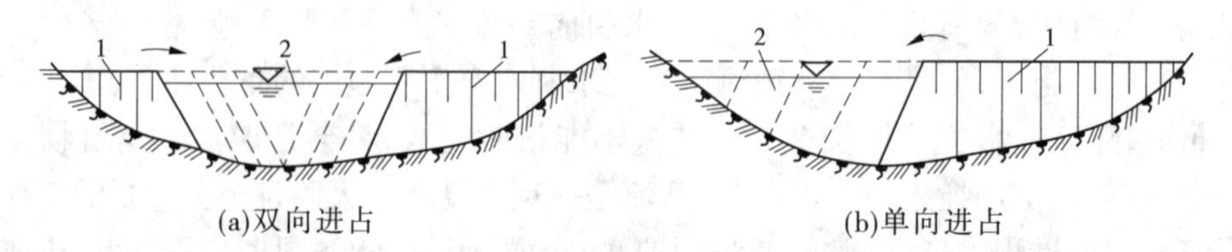

(a)双向进占　　(b)单向进占

1—截流堤;2—龙口

图 1-15　立堵法截流示意图

2. 平堵法

平堵法截流(见图 1-16)是指沿着戗堤轴线,在龙口处设置浮桥或栈桥,沿龙口全线均匀地抛投截流材料修筑戗堤,逐层上升,直至戗堤露出水面。适用于流量比较大的软基河床。

平堵法的优点是流速分布比较均匀、对河床冲刷较小、有利于机械化施工、抛投强度大、施工进展快。其缺点是需要架设浮桥或栈桥,施工技术复杂,造价高,影响河道的通航。

3. 混合堵法

在实际工程中,经常采用两种方法结合使用的情况,分为立平堵法和平立堵法。立平堵法是指先立堵法后平堵法,降低造桥的费用,充分发挥平堵法水力条件比较好的优点。

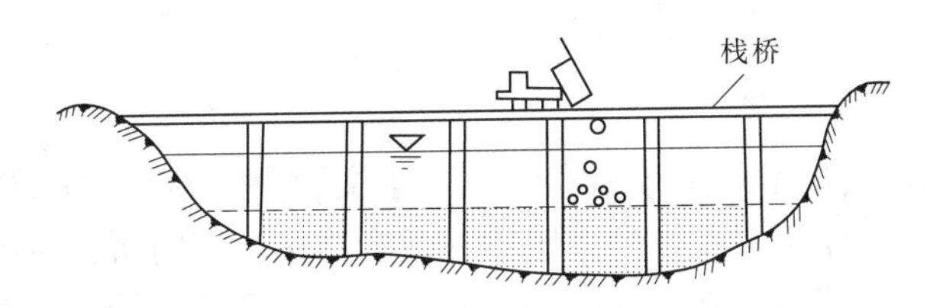

图1-16　平堵法截流示意图

而平立堵法是先平堵法后立堵法，一般针对软基河床，以免单使用立堵法对河床造成过大的冲刷。

1.2.1.2　其他截流施工方法

其他截流施工方法包括定向爆破截流、下闸截流、水力冲填法截流等。但是，由于施工复杂、造价高等问题，只有在特殊情况下才会采用，具体如下。

1.定向爆破截流

当工程处在峡谷山区河道，交通不便或缺乏运输设备时，截流方式可以采用定向爆破截流。爆破后，大量岩石块体按照预计的轨道抛入河道预定地点，瞬时将水流截断。

2.下闸截流

当工程处于有利于建闸的地形地质条件时，可以考虑采用下闸截流。先在泄水道中设置闸墩，用以降低戗堤水头，抛石截流后，再下闸断流。

3.水力冲填法截流

某种流量下河流会有一定的挟沙能力，当水流挟沙能力远小于其中含沙量时，水中的粗颗粒泥沙会沉淀在河底进行冲填。开始冲填时，首先水中的大颗粒泥沙沉淀，而小颗粒被冲到下游逐渐沉落。随着冲填逐步进行，上游水位慢慢壅高，部分水流由泄水通道下泄。伴随着河床的缩窄，由于一些颗粒渐渐达到抗冲极限，部分泥沙逐步向下游移动，使戗堤下游坡逐渐向下游扩展，直到冲填体表面摩阻造成上游水位更大壅高，进而迫使更多水量流向泄水道下泄，围堰坡脚才停止扩展，高度迅速增高，直至高于水面。

除此之外，还有一些特殊的方法，如预制混凝土爆破体、浮运结构等。虽然截流方式有很多，但一般多采用立堵、平堵或混合堵截流方式。

1.2.2　截流时段和截流设计流量

1.2.2.1　截流时段

截流时段关系到截流流量的确定，应根据工程的施工总进度计划或控制性进度计划决定。时段的选择一般参考以下原则：

(1)宜选在河道流量较小的时段。必须全方位对河道水文特征和截流前后应完成的各项控制工程量进行考虑，综合分析截流、围堰和相关分流建筑物的施工难度，对枯水期进行合理利用，宜选择在枯水期初期。

(2)对有灌溉、通航、供水等综合利用的河流，截流时段的选择应将这些全面兼顾，使对河道综合利用的影响最小。

(3)有冰情的河道，一般不宜在流冰期截流，以便截流和闭气施工工作的顺利开展。我国北方河流，截流时段应避开流冰及封冻期，如果必须进行，则需要充分考虑，并进行周密的安排。

1.2.2.2 截流设计流量

截流时段确定以后,可根据工程所在河道的水文、气象特征选择设计流量,主要有频率法、统计分析法和预报法,工程中常采用频率法。当该流域内所获得的水文资料系列较长、河道水文特性稳定时,一般采用频率法确定。根据工程重要程度,采用截流时段重现期5~10年的月或旬的平均流量。由于频率法确定的流量往往大于实际流量,有的工程采用统计分析法确定。根据历年实测资料的统计结果,选择几个可能的流量,综合分析最终确定设计流量,一般与频率法结合使用。对于预报法,由于长期预报目前难以做到准确无误,一般配合其他方法,经过综合分析,最终确定。

1.2.3 截流材料

1.2.3.1 截流材料的选择

截流材料主要有块石、石串、钢构架、混凝土六面体等,如图1-17所示。截流时可能出现的流速、落差、工地的施工机械条件等决定了截流材料的选择。中小型水利工程截流中易受到施工机械条件的限制,一般采用重量不太大的块石或混凝土块体;大型水利工程多采用石笼、石串、混凝土块体等;当缺乏石料、河床易冲刷时,可以采用草土、梢捆等截流材料。具体遵循的原则如下:

(1)尽可能利用开挖弃渣料和当地天然料。

(2)入水稳定,流失量小。

(3)抛投材料级配满足戗堤稳定需要。

(4)开采、制作、运输方便,费用低。

(5)对工程施工设备的适应性良好。

1.2.3.2 材料尺寸的确定

截流材料的尺寸或重量主要取决于龙口的流速,对尺寸与重量的合理选择关系到截流的成败与截流成本。采用块石和混凝土块体截流时,可通过水力计算初步确定材料尺寸,也可以依据经验选定,再考虑该工程可能拥有的起重运输设备能力,综合确定。

1.2.3.3 材料数量的确定

为了截流能安全顺利地进行,同时经济合理,充分考虑堆放、运输的损失及一些不可预见的原因造成的用料量增加,在戗堤体积基础上再乘以备用系数,得到本次截流所需准备的截流材料备料量。一般备用系数取1.3~1.5。

1.2.4 降低截流难度的技术措施

1.2.4.1 加大分流量

分流建筑物的泄流能力越好,截流的难度就越低。因此,分流条件是影响截流难易的重要因素。泄水建筑物分流条件好,可减小龙口单宽流量,从而降低截流落差、龙口流速等,为截流的顺利进行提供保证。

1.2.4.2 改善龙口水力条件

改善龙口水力条件的措施主要有双戗截流、三戗截流、宽戗截流和平抛垫底。双戗截

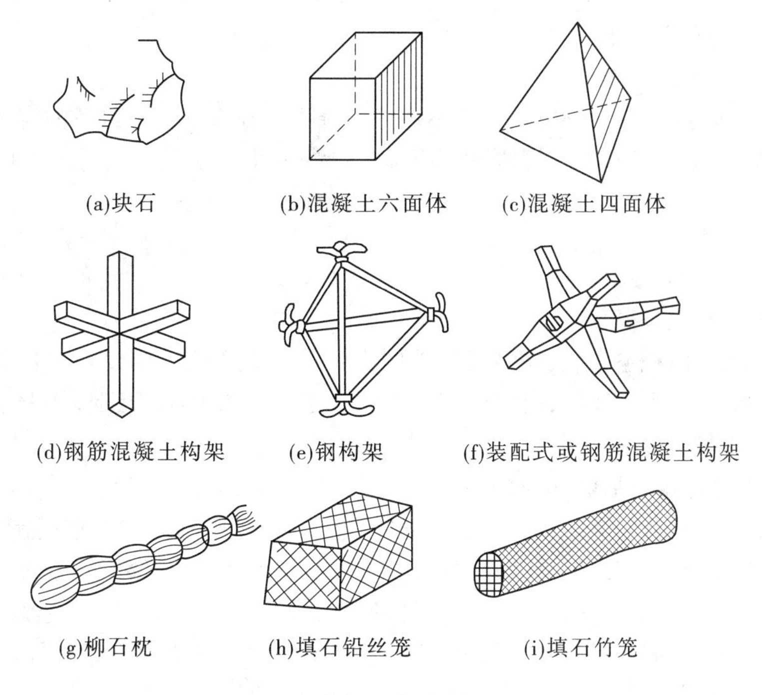

图1-17　截流材料

流是在上下游修筑两道戗堤，分担落差，互相配合，减少龙口处的落差与流速。三戗截流是指在落差很大的情况下，采用第三道戗堤分担落差完成截流任务。宽戗截流采用增大戗堤用以分担落差的方法，但是抛投强度大，工程量大，一般在戗堤作为坝体一部分时才使用。平抛垫底是在龙口适当部位抛投填料，垫高河床，减小龙口流速，以降低截流难度。一般在流量较大，水位较深，河床基础覆盖层较厚的河道使用。

1.2.4.3　加大截流的施工强度

加大截流的施工强度，可以采取的措施有加大抛投材料的供应量，增加投入的施工机械，改进施工方法等。通过加大截流的施工，加快施工进度，降低龙口的落差和流量，减小截流的难度。

1.2.4.4　增大抛投料的稳定性，减少块料流失

增大抛投料的稳定性，减少块料流失的措施有采用葡萄串石、特大块石、混凝土四面体等截流抛投料，也可在龙口处布置一排拦石坎来防止块料的流失。

任务1.3　基坑排水

在围堰合龙闭气后，应进行基坑排水，保证工程施工的干地条件，以便施工的正常有序开展。根据排水的时间和性质，基坑排水工作分为初期排水和经常性排水。所谓的初期排水，是指在围堰合龙闭气后，需要在一定的时间内将基坑内的积水一次性排出。而经常性排水在基坑施工过程中要经常不断进行，需要排除基坑的渗水、降雨、工业废水等，有的工程还需要为降低地下水位而长期抽水。

1.3.1 初期排水

初期排水通常在枯水期进行，一般不用考虑降雨。在选定排水设备的容量时，要根据施工条件、地质情况、工期长短等估算初期排水量的大小。初期排水量大小可按式(1-1)计算：

$$Q = \frac{KV}{T} \tag{1-1}$$

式中 Q——排水设备容量，m^3/s；

K——积水体积系数，大中型工程采用4~10，小型工程采用2~3；

V——基坑的积水体积，可按照基坑内的水面面积和积水深度计算得到，m^3；

T——初期排水的时间，s。

初期排水的时间与基坑水位的下降速度有关。基坑水位的允许下降速度由围堰种类、地基特性和基坑内水深确定。排水过程中，基坑内水位下降过快，使得围堰或者基坑边坡中动水压力变化太大，容易引起坍坡；基坑内水位下降过慢，会影响基坑的开挖时间，可能会造成工期的延误。一般情况下，下降速度控制在0.5~1.5 m/d，建议开始排水速度为0.5~0.8 m/d，基坑快排干时可达到1.0~1.5 m/d。具体考虑对不同形式围堰的影响，确定下降的速度。

确定排水设备容量后，就进行排水泵站的布置(见图1-18)，分为固定式和浮动式两种。固定式可以将泵站设置在围堰上或者固定平台上，浮动式可以将泵站设置在移动平台上或者浮船上。当基坑内水深不大时可以采用固定式，水深比较大时采用浮动式。

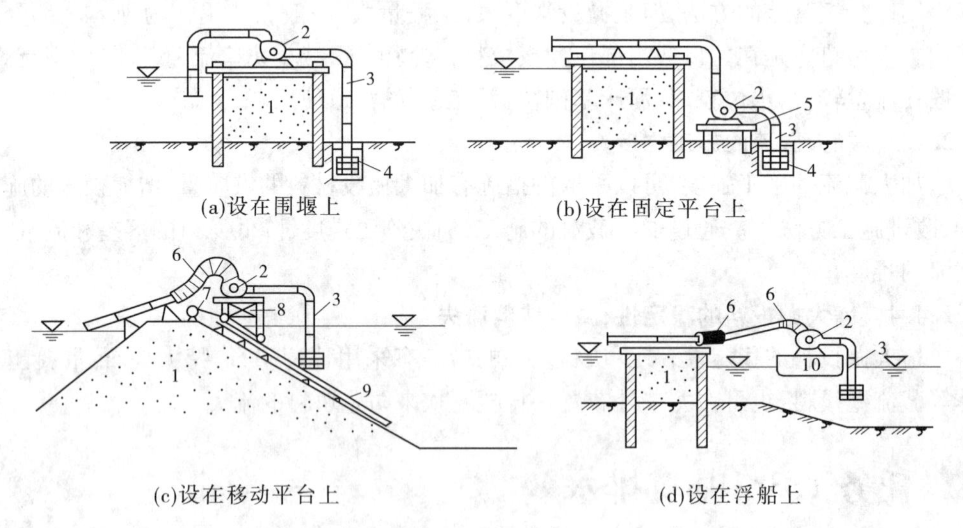

(a)设在围堰上 (b)设在固定平台上

(c)设在移动平台上 (d)设在浮船上

1—围堰；2—水泵；3—吸水管；4—集水井；5—固定平台；
6—橡皮接头；7—绞车；8—移动平台；9—滑道；10—浮船

图1-18 排水泵站布置示意图

1.3.2　经常性排水

初期排水工作完成之后,围堰内外的水位差增大,向基坑的渗流量增加。伴随着基坑内施工的开展,会产生一些施工废水,基坑内的积水多少也容易受到降雨的影响。因此,为了提供一个良好的干地施工条件,需要进行经常性排水。

根据排水方式可以分为明沟排水法和人工降低地下水位法。经常性排水方法的选择主要取决于基坑的土质情况和地质构造。渗透系数比较大的黏性土、砂土、碎石土的土层宜使用明沟排水法,渗透系数比较小的黏土、粉质黏土、粉土的土层宜使用人工降低地下水位法,详见表1-1。

表1-1　各种排水方法及适用条件

土的种类	渗透系数		适用的排水方法
	m/d	cm/s	
砂砾石、粗砂	>150	>0.1	明沟排水法
粗、中砂土	150~1	0.1~0.01	管井法、轻型井点法
中、细砂土	50~1	0.01~0.001	轻型井点法、深井点法
细砂土、砂壤土	1~0.1	0.001~0.000 4	真空井点法
软砂质土、黏土、淤泥	<0.1	<0.000 1	电渗井点法

明沟排水法机动性好,可以充分利用初期排水设备,排水设备费用较低。人工降低地下水位法,使土由浮容重变为湿容重,为开挖创造了条件,地下水位降低后,开挖边坡可以放陡,减少开挖量,降低造价,缩短工期,但排水设备费用较高。

1.3.2.1　明沟排水法

明沟排水法是指在基坑施工过程中,在坑内布置明式排水系统,包括排水沟、集水井和水泵站。明沟排水法可以充分利用初期排水的排水设施,布置简单,排水设备费用较低。

明沟排水法适用于不易产生流土、流砂、管涌、潜蚀、淘空、塌陷等现象的砂土、黏性土、碎石土的地层,最适用于岩基开挖。当开挖地下水位较高的细砂、粉砂等基坑土时,伴随着开挖过程中基坑面的下降,原地下水面与基坑底面的高差越来越大,坑底与坡脚的土壤会受到较大的渗透压力,渗透压力超过一定数值就会出现流土现象。从而导致基坑里的土失去承载能力,使得施工条件恶化,严重的会导致滑坡等地质灾害,使得周边建筑物的安全得不到保证。

在基坑开挖过程中,排水系统的布置不能妨碍开挖和运输工作,如图1-19所示。通常情况下,干沟布置在基坑的中部,有利于出土。伴随着基坑开挖工作的不断进行,不断加深排水沟,一般干沟深度为1.0~1.5 m,支沟深度为0.4~0.5 m,干沟沟底应高于集水井底部0.5~1.0 m。当基坑开挖深度不一、坑底不在同一高程时,可以在分层采用明沟排水法,就是在不同高度设置截水沟、泵站和集水井进行分级排水。这种方法适合地下水位比较高、深度较大,同时上部有透水性比较强的土层的基坑开挖。

修建建筑物时,排水系统通常布置在基坑四周,如图1-20所示。排水沟要布置在建筑物轮廓线以外,且距离基坑边坡坡脚不小于0.3~0.5 m的地方。排水量的大小决定排水沟的断面尺寸和底坡大小。通常情况下,排水沟底宽不小于0.3 m,沟深不大于1.0 m,底坡不小于2‰。集水井布置在建筑物开挖轮廓线以外比较低的地方,把坑内积水排到基坑之外。

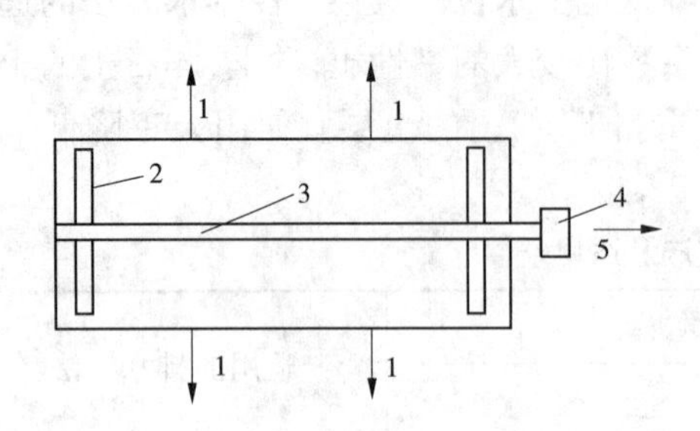

1—运土方向;2—支沟;3—干沟;4—集水井;5—抽水

图1-19 基坑开挖过程中排水系统布置

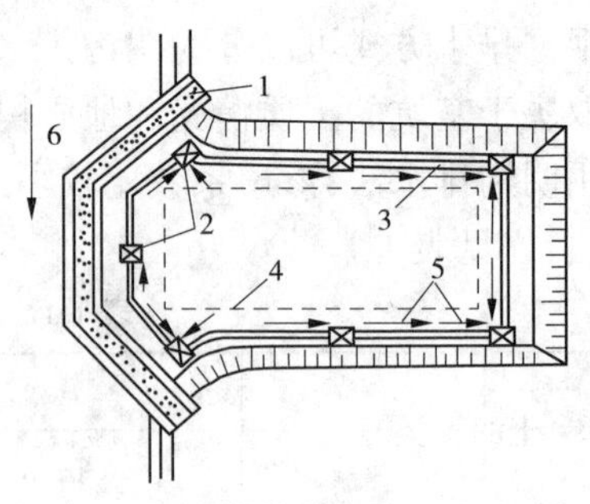

1—围堰;2—集水井;3—排水沟;4—建筑物轮廓线;5—排水方向;6—水流方向

图1-20 修建建筑物过程中基坑排水系统布置

1.3.2.2 人工降低地下水位法

在基坑开挖过程中,经常需要多次降低排水沟和集水井的高程,变更水泵站的位置,以保证干地施工的条件。在含水丰富的土层中进行大面积基坑开挖时,往往会造成施工干扰,影响开挖工作的正常进行。并且,当进行砂壤土、细砂土之类的基础开挖时,如果开挖深度比较大,则随着基坑底面的下降,地下水渗透压力的不断增大,容易造成底部隆起、边坡塌滑以及管涌等事故。这时,就可以采用人工降低地下水位法。人工降低地下水位法是在基坑周围钻设一些井,在基坑开挖和建筑物施工时,将汇集于井中的水抽出,使地下水位始终在开挖基坑的底部以下。人工降低地下水位法依照排水原理可以分为管井法和井点法。其中,管井法是单纯依靠重力作用排水,而井点法还附有真空或电渗排水作用。

1. 管井法

管井法降低地下水位的原理就是将一些管状滤水井布置在基坑四周,然后水泵的吸水管放入水井中,抽走借重力作用流入水井的地下水,如图1-21所示。

一般情况下,管井用预制无砂混凝土管、钢管或预制混凝土管制作,材料匮乏的情况下,也可用竹管代替,由滤水管、沉淀管和不透水管组成。管井外部有时还需要设反滤层。地下水由于重力作用向管井汇集的过程中,地下水从滤水管进入井管内,水中夹带的泥沙则沉淀在沉淀管中。滤水管是管井的重要组成部分,要求它过水能力大、进入泥沙少,并具有足够的耐久性和强度。

井管打设可采用射水法、冲击钻井法、振动射水法。管井埋设时,先下套管后下井管,井管下妥后,再下反滤填料,反滤层每填高一次,便拔一次套管,依次重复,直至完成。

管井中抽水的设备有普通离心泵、潜水泵和深井泵,可分别降低水位3~6 m、6~20 m和20 m以上,一般采用潜水泵较多。由于受到吸水高度的限制,采用普通离心泵抽水,当要求降低地下水位较深时,需要分层设置管井,分层进行排水,这样才能达到良好的排

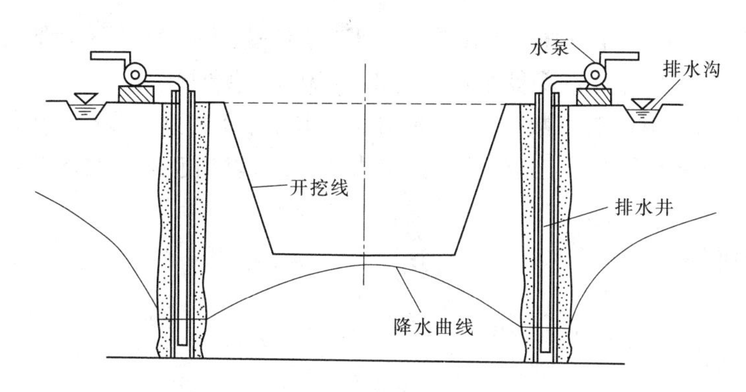

图1-21　管井法降低地下水位法

水效果。当需要大幅度降低地下水位时,最好采用深井水泵。每个深井水泵都是独立工作,井的间距也可以加大,需要井数少,排水效果好。

2. 井点法

井点法把井管和水泵的吸水管合二为一,简化了构造,适用于基坑开挖深度较大、地下水位较高、土质不好的地基。井点法根据类型主要分为轻型井点、喷射井点、深井点和电渗井点。

(1)轻型井点。轻型井点是一种常用的井点,由井管、集水总管、普通离心式水泵、真空泵和集水箱等设备所组成的一个排水系统,如图1-22所示。

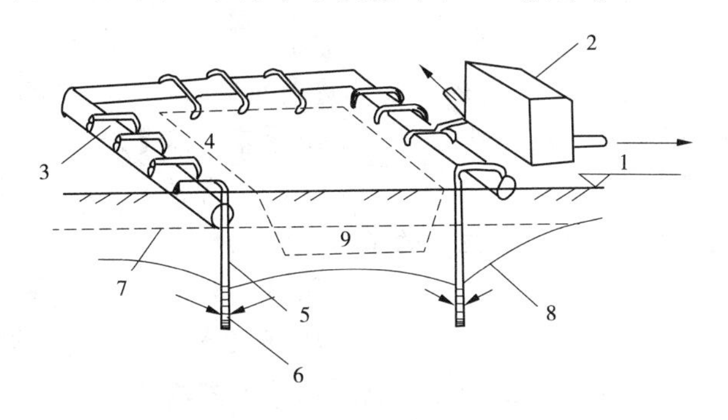

1—地面;2—主机;3—总管;4—弯联管;5—井点管;
6—滤管;7—原有地下水位线;8—降低各地下水位线;9—基坑

图1-22　真空轻型井点降低地下水位全貌示意图

沿基坑四周将许多直径较细的带有滤管的井点管埋入地下含水层内,井点管的上端通过弯联管与总管相连接,利用真空泵、离心泵和水气分离器组成抽水设备,将地下水从井管内不断抽出。井点管间距一般为0.8~1.6 m。井点的布置需根据基坑平面形状及其大小、土质情况、地下水流向及降低水位的要求等,采用单排线状、双排线状或环状。当单轻型井点达不到深度要求时,可采用多层轻型井点(先挖去上层井点所疏干的土,然后在其底部装设下层井点)。

(2)喷射井点,分为喷水井点和喷气井点。主要是通过高压水泵(或空气压缩机)将高压水(或压缩空气)通入喷射井管,通过水(或气)的喷射作用将地下水吸出,经排水管路排走。

(3)深井点。当降水深度很大,在管井井点内用一般水泵满足不了要求时,可加大管井深度,改用深井泵。深井点降低水位可达 15 ~ 30 m,甚至更大。

(4)电渗井点。对渗透系数 $k<0.1$ m/d 的土层,可在轻型井点管或喷射井点管的内侧设一些电极,与井点管分别连成电路,接至直流电源,以加速地下水向井点管渗透。

技能训练

一、填空题

1. 全段围堰法导流按照泄水建筑物一般可分为________、________和________。
2. 围堰按导流期间基坑是否过水,可分为________和________。
3. 围堰按照其与水流相对位置的不同,可分为________和________。
4. 截流的基本方法为________和________。
5. 在流量较大的平原河道上修建混凝土坝枢纽时,宜采用的导流方式是________。
6. 基坑排水按排水时间及性质分为________和________。
7. 改善龙口水力条件的措施有________、________、________和________。
8. 人工降低地下水位法按照排水原理可分为________和________。

二、选择题

1. 分段围堰导流法包括(　　)和通过已建或在建的建筑物导流。

A. 明渠导流　　B. 束窄河床导流

C. 涵管导流　　D. 隧洞导流

2. 围堰是保护水工建筑物干地施工的必要(　　)。

A. 挡水建筑物　　B. 泄水建筑物

C. 过水建筑物　　D. 不过水建筑物

3. 适用于河谷狭窄的山区河流的全段围堰法导流方式是(　　)。

A. 明渠导流　　B. 隧洞导流　　C. 涵管导流　　D. 束窄河床导流

4. 采用隧洞导流时,隧洞进出口与河道主流的交角以(　　)左右为宜。

A. 30°　　B. 40°　　C. 50°　　D. 60°

5. 采用抛投块料截流时,适用于在易冲刷的地基上截流的合龙方法为(　　)。

A. 横堵　　B. 纵堵　　C. 平堵　　D. 立堵

6. 基坑排水采用人工降低地下水位时,一般应使地下水位降到开挖的基坑底部(　　)以下。

A. 0.3 ~ 0.5 m　　B. 0.5 ~ 1.0 m　　C. 1.0 ~ 1.3 m　　D. 1.0 ~ 1.5 m

三、问答题

1. 采用分段分期围堰法导流时,什么叫"分段"?什么叫"分期"?二者之间有何异同?

2. 导流标准、导流程序、导流时段、围堰的含义分别是什么?

3. 截流的基本方法有哪些? 请简述各自的适用范围。

4. 经常性排水的基本方法有哪些?

5. 某综合利用水利枢纽工程位于我国西北某省,枯水期流量很小,坝型为土石坝,黏土心墙防渗,坝址处河道较窄,岸坡平缓。根据该项目的工程条件,指出合理的施工导流方式及其泄水建筑物类型。

项目2　爆破工程

任务2.1　爆破工程的基本知识

爆破是利用炸药的能量对炸药周围的介质进行破坏,在水利工程施工中,广泛采用爆破方法开挖基坑和地下建筑物、开采砂石料以及完成其他特定的施工任务。探索爆破机制,正确掌握各种爆破技术,对加快工程进度,保证工程质量,降低工程造价具有十分重要的意义。

2.1.1　爆破的机制

岩土介质的爆破破碎是炸药爆轰产生的冲击波的动态作用和爆轰气体准静态作用的联合作用的结果。在无限介质和有限介质中爆破作用是不同的。

无限介质中爆破作用的最终影响范围划分为:粉碎圈(压缩圈)、抛掷圈、破碎圈(松动圈)和震动圈,如图2-1(a)所示。以上各圈只是为说明爆破作用的范围而划分的,并无明显界限,其作用半径的大小和炸药的特性与用量、药包结构、爆炸方式以及介质特性等密切相关。

炸药在有限介质中爆破,产生冲击波。拉力波使岩石产生弧状裂缝,压力波使岩石产生径向裂缝,由弧状和径向裂缝将岩石切割成碎石,如图2-1(b)所示。

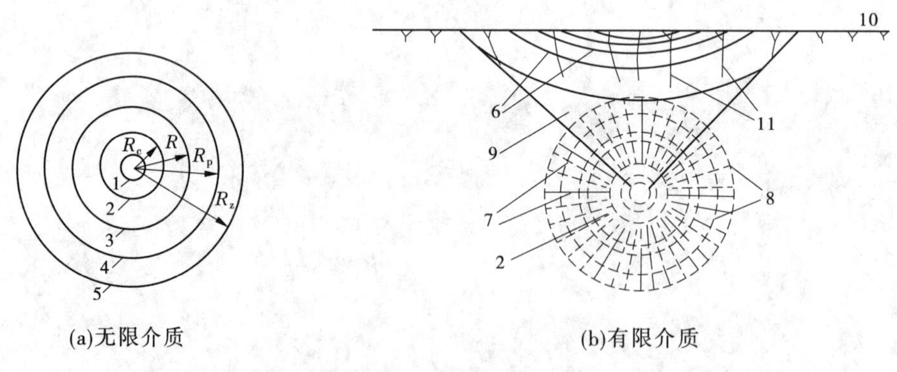

1—药包;2—压缩圈;3—抛掷圈;4—松动圈;5—震动圈;6—表面环向和裂缝;7—内部径向裂缝;8—内部环向裂缝;9—爆破漏斗;10—临空面;11—临空面裂缝

图2-1　爆破作用示意图

2.1.2　爆破漏斗

当爆破在有临空面的半无限介质表面附近进行时,药包的爆破作用具有使部分破碎介质抛向临空面的能量，此时往往形成一个倒立圆锥形的爆破坑，形如漏斗，称为爆破漏斗，如图2-2所示。

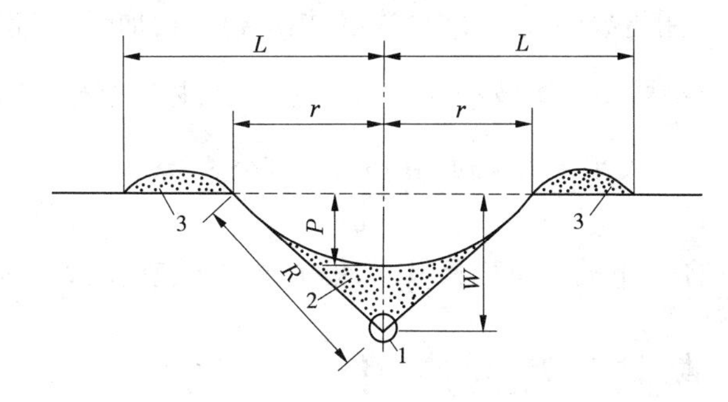

1—药包；2—渣滓回落区；3—坑外堆积体；W—药包中心至临空面的最短距离，即最小抵抗线长度；r—爆破漏斗底半径；R—爆破破坏半径；P—可见漏斗深度；L—抛掷距离

图2-2　爆破漏斗示意图

2.1.2.1　爆破作用指数

系数 $n=r/W$，它反映了爆破漏斗的几何特征。工程应用中，通常根据 n 值大小对爆破进行分类。

(1)当 $n=1$ 即 $r=W$ 时，称为标准抛掷爆破。

(2)当 $n>1$ 即 $r>W$ 时，称为加强抛掷爆破。

(3)当 $0.75<n<1$ 时，称为减弱抛掷爆破。

(4)当 $0.33<n\leqslant 0.75$ 时，称为松动爆破。

(5)当 $n\leqslant 0.33$ 时，称为隐藏式爆破。

2.1.2.2　有关爆破漏斗的计算

可见漏斗深度 P 按式(2-1)计算：

$$P=CW(2n-1) \tag{2-1}$$

式中　C——介质系数，对岩石 $C=0.33$，对黏土 $C=0.4$。

抛掷堆积体距药包中心的最大距离 L 称为抛掷距离，可按式(2-2)计算：

$$L=5nW \tag{2-2}$$

2.1.2.3　药包种类

药包分为集中药包和延长药包。若药包的长边和短边的长度分别为 L 和 a，当 $L/a\leqslant 4$ 时，为集中药包；当 $L/a>4$ 时，为延长药包。

2.1.2.4　装药量计算公式

$$Q=q_0V \tag{2-3}$$

式中　Q——装药量，kg；

q_0——单位耗药量，与炸药品种、爆破方法、爆破部位、地质条件、自由面数目、爆破参数及工艺措施有关，kg/m^3；

V——爆除介质体积，m^3。

(1)对单个集中药包，其装药量计算公式为

$$Q=KW^3f(n) \tag{2-4}$$

式中　K——规定条件下的标准抛掷爆破的单位耗药量,kg/m^3;

W——最小抵抗线长度,m;

$f(n)$——爆破作用指数函数,标准抛掷爆破:$f(n)=1$,加强抛掷爆破,$f(n)=0.4+0.6n^3$,减弱抛掷爆破:$f(n)=\left(\frac{4+3n}{7}\right)^3$,松动爆破:$f(n)=n^3$。

(2)对钻孔爆破,一般采用延长药包,其药量计算公式为

$$Q = qV \tag{2-5}$$

式中　q——钻孔爆破条件下的单位耗药量,与单个集中药包中的 K 值是有区别的。

任务 2.2　爆破工程的应用

2.2.1　预裂爆破和光面爆破

2.2.1.1　定义

预裂爆破和光面爆破都属于轮廓线控制爆破。

所谓预裂爆破,就是首先起爆布置在设计轮廓线上的预裂爆破孔药包,形成一条沿设计轮廓线贯穿的裂缝,再在该人工裂缝的屏蔽下进行主体开挖部位的爆破,保证保留岩体免遭破坏。

光面爆破是先爆除主体开挖部位的岩体,然后起爆布置在设计轮廓线上的周边孔药包,将光爆层炸除,形成一个平整的开挖面。

2.2.1.2　成缝机制

现以预裂缝为例论述它们的成缝机制:预裂爆破采用不耦合装药结构,其特征是药包和孔壁间有环状空气间隔层,该空气间隔层的存在削减了作用在孔壁上的爆炸压力峰值。因为岩石动抗压强度远大于抗拉强度,因此可以控制削减后的爆压不致使孔壁产生明显的压缩破坏,但切向拉应力能使炮孔四周产生径向裂纹。加之孔与孔之间彼此的聚能作用,使孔间连线产生应力集中,孔壁连线上的初始裂纹进一步发展,而滞后的高压气体的准静态作用,使沿缝产生气刃劈裂作用,使周边孔间连线上的裂纹全部贯通成缝。预裂爆破主要用于明挖,光面爆破主要用于洞挖。

2.2.1.3　质量控制标准

(1)开挖壁面岩石完整,半孔率高。

(2)钻孔孔位准确,偏斜度小,壁面不平整度小,符合要求。

(3)预裂缝面的最小张开度符合要求。

2.2.1.4　参数设计

预裂爆破和光面爆破的参数设计一般采用工程类比法初步选定爆破参数,并通过现场试验最终确定。

1. 预裂爆破参数

(1)孔径。明挖为 60 ~ 110 mm,隧洞开挖为 40 ~ 50 mm,大型地下厂房为 60 ~ 80 mm。

(2)孔距。与岩石特性、炸药性质、装药情况、开挖壁面平整度要求和孔径大小有关。

(3)装药不耦合系数。不耦合系数指炮孔半径与药卷半径的比值,为防止炮孔壁的破坏,该值一般取2~5。

(4)线装药密度。目前以经验公式为主,主要与岩石的极限抗压强度、炮孔间距、钻孔直径等因素有关。随岩性不同,预裂爆破的线装药密度一般为200~500 g/m。为克服岩石对孔底的夹制作用,孔底段应加大线装药密度到2~5倍。

2. 光面爆破参数

(1)光面爆破层厚度,即最小抵抗线的大小,一般为炮孔直径的10~20倍,岩质软弱、裂隙发育者取小值。

(2)孔距一般为光面爆破层厚度的75%~90%,岩质软弱、裂隙发育者取小值。

(3)钻孔直径及装药不耦合系数参照预裂爆破选用。

(4)线装药密度一般按照经验公式确定。

2.2.2　坝基开挖

2.2.2.1　深孔台阶(梯段)爆破开挖

对坝基保护层以上的岩体开挖,国内广泛运用以毫秒爆破技术为主的深孔台阶爆破方法。

常用的爆破方式有齐发爆破、微差爆破、微差顺序爆破、微差挤压爆破和小抵抗线宽孔距爆破技术等。

2.2.2.2　坝基保护层开挖

坝基保护层的开挖是控制坝基质量的关键。只有不具备现场试验的条件下,才允许使用工程类比法确定。

对岩体保护层的开挖方法在《水工建筑物岩石基础开挖工程施工技术规范》(SL 47—94)第3.6.3和3.6.4条有具体明确的说明。通常有以下要求:

必须说明:保护层开挖严重影响施工进度,一些工程采用炮孔底部加柔性垫层、水平预裂或光爆的方法一次开挖至设计面。

2.2.2.3　岩石高边坡爆破开挖

控制爆破对岩石高边坡的影响,在水电工程建设中广泛采用了预裂爆破、光面爆破、缓冲爆破和深孔梯段微差爆破技术。

2.2.2.4　定向爆破筑坝

定向爆破筑坝是利用陡峻的岸坡布药,定向松动崩塌或抛掷爆落岩石至预定位置,拦断河道,然后通过人工修整达到坝的设计轮廓的筑坝技术。

适用条件:泄水建筑物和导流建筑物的进出口应在堆积范围以外并满足防止爆破震动影响的安全要求。

2.2.2.5　面板堆石坝填筑石料开采

面板堆石坝填筑石料的开采除须满足常规开挖爆破的出碴块度要求外,还必须保证开挖石料具有较好的颗粒级配结构(包括细料的含量)。

目前理论模型与实践尚有较大差距,往往采用从实践中得出的经验模型。实践与分

析证明,级配与以下众多因素和参数有关:

最小抵抗线、炮孔密集系数、装药形式、台阶高度、堵塞长度、地质因素的影响、布孔方式与起爆方式、炸药特性、炸药单位耗药量等。初步拟定爆破参数后,在保证级配的情况下进行爆破参数的优化,以满足钻孔爆破成本最低。

任务 2.3　常见爆破问题的解决

2.3.1　改善爆破效果的方法和措施

改善爆破效果的目的是提高爆破的有效能量利用率,应针对不同情况采取不同的方法和措施。

2.3.1.1　充分利用和创造临空面

充分利用多面临空的地形,或人工创造多面临空的自由面,有利于降低爆破的单位耗药量。当采用深孔爆破时,增加梯段高度或用斜孔爆破,均有利于提高爆效。平行坡面的斜孔爆破,由于爆破时沿坡面的阻抗大体相等,且反射拉力波的作用范围增大,通常可较竖孔的能量利用率提高 50%。斜孔爆破后边坡稳定,块度均匀,还有利于提高装车效率。

2.3.1.2　采用毫秒微差挤压爆破

毫秒微差挤压爆破是利用孔间微差迟发不断创造临空面,使岩石内的应力波与先期产生残留在岩体内的应力相叠加,从而提高爆破的能量利用率。在深孔爆破中可降低单位耗药量 15% ~25%。

2.3.1.3　采用不耦合装药,提高爆破效果

炮孔直径与药包直径的比值称为不耦合系数。其值大小与介质、炸药特性等有关。由于药包四周存在空隙,降低了爆炸的峰压,从而降低或避免了过度粉碎岩石,也使爆压作用时间增长,提高了爆破能量利用率。

2.3.1.4　分段装药爆破

一般孔眼爆破,药包位于孔底,爆后块度不均匀。为改善爆破效果,沿孔长分段装药,使爆能均匀分布,且增长爆压作用时间。

2.3.1.5　保证堵塞长度和堵塞质量

一般堵塞良好时其爆破效果和能量利用率较堵塞不良的可以成倍提高。工程中应严格按规范进行爆破施工质量控制。

2.3.2　爆破公害的控制与防护

由于炸药在岩土中爆炸时释放出的巨大能量只有 10% ~25% 用于破坏岩土,其余大部分能量都消耗于岩土的过分粉碎、抛掷以及质点振动引起的地震波和空气冲击波等方面,而爆破又往往与其他工程施工同时进行,所以爆破作业对施工现场的人员、机械设备和周围建筑物的安全构成威胁,必须认真对待和加以重视。

爆破公害的控制与防护可以从爆源、公害传播途径以及保护对象三方面采取措施。

在爆源控制公害强度:

(1)合理采用爆破参数、炸药单位耗药量和装药结构。

(2)采用深孔台阶微差爆破技术。

(3)合理布置岩石爆破中最小抵抗线方向。

(4)保证炮孔的堵塞长度与质量、针对不良地质条件采取相应的爆破控制措施,对削减爆破公害的强度也是非常重要的方面。

在传播途径上削弱公害强度:

(1)在爆区的开挖线轮廓进行预裂爆破或开挖减震槽,可有效降低传播至保护区岩体中的爆破地震波强度。

(2)对爆区临空面进行覆盖、架设防波屏可削弱空气冲击波强度,阻挡飞石。

(3)保护对象的防护。对保护对象的直接防护措施有防震沟、防护屏以及表面覆盖等。此外,严格爆破作业的规章制度对施工人员进行安全教育也是保证安全施工的重要环节。

2.3.3 爆破作业安全防护措施

2.3.3.1 瞎炮及其处理

通过引爆而未能爆炸的药包称为瞎炮、哑炮或盲炮。瞎炮不仅达不到预期的爆破效果,造成人力、物力、财力的浪费,而且会直接影响现场施工人员的人身安全,故对瞎炮必须及时查明并加以处理。

造成瞎炮(盲炮)的原因主要是起爆材料的质量检查不严、起爆网路连接不良、网络电阻计算有误和堵塞炮泥操作时损坏起爆线路。例如,雷管或炸药过期失效,非防水炸药受潮或浸水,引爆系统线路接触不良,起爆的电流电压不足等。另外,执行爆破作业的规章制度不严或操作不当也容易产生瞎炮。

爆破后,发现瞎炮(盲炮)应立即设置明显标志,并派专人监护,查明原因后进行处理。对于明挖钻孔爆破,一般瞎炮(盲炮)处理方法有:

(1)当网路中由拒爆引起瞎炮,可进行支线、干线检查处理,重新连线再次起爆。

(2)炮孔深度在 0.5 m 以内时,可用表面爆破法处理。

(3)炮孔深度在 0.5 ~2 m 时,宜用冲洗法处理。可先用竹、木工具掏出上部堵塞的炮泥,再用压力水将雷管冲出来或采用起爆药包进行诱爆。

(4)炮孔深度深超过 2 m 时,应用钻孔爆破法处理,即在瞎炮(盲炮)孔附近打一平行孔,孔距为原炮孔孔径的 10 倍,但不得小于 50 cm,装药爆破。

2.3.3.2 爆破器材的储运安全技术

当气温低于 10 ℃运输易冻的硝化甘油炸药时,应采取防冻措施;当气温低于 -15 ℃运输难冻的硝化甘油炸药时,也应采取防冻措施。禁止用翻斗车、自卸汽车、拖车、机动三轮车、人力三轮车、摩托车和自行车等运输爆破器材。运输炸药雷管时,装车高度要低于车厢 10 cm,车厢、船底应加软垫。雷管箱不许倒放或立放,层间也应垫软垫。水路运输爆破器材,停泊地点距岸上建筑物不得小于 250 m。汽车运输爆破器材,汽车的排气管宜设在车前下侧,并应设置防火罩装置;汽车在视线良好的情况下行驶时,时速不得超过 20 km/h(工区内不得超过 15 km/h);在弯多坡陡、路面狭窄的山区行驶时,时速应保持在 5

km/h 以内。行车间距在平坦道路时应大于 50 m,在上下坡时应大于 300 m。

2.3.3.3　爆破施工安全技术

(1)装药和堵塞应使用木、竹制作的炮棍,严禁使用金属棍棒装填。

(2)当地下相向开挖的两端在相距 30 m 以内时,装炮前应通知另一端暂停工作,退到安全地点。当相向开挖的两端相距 15 m 时,一端应停止掘进,单头贯通。斜井相向开挖。除遵守上述规定外,还应对距贯通尚有 5 m 长地段自上端向下打通。

(3)火花起爆,应遵守下列规定:

①深孔、竖井、倾角大于 30°的斜井,有瓦斯和粉尘爆炸危险等工作面的爆破,禁止采用火花起爆。

②炮孔的排距较密时,导火索的外露部分不得超过 1.0 m,以防止导火索互相交错而起火。

③一人连续单个点火的火炮,暗挖不得超过 5 个,明挖不得超过 10 个,并应在爆破负责人指挥下,做好分工及撤离工作。

④在信号炮响后,全部人员应立即撤出炮区,迅速到安全地点掩蔽。

⑤点燃导火索应使用香或专用点火工具,禁止使用火柴、香烟和打火机。

(4)电力起爆,应遵守下列规定:

①用于同一爆破网路内的电雷管,电阻值应相同。康铜桥丝雷管的电阻极差不得超过 0.25 Ω,镍铬桥丝雷管的电阻极差不得超过 0.5 Ω。

②网路中的支线、区域线和母线彼此连接之前各自的两端应短路、绝缘。

③装炮前工作面一切电源应切除,照明至少设于距工作面 30 m 以外,只有确认炮区无漏电、感应电后才可装炮。

④雷雨天严禁采用电爆网路。

⑤供给每个电雷管的实际电流应大于准爆电流,具体要求是:直流电源,一般爆破不小于 2.5 A,对于洞室爆破或大规模爆破不小于 3 A;交流电源,一般爆破不小于 3 A,对于洞室爆破或大规模爆破不小于 4 A。

⑥网路中全部导线应绝缘。有水时导线应架空。各接头应用绝缘胶布包好,两条线的搭接口禁止重叠,至少应错开 0.1 m。

⑦测量电阻只许使用经过检查的专用爆破测试仪表或线路电桥。严禁使用其他电气仪表进行量测。

⑧通电后若发生拒爆,应立即切断母线电源,将母线两端拧在一起,锁上电源开关箱进行检查。进行检查的时间:对于即发电雷管,至少在 10 min 以后;对于延发电雷管,至少在 15 min 以后。

(5)导爆索起爆,应遵守下列规定:

①导爆索只准用快刀切割,不得用剪刀剪断导火索。

②支线要顺主线传爆方向连接,搭接长度不应小于 15 cm,支线与主线传爆方向的夹角应不大于 90°。

③起爆导爆索的雷管,其聚能穴应朝向导爆索的传爆方向。

④导爆索交叉敷设时,应在两根交叉导爆索之间设置厚度不小于 10 cm 的木质垫板。

⑤连接导爆索中间不应出现断裂破皮、打结或打圈现象。

(6)导爆管起爆,应遵守下列规定:

①用导爆管起爆时,应设计起爆网路,并进行传爆试验。网路中所使用的连接元件应经过检验并合格。

②禁止导爆管打结,禁止在药包上缠绕。网路的连接处应牢固,两元件应相距 2 m。敷设后应严加保护,防止冲击或损坏。

③一个 8 号雷管起爆导爆管的数量不宜超过 40 根,层数不宜超过 3 层。

④只有确认网路连接正确,与爆破无关人员已经撤离,才准许接入引爆装置。

技能训练

一、填空题

1. 爆破作用指数 n 是__________和__________的比值。
2. 不耦合系数指________与________的比值。
3. 通过引爆而未能爆炸的药包称为__________。
4. __________是利用炸药的能量对炸药周围的介质进行破坏。

二、问答题

1. 简述根据爆破作用指数如何对爆破进行分类。
2. 改善爆破效果的方法和措施有哪些?
3. 对于明挖钻孔爆破,一般瞎炮的处理方法有哪些?
4. 请简述预裂爆破和光面爆破的区别及适用条件。

项目3 土石方工程

由于土石坝可以就地取材,易于施工,对坝基要求相对不高,所以随着大型高效施工机械的应用及施工机械化程度的提高,设计技术对筑坝材料的放宽、防渗结构和材料的改进、工期的缩短及费用的降低,为土石坝开辟了更加广阔的发展前景。土石坝包括碾压式土石坝、面板堆石坝等。土石坝施工主要包括土石料场规划、土石方特性与调配、土方开挖、坝体填筑与压实、碾压土石坝质量控制、面板堆石坝施工等施工任务。

任务3.1 土石料场规划

土石坝是一种充分利用当地材料的坝型。土石坝用料量很大,在选择坝型阶段需对土石料场全面调查,施工前配合施工组织设计,要对料场做深入勘测,并从空间、时间、质与量等方面进行全面规划。

3.1.1 料场规划的基本内容

料场的规划和使用是土石坝施工的关键,它不仅关系到坝体的质量、工期和造价,甚至还会影响到周围的农林业生产和生态环境。

施工前应结合施工组织设计,对各类料场做进一步的勘探,并从空间、时间与程序、质与量等方面进行总体规划,制订分期开采计划,使各种坝料有计划、有次序地使用,以满足坝体施工的要求。

(1)空间规划是指对料场位置、高程的合理布置。土石料的上坝运距尽可能短,高程要有利于重车下坡。坝的上下游、左右岸最好都有料场,这样有利于同时供料,减少过坝和交叉运输造成的干扰,以保证坝体均衡上升。料场高程与相应的填筑部位相协调,重车下坡,空车上坡。做到就近取料,低料低用,高料高用。

(2)在料场的使用时间与程序上,应考虑工程的其他建筑物的开挖料、料场开采料与坝体填筑之间的相互关系,并考虑施工期水位和流量的变化以及施工导流使上游水位升高的影响。用料规划上力求做到料场使用要近料场和上游易淹料场先用,远料场和下游不淹料场后用。含水率低的料场雨季用,含水率高的料场旱季用。施工强度高时用近料,施工强度低时用远料。枯水期多用滩地料,有计划地保留一部分近坝料供合龙段和度汛拦洪的高峰填筑期使用。对坝基和地下工程开挖弃料,应考虑挖、填各种坝料的综合平衡,做好土石方的调度规划,做到弃渣无隐患,不影响环保。合理用料,力求最佳的经济效果,降低工程造价。

(3)料场质与量的规划是决定料场取舍的重要前提,在选择和规划使用料场时,应对料场的地质成因、产状、埋深、储量以及各种物理力学性质和压实特性进行全面的复查,选用料场应满足坝体设计施工质量要求。

3.1.2 料场规划的基本要求

料场规划应考虑充分利用永久建筑物和临时建筑物基础开挖的渣料。应增加必要的施工技术组织措施,确保渣料的充分利用。料场规划应对主要料场和备用料场分别加以考虑。前者要求质好、量大、运距近,且有利于常年开采;后者通常在淹没区外,当前者被淹没或因库区水位抬高,土料过湿或其他原因中断使用时,用备用料场保证坝体填筑不致中断。在规划料场实际可开采总量时,应考虑料场查勘的精度、料场天然密度与坝体压实密度的差异,以及开挖运输、坝面清理、返工削坡等损失。实际可开采总量与坝体填筑量之比一般为:土料2~2.5;砂砾料1.5~2;水下砂砾料2~3;石料1.5~2;反滤料应根据筛后有效方量确定,一般不宜小于3。另外,料场选择还应与施工总体布置结合考虑,应根据运输方式、强度来研究运输线路的规划和装料面的布置。整个场地规划还应排水通畅,全面考虑出料、堆料、弃料的位置,力求避免干扰以加快采运速度。

任务3.2 土石方特性与调配

3.2.1 土石分级和工程特性

水利水电工程施工中常用的土石分级,依据开挖方法、开挖难易、坚固系数等,划分为16级,其中土分4级,岩石分12级。

3.2.1.1 土的分级

在水利水电工程施工中,根据开挖的难易程度,将土壤分为Ⅰ~Ⅳ级,见表3-1。不同级别的土应采用不同的开挖方法,且施工挖掘时所消耗的劳动量和单价亦不同。

表3-1 土壤的工程分级

土质级别	土壤名称	自然湿密度(t/m^3)	外形特征	开挖方法
Ⅰ	砂土 种植土	1.65~1.75	疏松,黏着力差或易透水,略有黏性	用锹(有时略加脚踩)开挖
Ⅱ	壤土 淤泥 含根种植土	1.75~1.85	开挖能成块并易打碎	用锹并用脚踩开挖
Ⅲ	黏土 干燥黄土 干淤泥 含砾质黏土	1.80~1.95	黏手,干硬,看不见砂砾	用镐、三齿耙或锹并用力加脚踩开挖
Ⅳ	坚硬黏土 砾质黏土 含卵石黏土	1.90~2.10	土壤结构坚硬,将土分裂后呈块状或含黏粒、砾石较多	用镐、三齿耙等工具开挖

3.2.1.2　土的工程特性

土的工程特性对土方工程的施工方法及工程进度影响较大。主要的工程性质有表观密度、含水率、可松性、自然倾斜角等。

1. 表观密度

土壤表观密度就是单位体积土壤的质量。土壤保持其天然组织、结构和含水率时的表观密度称为自然表观密度。单位体积湿土的质量称为湿表观密度。单位体积干土的质量称为干表观密度。表观密度是体现黏性土密实程度的指标，常用它来控制黏性土的压实质量。

2. 含水率

含水率是土壤中水的质量与干土质量的百分比。它表示了土壤孔隙中含水的程度，含水率直接影响黏性土的压实质量。

3. 可松性

自然状态下的土经开挖后因变松散而使体积增大的特性，称为土的可松性。土的可松性用可松性系数 k_s 表示，即

$$k_s = V_2/V_1 \tag{3-1}$$

式中　V_2 ——土经开挖后的松散体积；

　　　V_1 ——土在自然状态下的体积。

土的可松性系数可用于计算土方量、进行土方挖填平衡计算和确定运输工具数量。各种土的可松性系数见表 3-2。

表 3-2　各种土的可松性系数

土的类别	自然状态		挖松后	
	密度（t/m³）	可松性系数	密度（t/m³）	可松性系数
砂土	1.65～1.75	1.0	1.50～1.55	1.05～1.15
壤土	1.75～1.85	1.0	1.60～1.70	1.05～1.10
黏土	1.80～1.95	1.0	1.60～1.65	1.10～1.20
砂砾土	1.90～2.05	1.0	1.50～1.70	1.10～1.40
含砂砾壤土	1.85～2.00	1.0	1.70～1.80	1.05～1.10
含砂砾黏土	1.90～2.10	1.0	1.55～1.75	1.10～1.35
卵石	1.95～2.15	1.0	1.70～1.90	1.15

4. 自然倾斜角

自然堆积土壤的表面与水平面间所形成的角度，称为土的自然倾斜角。挖方与填方边坡的大小与土壤的自然倾斜角大小有关。土方的边坡开挖应采用自上而下、分区、分段、分层的方法依次进行，不允许先下后上切脚开挖。坡面开挖时，应根据土质情况，间隔一定的高度设置永久性戗台，戗台宽度视用途而定。

3.2.2　土石方平衡调配

水利水电工程施工中，一般有土石方开挖料和土石方填筑料，以及其他用料，如开挖

料做混凝土骨料等。在开挖的土石料中,一般有废料,还可能有剩余料等,因此要设置堆料场和弃料场。开挖的土石料的利用和弃置,不仅有数量的平衡(空间位置上的平衡)要求,还有时间的平衡要求,同时还要考虑质量和经济效益等。

3.2.2.1　土石方平衡调配的方法

土石方平衡调配是否合理的主要判断指标是运输费用多少,费用花费最少的方案就是最好的调配方案。土石方调配可按线性规划进行。对于基坑和弃料场不太多时,可用简便的“西北角分配法”求解最优调配数值。土石方调配需考虑许多因素,如围堰填筑时间、土石坝填筑时间和高程、厂前区管道施工工序、围堰拆除方法、弃渣场地(上游或下游)、运输条件(是否过河、架桥时间)等。

3.2.2.2　土石方平衡调配的原则

土石方平衡调配的基本原则是在进行土石方调配时要做到料尽其用、时间匹配和容量适度。开挖的土石料可用作堤坝的填料、混凝土骨料或平整场地的填料等;土石方开挖应与用料在时间上尽可能相匹配,以保证施工高峰用料;堆料场和弃渣场的设置应容量适度,尽可能少占地。堆料场是指堆存备用土石料的场地,当基坑和料场开挖出的土石料需做建筑物的填筑用料,而两者在时间上又不能同时进行时,就需要堆存。堆存原则是易堆易取。防止水、污泥杂物混入料堆,致使堆存料质量降低。当有几种材料时应分场地堆存,如堆在一个场地,应尽量隔开,避免混杂。堆存位置最好在用料点或料场附近,减少回取运距。如堆料场在基坑附近,一般不容许占压开挖部分。由于开挖施工工艺问题,常有不合格料混杂,对这些混杂料应禁止送入堆料场。开挖出的不能利用的土石料应作为弃渣处理,弃渣场选择与堆弃原则是:尽可能位于库区内,这样可以不占农田耕地。施工场地范围内的低洼地区可作为弃渣场,弃渣场可作为或扩大为施工场地。弃渣堆置应不使河床水流产生不良的变化,不妨碍航运,不对永久建筑物与河床过流产生不利影响。在可能的情况下,应利用弃土造田,增加耕地。弃渣场的使用应做好规划,开挖区与弃渣场应合理调配,以使运费最少。土石方调配的结果对工程成本、工程进度,以及工区景观、工区水土流失、噪声污染、粉尘污染等环境因素有着显著的影响。

任务3.3　土方开挖

土方开挖常用的方法有人工开挖法和机械开挖法,一般采用机械开挖。用于土方开挖的机械有单斗挖掘机、多斗挖掘机、铲运机械及水力开挖机械。

3.3.1　单斗挖掘机

单斗挖掘机是仅有一个铲土斗的挖掘机械。它由行走装置、动力装置和工作装置三部分组成。行走装置分为履带式和轮胎式两种,履带式是最常用的一种,它对地面的单位压力小,可在各种地面上行驶,但转移速度慢。动力装置分为电动和内燃机驱动两种,电动为最常用的形式,效率高,操作方便,但需电源。工作装置由铲土斗、斗柄、推压和提升装置组成。按铲土方向和铲土原理分为正铲、反铲、拉铲和抓铲四种类型,如图3-1所示,用钢索或液压操纵。钢索操纵用于大中型正铲,液压操纵用于小型正铲和反铲。

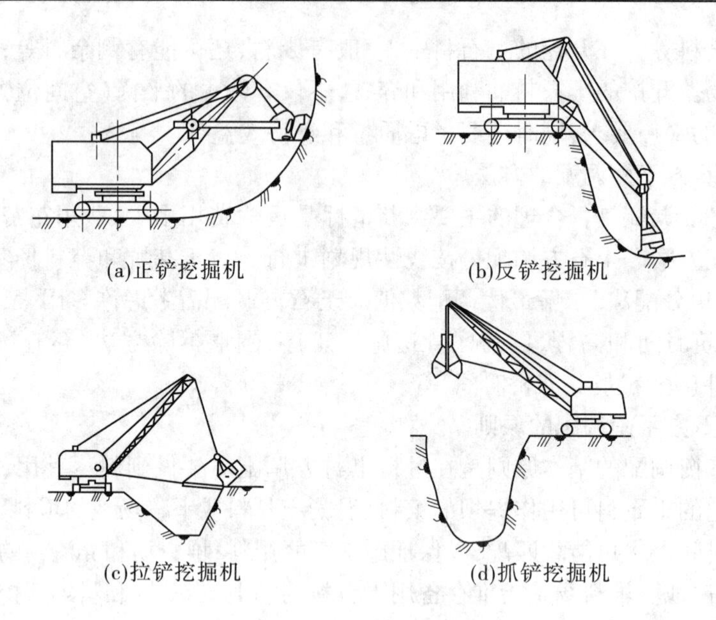

图 3-1 单斗挖掘机

3.3.1.1 正铲挖掘机

正铲挖掘机由推压和提升完成挖掘,开挖断面是弧形,最适宜挖停机面以上的土方,也能挖掘机面以下的浅层(1 ~ 2 m)土方。由于稳定性好、铲土能力大,可以挖各种土料及软岩、岩渣并进行装车。它的特点是循环式开挖,由挖掘、回转、卸土、返回构成一个工作循环,生产率的大小取决于铲斗大小和循环时间的长短。正铲的斗容为 0.5 m^3 至几十立方米不等,工程中常用斗容为 1 ~ 4 m^3。

正铲挖掘机开挖方法有以下两种:

(1)正向开挖、侧向装土。正铲向前进方向挖土,汽车位于正铲的侧向装车,如图 3-2 所示。铲臂卸土回转角度小于 90°,装车方便,循环时间短,生产效率高,常用于土料场及渠道土方开挖。

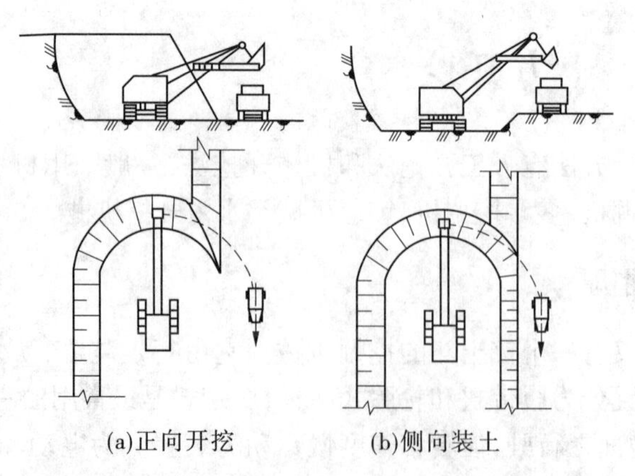

图 3-2 正向开挖、侧向装土

(2)正向开挖、后方装土。开挖工作面较大,但铲臂卸土回转角度大、生产效率降低,如图3-3所示。此方法常用于基坑土方开挖。

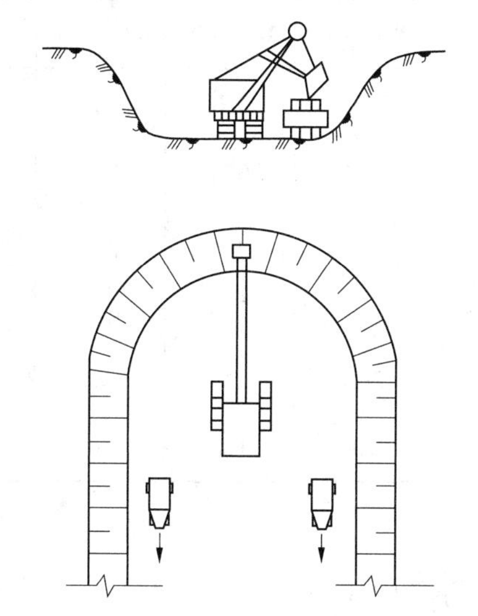

图3-3　正向开挖、后方装土

正铲挖掘机工作尺寸见图3-4,正铲挖掘机工作性能见表3-3。

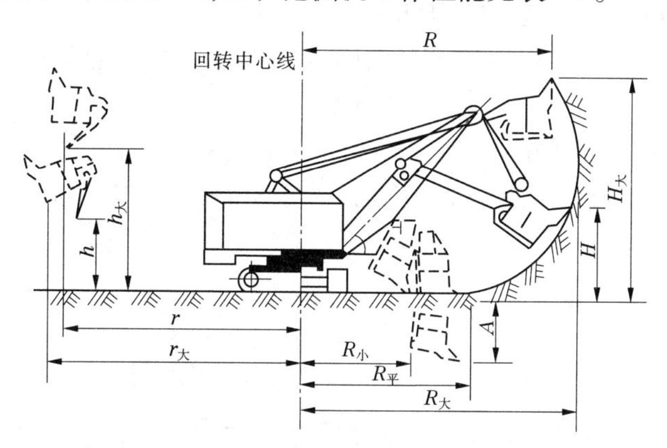

A—停机面以下挖掘深度;$R_平$—停机面以上最大挖掘半径;$R_小$—停机面以上最小挖掘半径;$R_大$—最大挖掘半径;H—最大挖掘半径时的挖掘高度;R—最大挖掘高度时的挖掘半径;$H_大$—最大挖掘高度;$r_大$—最大卸土半径;h—最大卸土半径时的卸土高度;r—最大卸土高度时的卸土半径;$h_大$—最大装土高度

图3-4　正铲挖掘机工作尺寸

表3-3　正铲挖掘机工作性能

项目	WD-50	WD-100	WD-200	WD-300	WD-400	WD-1000
铲斗容量(m^3)	0.5	1.0	2.0	3.0	4.0	10.0
动臂长度(m)	5.5	6.8	9.0	10.5	10.5	13.0
动臂倾角(°)	60.0	60.0	50.0	45.0	45.0	45.0
最大挖掘半径(m)	7.2	9.0	11.6	14.0	14.4	18.9
最大挖掘高度(m)	7.9	9.0	9.5	7.4	10.1	13.6

续表 3-3

项目	WD－50	WD－100	WD－200	WD－300	WD－400	WD－1000
最大卸土半径(m)	6.5	8.0	10.1	12.7	12.7	16.4
最大卸土高度(m)	5.6	6.8	6.0	6.6	6.3	8.5
最大卸土半径时的卸土高度(m)	3.0	3.7	3.5	4.9		5.8
最大卸土高度时的卸土半径(m)	5.1	7.0	8.7	12.4		15.7
工作循环时间(s)	28.0	25.0	24.0	22.0	23～25	
卸土回转角度(°)	100	120	90	100	100	

3.3.1.2　**反铲挖掘机**

反铲挖掘机能用来开挖停机面以下的基坑(槽)或管沟及含水率大的软土等，挖土时由远而近，就地卸土或装车，适用于中小型沟渠、清基、清淤等工作。由于稳定性及铲土能力均比正铲挖掘机差，故只用来挖Ⅰ～Ⅲ级土，硬土要先进行预松。

反铲挖掘机开挖方法一般有以下几种：

(1)端向开挖法。反铲挖掘机停于沟端，后退挖土，同时往沟一侧弃土或装车运走，如图 3-5(a)所示。

(2)侧向开挖法。反铲挖掘机停于沟侧沿沟边开挖，铲臂回转角度小，能将土弃于距沟边较远的地方，但挖土宽度比挖掘半径小，边坡不好控制，同时机身靠沟边停放，稳定性较差，如图 3-5(b)所示。

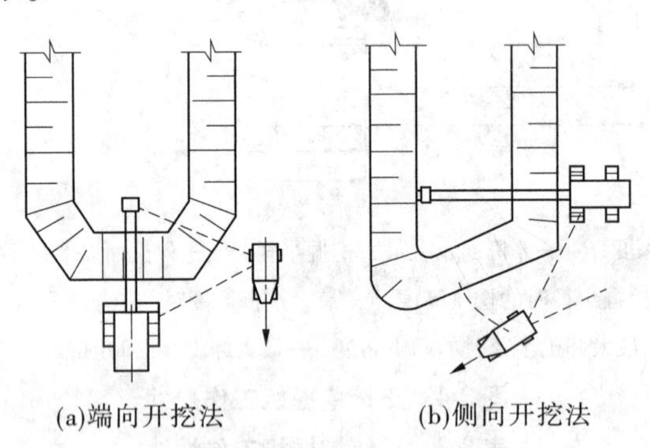

图 3-5　反铲端向及侧向开挖法

(3)多层接力开挖法。用两台或多台挖掘机设在不同作业高度上同时挖土，边挖土边将土传递到上层，再由地表挖掘机或装载机装车外运。

3.3.1.3　**拉铲挖掘机**

拉铲挖掘机的铲斗用钢索控制，利用臂杆回转将铲斗抛至较远距离，回拉牵拉索，靠铲斗自重下切装满铲斗，然后回转装车或卸土。由于其挖掘半径、卸土半径、卸土高度较大，适用于Ⅰ～Ⅲ级土开挖，尤其适合深基坑水下土砂及含水率大的土方开挖，在大型渠道、基坑及水下砂卵石开挖中应用广泛。开挖方式有沟端开挖和沟侧开挖两种，当开挖宽度和卸土半径较小时，用沟端开挖；当开挖宽度大，卸土距离较远时，用沟侧开挖。

3.3.1.4　抓铲挖掘机

抓铲挖掘机靠铲斗自由下落时斗瓣分开切入土中，抓取土料合瓣后提升，回转卸土。适用于开挖土质比较松软（Ⅰ～Ⅱ级土）、施工面狭窄而深的基坑、深槽以及河床清淤等工程，最适宜于水下挖土，或用于装卸碎石、矿渣等松软材料，在桥墩等柱坑开挖中应用较多。抓铲能在回转半径范围内开挖基坑中任何位置的土方。

3.3.1.5　单斗挖掘机生产效率的计算

1.技术生产率

$$P_j = 60qnk_{ch}k_yk_z/k_s \tag{3-2}$$

式中　P_j——挖掘机技术生产率，自然方，m^3/h；

q——铲斗几何容量，m^3，查挖掘机技术参数；

n——挖掘机每分钟挖土次数，可根据表3-4进行换算；

k_s——土壤可松性系数，见表3-2；

k_{ch}——铲斗充盈系数，见表3-5；

k_y——挖掘机在掌子面内移动影响系数，根据掌子面宽度和爆堆高低而定，可取0.90～0.98；

k_z——掌子面尺度校正系数，见表3-6。

表3-4　一次挖掘循环延续时间 t　（单位：s）

铲斗类型	挖掘机斗容（m^3）						
	0.8	1.5	2.0	3.0	4.0	6.0	9.5
正铲	16～28	16～28	18～28	18～28	20～30	24～34	28～36
反铲	24～33	28～37	30～39	36～46	42～50	43～52	46～56

注：旋转角为90°；开挖面高度为最佳值；易挖时取最大值，难挖时取最小值。

表3-5　挖掘机铲斗充盈系数 k_{ch}

岩土名称	k_{ch}	岩土名称	k_{ch}
湿砂、壤土	1.0～1.1	中等密实含砾石黏土	0.6～0.8
小砾石、砂壤土	0.8～1.0	密实含砾石黏土	0.6～0.7
中等黏土	0.75～1.0	爆得好的岩石	0.6～0.75
密实黏土	0.6～0.8	爆得不好的岩石	0.5～0.7

表 3-6　正铲挖掘机掌子面尺度校正系数 k_z

最佳掌子面高度的百分比	旋转角							
	30°	45°	60°	75°	90°	120°	150°	180°
40%		0.93	0.89	0.85	0.80	0.72	0.65	0.59
60%		1.10	1.03	0.96	0.91	0.81	0.73	0.66
80%		1.22	1.12	1.04	0.98	0.86	0.77	0.69
100%		1.26	1.16	1.07	1.00	0.88	0.79	0.71
120%		1.20	1.11	1.03	0.97	0.86	0.77	0.70
140%		1.12	1.04	0.97	0.91	0.81	0.73	0.66
160%		1.03	0.96	0.90	0.83	0.75	0.67	0.62

注：反铲可参照正铲参数选取最佳掌子面高度、挖掘技术参数或使用说明书。

2. 实用生产率

$$P_s = 8P_j k_t \tag{3-3}$$

式中　P_s——挖掘机实用生产率，m^3/台车；

P_j——挖掘机技术生产率，自然方，m^3/h；

k_t——时间利用系数，见表 3-7。

表 3-7　施工机械时间利用系数 k_t

工作条件	施工管理条件				
	最好	良好	一般	较差	很差
最好	0.84	0.81	0.76	0.70	0.63
良好	0.78	0.75	0.71	0.65	0.60
一般	0.72	0.69	0.65	0.60	0.54
较差	0.63	0.61	0.57	0.52	0.45
很差	0.52	0.50	0.47	0.42	0.32

3. 提高挖掘机生产率的措施

挖掘机是土方机械施工的主导机械，为提高生产率，应采取以下措施：加长斗齿，减小切土阻力；合并回转、升起、降落的操作过程，采用卸土转角小的装车或卸土方式，以缩短循环时间；小角度装车或卸土；采用大铲斗；合理布置工作面和运输道路；加强机械保养和维修，维持良好的性能。

3.3.2　多斗挖掘机

多斗挖掘机是有多个铲土斗的挖掘机械，它能够连续地挖土，是一种连续工作的挖掘机械。按工作方式不同，多斗挖掘机分为链斗式和斗轮式两种。

3.3.2.1　链斗式挖掘机

链斗式挖掘机最常用的形式是采砂船，如图 3-6 所示。它是一种构造简单、生产率高、适用于规模较大的工程、可以挖河滩及水下砂砾料的多斗式挖掘机。采砂船工作性能见表3-8。

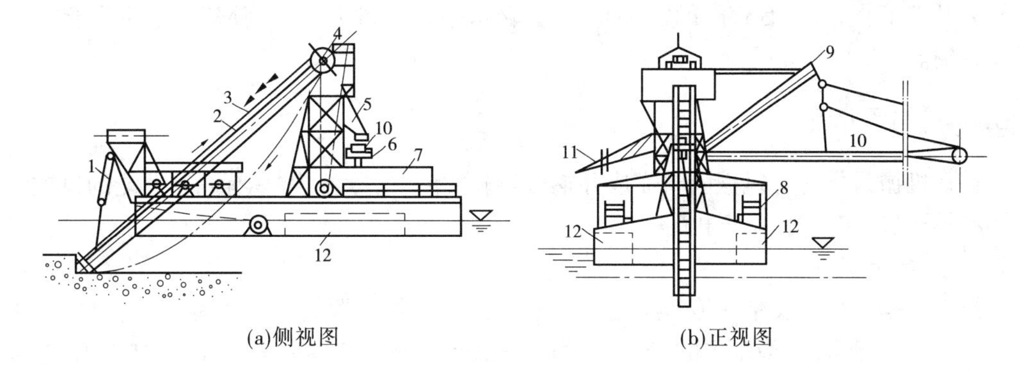

(a)侧视图　　(b)正视图

1—斗架提升索;2—斗架;3—链条和链斗;4—主动链轮;5—泄料漏斗; 6—回转盘;
7—主机房;8—卷扬机;9—吊杆;10—皮带机;11—泄水槽;12—平衡水箱

图3-6　链斗式采砂船

表3-8　采砂船工作性能

项目	链斗容量(L)			
	160	200	400	500
理论生产率(m^3/h)	120	150	250	750
最大挖掘深度(m)	6.5	7.0	12.0	20.0
船身外廓尺寸 (长×宽×高) (m×m×m)	28.05×8×2.4	31.9×8×2.3	52.2×12.4×3.5	69.9×14×5.1
吃水深度(m)	1.0	1.1	2.0	3.1

3.3.2.2　斗轮式挖掘机

斗轮式挖掘机如图3-7所示,斗轮式挖掘机的斗轮装在斗轮臂上,在斗轮上装有7~8个铲土斗,当斗轮转动时,下行至拐角时挖土,上行运土至最高点时,土料靠自重和旋转惯性卸至受料皮带上,转送到运输工具或料堆上。其主要特点是斗轮转速较快,作业连续,

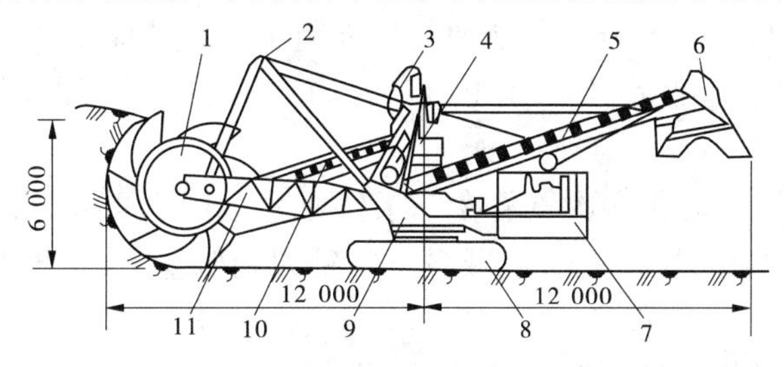

1—斗轮;2—升降机构;3—司机室;4—中心料斗;5—卸料皮带机;6—双槽卸料斗;
7—动力装置;8—履带;9—转台;10—受料皮带机;11—斗轮臂

图3-7　斗轮式挖掘机　(单位:mm)

斗臂倾角可以改变,并作 360°回转,生产率高,开挖范围大。斗轮式挖掘机适用于大体积的土方开挖工程,且具有较高的掌子面,土料含水率不宜过大,多与胶带运输机配合作长距离运输。

3.3.3 铲运机械

铲运机械是指一种机械同时完成开挖、运输和卸土任务,这种具有双重功能的机械常用的有推土机、铲运机、平土机等。

3.3.3.1 推土机

推土机是一种在履带式拖拉机上安装推土板等工作装置而成的一种铲运机械,是水利水电建设中最常用、最基本的机械,可用来完成场地平整,基坑、渠道开挖,推平填方,堆积土料,回填沟槽,清理场地等作业,还可以牵引振动碾、松土器、拖车等机械作业。它在推运作业中,距离不能超过 60 ~ 100 m,挖深不宜大于 1.5 ~ 2.0 m,填高小于 2 ~ 3 m。

推土机按安装方式分为固定式和万能式,按操纵方式分为钢索和液压操作,按行驶方式分为履带式和轮胎式。图 3-8 为国产移山 - 120(马力)型推土机。

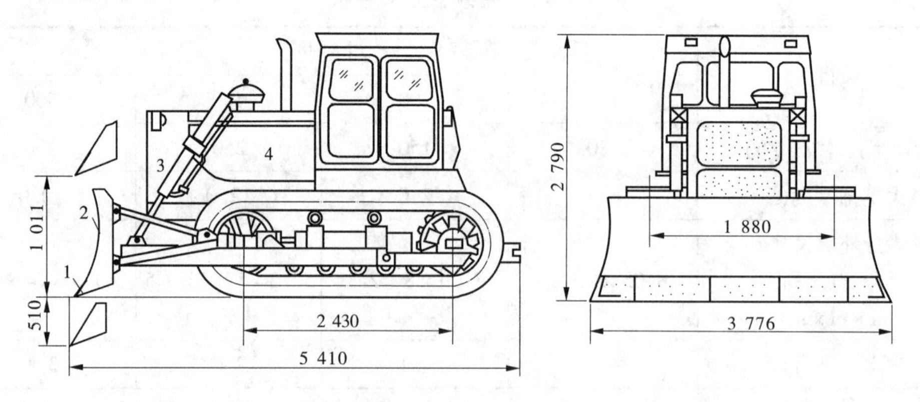

1—刀片;2—推土板;3—切土液压装置;4—拖拉机

图 3-8　国产移山 - 120(马力)型推土机　(单位:mm)

固定式推土机的推土板仅能上下升降,强制切土能力差,但结构简单,应用广泛;而万能式推土机不仅能够升降,还可以左右、上下调整角度,用途较多。履带式推土机附着力大,可以在不良地面上作业;液压式推土机可以强制切土,重量轻,构造简单,操作方便。

推土机开挖的基本作业是铲土、运土、卸土三个工作行程和空载回行程。常用的作业方法如下:

(1)槽形推土法。推土机多次重复在一条作业线上切土和推土,使地面逐渐形成一条浅槽,再反复在沟槽中进行推土,以减少土从铲刀两侧漏散,可提高工作效率 10% ~ 30% 。

(2)下坡推土法。推土机顺着下坡方向切土与推运,借机械向下的重力作用切土,增大切土深度和运土数量,可提高生产率 30% ~40% ,但坡度不宜超过 15°,避免后退时爬坡困难。

(3)并列推土法。用 2 ~3 台推土机并列作业,以减少土体漏失量。铲刀相距 15 ~30

cm,平均运距不宜超过 50 ~ 70 m,亦不宜小于 20 m。

(4)分段铲土集中推送法。在硬质土中,切土深度不大,将铲下的土分堆集中,然后整批推送到卸土区。堆积距离不宜大于 30 m,堆土高度以 2 m 以内为宜。

(5)斜角推土法。将铲刀斜装在支架上或水平放置,并与前进方向成一倾斜角度进行推土。

3.3.3.2　铲运机

铲运机是一种能够连续完成铲运、运土、卸土、铺土、平土等工序的综合性土方工程机械,能开挖黏土、砂砾石等。它适用于大型基坑、渠道、路基开挖,大型场地的平整、土料开采、填筑堤坝等。

铲运机按牵引方式分为自行式和拖式,按操纵方式分为钢索和液压操纵,按卸土方式分为自由卸土、强制卸土和半强制卸土。其工作过程示意图见图 3-9。

根据施工场地的不同,铲运机常用的开行路线有以下几种:

(1)椭圆形开行路线。从挖方到填方按椭圆形路线回转,适合长 100 m 内基坑开挖、场地平整等工程。

(2)"8"字形开行路线。即装土、运土和卸土时按"8"字形运行,可减少转弯次数和减小空车行驶距离,提高生产率,同时可避免机械行驶部分单侧磨损。

(3)大环形开行路线。从挖方到填方均按封闭的环形路线回转。当挖土和填土交替,而刚好填土区在挖土区的两端头时,可采用此种路线。

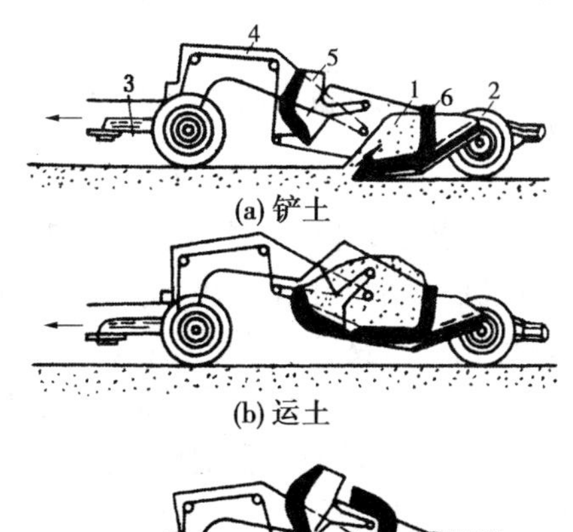

(a) 铲土

(b) 运土

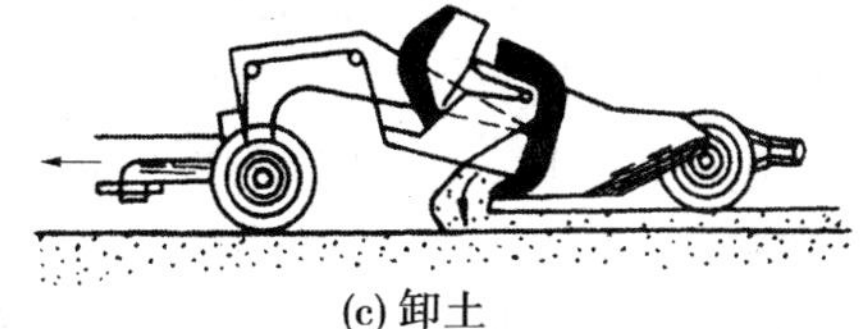

(c) 卸土

1—铲斗;2—行走装置;3—连挂装置;4—操纵装置;
5—斗门;6—斗底和斗后壁

图 3-9　铲运机工作过程示意图

(4)连续式开行路线。铲运机在同一直线段连续地进行铲土和卸土作业,可消除跑空车现象,减少转弯次数,提高生产效率,同时还可使整个填方面积得到均匀压实,适合大面积场地整平,且填方和挖方轮次交替出现的地段。

为了提高铲运机的生产效率,通常采用以下几种方法:

(1)下坡铲土法。铲运机顺地势下坡铲土,借机械下行自重产生的附加牵引力来增加切土深度和充盈数量,最大坡度不应超过 20°,铲土厚度以 20 cm 为宜。

(2)沟槽铲土法。在较坚硬的地段挖土时,采取预留土埂间隔铲土。土埂两边沟槽深度以不大于 0.3 m、宽度略大于铲斗宽度 10 ~ 20 cm 为宜。作业时埂与槽交替下挖。

(3)助铲法。在坚硬的土体中,使用自行式铲运机,另配一台推土机松土或在铲运机的后拖杆上进行顶推,协助铲土,可缩短铲土时间。每 3 ~ 4 台铲运机配置一台推土机助铲,可提高生产率 30% 左右。

3.3.4 水力开挖机械

水力开挖主要有水枪开挖和挖泥船开挖两种。

3.3.4.1 水枪开挖

水枪开挖就是利用水枪喷嘴射出的高速水流切割土体形成泥浆,然后输送到指定地点的开挖方法。水枪可在平面上回转360°,在立面上仰俯50°~60°,射程达20~30 m,切割分解形成泥浆后,沿输泥沟自流或由吸泥泵经管道输送至填筑地点。利用水枪开挖土料场、基坑,节约劳力和大型挖运机械,经济效益明显。水枪开挖适用砂土、亚黏土和淤泥,可用于水力冲填筑坝。对于硬土,可先进行预松,以提高水枪挖土工效。

3.3.4.2 挖泥船开挖

挖泥船是利用挖泥船下的绞刀将水下土方绞成泥浆,由泥浆泵吸起经浮动输泥管运至岸上或运泥船上。

3.3.5 挖运方案的选择

常采用的土石料挖运方案有以下几种:

(1)人工挖装,马车、拖拉机、翻斗车运土上坝。人工挖装,马车运输,距离不宜大于1 km;拖拉机、翻斗车运土上坝,运距一般为2~4 km,坡度不宜大于0.5%~1.5%。

(2)挖掘机挖装,自卸汽车运输上坝。正向铲挖装,自卸汽车运输直接上坝,通常运距小于10 km。该方案设备易于获得,自卸汽车机动灵活,运输能力高,设备通用性强,可运各种坝料,能直接铺料,受地形条件和运距限制很小,使用管理方便。目前,国内外土石坝施工中普遍采用。

在施工布置上,正向铲一般采用立面开挖,汽车运输道路可布置成循环路线,装料时采用侧向掌子面,即汽车鱼贯式的装料与行驶,这种布置形式可避免汽车倒车延误时间和减少挖掘机的回转时间,生产率高,能充分发挥正向铲与汽车的效率。

(3)挖掘机挖装,胶带机运输上坝。胶带机的爬坡能力强,架设简易,运输费用较低,运输能力也较大,适宜运距小于10 km。胶带机可直接从料场运输上坝;也可与自卸汽车配合,做长距离运输,在坝前经漏斗卸入汽车转运上坝;或与有轨机车配合,用胶带机短距离转运上坝。

(4)斗轮式挖掘机挖装,胶带机运输上坝。具有连续生产、挖运强度高、管理方便等优点。陕西石头河水库土石坝和美国沃洛维尔土坝施工采用了该挖运方案。

(5)采砂船挖装,机车运输,胶带机转运上坝。国内一些大中型水电工程施工中,广泛采用采砂船开采水下的砂砾料,配合有轨机车运输。当料场集中、运输量大、运距大于10 km时,可用有轨机车进行水平运输。有轨机车的临建工程量大,设备投资较高,对线路坡度和转弯半径要求也较高;不能直接上坝,需要在坝脚经卸料装置转胶带机运土上坝。

选择开挖运输方案时,应根据工程量大小、土料上坝强度、料场位置与储量、土质分布、机械供应条件等综合因素,进行技术上比较和经济上分析,确定经济合理的挖运方案。

3.3.6 挖运强度与挖运机械数量的确定

分期施工的土石坝应根据坝体分期施工的填筑强度和开挖强度来确定相应的机械设备容量。

(1)坝体分期填筑强度 Q_d(m^3/h)可按下式计算:

$$Q_d = V_d K K_1/(TN) \tag{3-4}$$

式中 V_d——坝体分期填筑方量,m^3;

K——施工不均匀系数,可取1.2~1.3;

K_1——考虑沉陷削坡损失等影响系数,可取1.15~1.2;

T——分期时段的有效工作日数,d,按分期时段的总日数扣除节假日、降雨及气温影响可能的停工日数;

N———每日的工作小时数,以20 h计。

(2)坝体分期施工的运输强度 Q_T(m^3/h)可按下式计算:

$$Q_T = Q_d K_2 \gamma_d/\gamma_y \tag{3-5}$$

式中 K_2——土料运输损失系数,取1.05~1.10;

γ_d——设计干表观密度,t/m^3;

γ_y——土料松散状态下干表观密度,t/m^3。

(3)坝体分期施工的开挖强度 Q_c(m^3/h)可按下式计算:

$$Q_c = Q_d K_3 K_2 \gamma_d/\gamma_n \tag{3-6}$$

式中 K_3——开挖及运输中的损失系数,可取1.05~1.10;

γ_n——土料的天然干表观密度,t/m^3。

(4)满足上坝填筑强度要求的挖掘机数量 N_c 为

$$N_c = Q_c/P_c \tag{3-7}$$

式中 P_c——1台挖掘机的生产率,m^3/h。

(5)满足上坝填筑强度要求的汽车数量 N_a 为

$$N_a = Q_c/P_a \tag{3-8}$$

式中 P_a——1辆汽车的生产率,m^3/h。

配合1台挖掘机所需的汽车数量,其总的生产率应略大于1台挖掘机的生产率,即 $nP_a \geqslant P_c$。

(6)为了充分发挥自卸汽车的运输效能,应根据挖掘机械的斗容选择相应载重的自卸汽车。挖掘机装满一车的斗数 m 为

$$m = Qk_s/\gamma_n q \tag{3-9}$$

式中 Q——自卸汽车的载质量,t;

k_s——土料的可松性系数;

q——挖掘机械的斗容,m^3。

根据工艺要求,m 的合理范围应为3~5。通常要求装满一车的时间不超过3.5~4 min,卸车时间不超过2 min。

任务3.4　坝体填筑与压实

3.4.1　土石坝机械化施工组织原则

从料场的开挖、运输到坝面铺料和压实等各工序采用相互配套的机械施工组成“一条龙”的施工流程,称为土石坝的综合机械化施工。组织综合机械化施工应遵循以下原则:

(1)充分发挥主要机械的作用。主要机械是指在机械化施工流程中起主导作用的机械。充分发挥它的生产效率,有利于加快施工进度,降低工程成本。如土方工程机械化施工中,采用挖掘机挖装、自卸汽车运输、推土机铺平土、振动碾碾压,其中挖掘机为主要机械,其他为配套机械。挖掘机出现故障或工效降低,将会导致停工待料或施工强度降低。

(2)根据机械工作特点进行配套组合。连续式开挖机械和连续式运输机械配合,循环式开挖机械和循环式运输机械配合,形成连续生产线;否则,需要增加中间过渡设备。

(3)充分发挥配套机械的生产能力。在选择配套机械,确定配套机械的型号、规格和数量时,其生产能力要略大于主要机械的生产能力,以保证主要机械生产能力的充分发挥。

(4)配套机械应便于使用、维修和管理。选择配套机械时,尽量选择一机多能型,以减少衔接环节。同一种机械力求型号单一,便于维修管理。

(5)合理布置工作面,加强机械保养。合理布置工作面和运输道路,以减少机械的运转时间,避免窝工。严格执行机械保养制度,使机械处于最佳状态,以提高工效。

3.4.2　土石坝填筑碾压试验

3.4.2.1　压实机械

压实机械分为静压碾压、振动碾压、夯击三种基本类型。其中,静压碾压的作用力是静压力,其大小不随作用时间而变化,如图3-10(a)所示;振动的作用力为周期性的重复动力,其大小随时间呈周期性变化,振动周期的长短随振动频率的大小而变化,如图3-10(b)所示;夯击的作用力为瞬时动力,有瞬时脉冲作用,其大小随时间和落高而变化,如图3-10(c)所示。压实机械具体有羊脚碾、气胎碾、振动碾、夯实机械等。

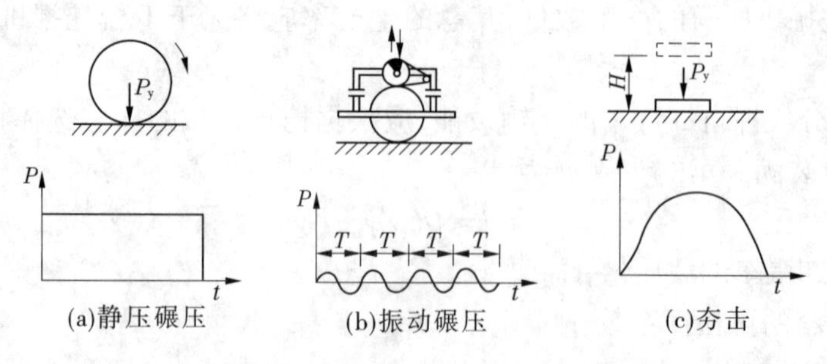

(a)静压碾压　(b)振动碾压　(c)夯击

图3-10　土料压实作用外力示意图

1. 羊脚碾

羊脚碾是碾的滚筒表面设有交错排列的柱体，形似羊脚。碾压时，羊脚插入土料内部，使羊脚底部土料受到正压力，羊脚四周侧面土料受到挤压力，碾筒转动时土料受到羊脚的揉搓力，从而使土料层均匀受压。羊脚碾压实层厚，层间结合好，压实度高，压实质量好，但仅适用于黏性土。非黏性土压实中，由于土颗粒产生竖向及侧向移动，效果不好。

2. 气胎碾

气胎碾是由拖拉机牵引，以充气轮胎作为压实构件，利用碾的重量来压实土料的一种碾压机械。这种碾子是一种柔性碾，碾压时碾和土料共同变形。胎面与土层表面的接触压力与碾重关系不大，可通过改变轮胎气压的方法来调节接触压力的大小，增加碾重（一般质量为 8 ~ 30 t，重型的可达到 50 ~ 200 t），可以增加与土层接触面积，压实深度大，生产效率高，施工费用比凸块碾低。与刚性平碾相比，气胎碾压实效果较好。缺点是需加刨毛等工序，以加强碾压上下层的结合。

气胎碾的适用范围广，对黏性土和非黏性土都能压实，在多雨地区或含水率较高的土料更能突出它的优点。它与羊脚碾联合作业效果更佳，如用气胎碾压实，羊脚碾收面，有利于上下层结合；羊脚碾碾压，气胎碾收面，有利于防雨。

3. 振动碾

振动碾是一种具有静压和振动双重功能的复合型压实机械。常见的类型是振动平碾，也有振动变形（表面设凸块、肋形、羊脚等）碾。它由起振柴油机带动碾滚内的偏心轴旋转，通过连接碾面的隔板，将振动力传至碾滚表面，然后以压力波的形式传到土体内部。非黏性土的颗粒比较粗，在这种小振幅、高频率的振动力的作用下，摩擦力大大减小，由于颗粒不均匀，惯性力大小不同而产生相对位移，细粒滑入粗粒空隙而使空隙体积减小，从而使土料达到密实。因此，振动碾主要用于压实非黏性土。

4. 夯实机械

夯实机械是利用夯实机具的冲击力来压实土料的，有强夯机、挖掘机夯板等，用于夯实砂砾料，也可以夯实黏性土。它适用在碾压机械难以施工的部位压实土料。

3.4.2.2　土料填筑标准

1. 黏性土的填筑标准

含砾和不含砾的黏性土的填筑标准应以压实度和最优含水率作为设计控制指标。设计最大干密度应以压实最大干密度乘以压实度求得。

1 级、2 级坝和高坝的压实度应为 98% ~100% ，3 级中低坝及 3 级以下的中坝压实度应为 96% ~98% 。设计地震烈度为 8 度、9 度的地区，宜取上述规定的大值。

2. 非黏性土的填筑标准

砂砾石和砂的填筑标准应以相对密度为设计控制指标。砂砾石的相对密度不应低于 0.75，砂的相对密度不应低于 0.7，反滤料宜为 0.7。

3.4.2.3　压实参数的确定

（1）土料填筑压实参数主要包括碾压机具的重量、含水率、碾压遍数及铺土厚度等，对于振动碾还应包括振动频率及行走速率等。

（2）黏性土料压实含水率可取 $\omega_1 = \omega_P + 2\%$ 、$\omega_2 = \omega_P$ 、$\omega_3 = \omega_P - 2\%$ 三种进行试

验。ω_P 为土料塑限。

(3)选取试验铺土厚度和碾压遍数,并测定相应的含水率和干密度,作出对应的关系曲线(见图3-11)。再按铺土厚度、压实遍数和最优含水率、最大干密度进行整理并绘制相应的曲线(见图3-12),根据设计干密度 ρ_d ,从曲线上分别查出不同铺土厚度所对应的压实遍数和对应的最优含水率。最后分别计算单位压实遍数的压实厚度进行比较,以单位压实遍数的压实厚度最大者为最经济、合理。

(4)对非黏性土料的试验,只需作铺土厚度、压实遍数和干密度 ρ_d 的关系曲线,据此便可得到与不同铺土厚度对应的压实遍数,根据试验结果选择现场施工的压实参数。

3.4.3 土石坝填筑施工方法

3.4.3.1 坝面作业的特点

坝面作业包括铺土、平土、洒水或晾晒(控制含水率)、压实、刨毛(平碾碾压时)、修整边坡、修筑反滤层和排水体及护坡、质量检查等工序。由于工作面小、工序多、工种多、机具多,若施工组织不当,将产生干扰,造成窝工,延误进度,影响施工质量,所以常采用流水作业法施工。

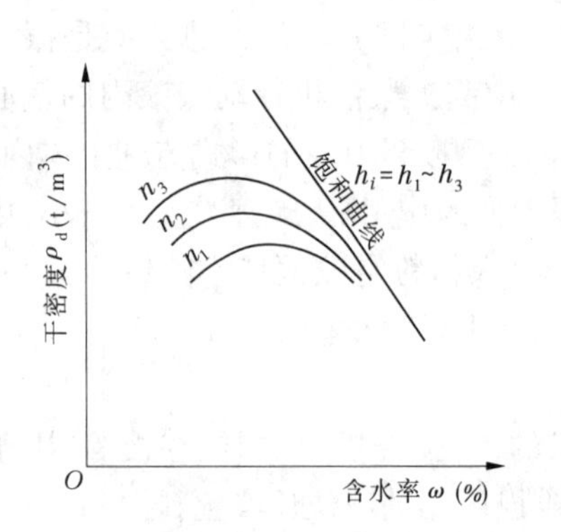

图 3-11 不同铺土厚度、不同压实遍数土料含水率和干密度关系曲线

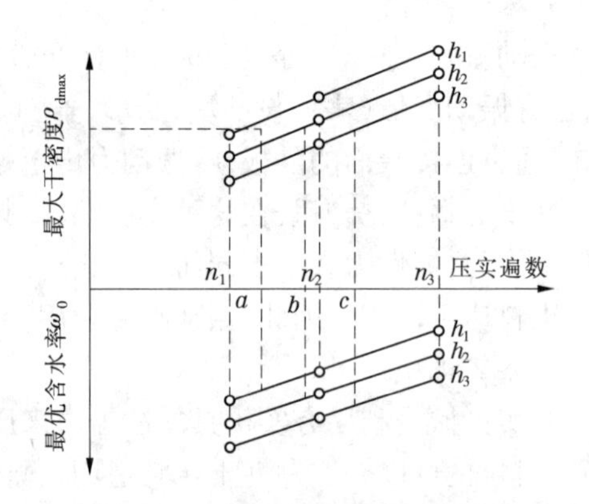

图 3-12 铺土厚度、压实遍数、最优含水率、最大干密度的关系曲线

3.4.3.2 坝面流水作业的实施

流水作业法施工是根据施工工序数目将坝面划分成几个施工段,组织各工种的专业施工队相继投入到所划分的施工段上同时施工。对同一施工段而言,各专业队按工序依次进入连续进行施工;对各专业队,则不停地轮流在各个施工段完成本专业的施工工作。实施坝面流水作业,施工队作业专业化,有利于工人技术熟练和提高;施工过程中充分利用了人、地、机,避免了施工干扰和窝工,有利于坝面作业。各施工段面积的大小取决于各施工期土料的上坝强度大小。

对于某高程的坝面,流水施工段数 M 可按下式计算:

$$\left.\begin{aligned} M &= \omega_{坝} / \omega_{日} \\ \omega_{日} &= Q_{运} / h \end{aligned}\right\} \tag{3-10}$$

式中　$\omega_{坝}$——某施工时段坝面工作面积,可按设计图纸由施工高程确定,m^2;

$\omega_{日}$——每个流水班次的铺土面积,m^2;

$Q_{运}$——运输土料施工强度,m^3/班或m^3/半班;

h——土厚度,m。

如以 N 表示流水工序数目,当 $M = N$ 时,说明流水作业中人、地、机三不闲;当 $M > N$ 时,说明流水作业中人、机不闲,但有工作面空闲;当 $M < N$ 时,说明人、机有窝工现象,流水作业不能正常进行。出现 $M < N$ 的情况是坝体升高,工作面减小或划分的流水工序过多所致。可采用缩小流水单位时间增大 M 值的办法,或合并一些工序,以减小 N 值,使 $M = N$。图3-13为三个施工段、三道工序的流水作业。

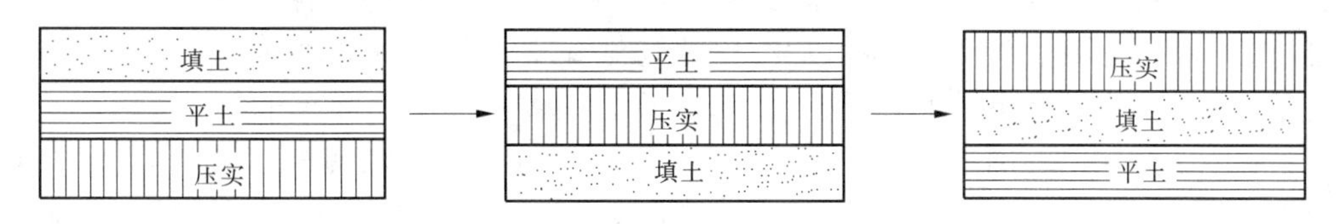

图3-13　坝面流水作业示意图

3.4.3.3　坝面填筑施工要求

1. 基本要求

铺料宜沿坝轴线方向进行,铺料应及时,严格控制铺土厚度,不得超厚。防渗体土料应采用进占法卸料,运输车辆应在铺筑的松土上行驶,车辆穿越的防渗体道口段应经常变换,每隔40~60 m设专用道口,以免车辆因穿越反滤层时将反滤料带入防渗体内,造成土料和反滤料边线混淆,影响坝体质量。防渗体分段碾压时相邻两段交接带应搭接碾压,垂直于碾压方向搭接宽度不小于0.3~0.5 m,顺碾压方向的搭接宽度为1~1.5 m。

平土要求厚度均匀,以保证压实质量,采用自卸汽车或皮带机运料上坝时,由于卸料集中,多采用推土机或平土机平土。土料要均匀平整,以免雨后积水,影响施工。斜墙坝铺筑时应向上游倾斜1%~2%的坡度,对均质坝、心墙坝应使坝面中部凸起,向上下游倾斜1%~2%的坡度,以便排除坝面雨水。

压实是坝面作业的重要工序。防渗料、砂砾料、堆石料的碾压施工参数应通过现场碾压试验确定。防渗料宜采用振动凸块碾压实,碾压应沿坝轴线方向进行,严禁漏压或欠压。碾压方式主要取决于碾压机械的开行方式。碾压机械的开行方式通常有进退错距法和圈转套压法两种。

(1)进退错距法操作简便,碾压、铺土和质检等工序协调,便于分段流水作业,压实质量容易保证,其开行方式如图3-14(a)所示。用这种开行方式,为避免漏压,可在碾压带的两侧先往复压够遍数后,再进行错距碾压。错距宽度 b(m)按下式计算:

$$b = B/n \tag{3-11}$$

式中　B——碾滚净宽,m;

n——设计碾压遍数。

(2)圈转套压法要求开行的工作面较大,适合多碾滚组合碾压。其优点是生产率较高,但碾压中转弯套压过多,易于超压。当转弯半径小时,容易引起土层扭曲,产生剪力破坏,在转弯的四角容易漏压,质量难以保证,其开行方式如图3-14(b)所示。

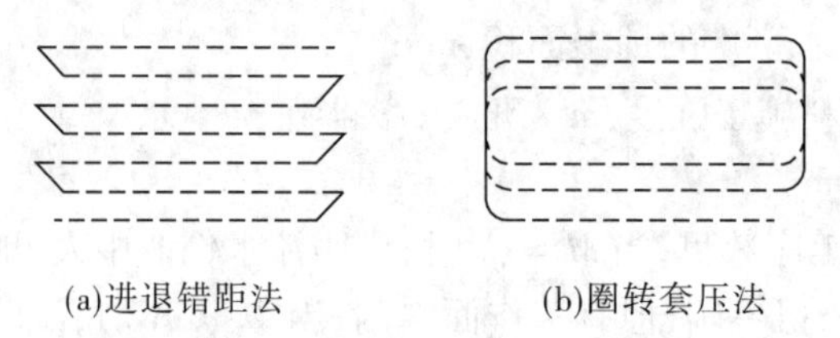

(a)进退错距法　　(b)圈转套压法

图3-14　碾压机械开行方式

2.斜墙、心墙填筑

斜墙宜与下游反滤料及部分坝壳料平起填筑,也可滞后于坝壳料填筑,待坝壳料填筑到一定高程或达到设计高程,削坡后方可填筑斜墙,避免防渗体因坝体沉陷而裂缝。已填筑好的斜墙应立即在上游铺好保护层,防止干裂,保护层距铺填面小于2 m。

心墙施工应使心墙与砂壳平衡上升。若心墙上升快,则易干裂影响质量;若砂壳上升太快,则会造成施工困难。因此,要求心墙填筑中应保持同上下游反滤料及部分坝壳平起,骑缝碾压。为保证土料与反滤料层次分明,采用土砂平起法施工。根据土料与反滤料填筑先后顺序的不同,分为先土后砂法和先砂后土法。

(1)先土后砂法是先填压三层土料再铺一层反滤料与土料齐平,然后对反滤料的土砂边沿部分进行压实,如图3-15(a)所示。由于土料压实时,表面高于反滤料,土料的卸、铺、平、压都是在无侧限的条件下进行的,很容易形成超坡。在采用羊脚碾压实时,要预留30~50 cm松土边,避免土料被羊脚碾插入反滤层内。当连续晴天时,土料上升较快,应注意防止土体干裂。

(2)先砂后土法是先在反滤料的控制边线内用反滤料堆筑一小堤,为了便于土料收坡,保证反滤料的宽度,每填一层土料,随即用反滤料补齐。收坡留下的区域,进行人工捣实,如图3-15(b)所示,这样对控制土砂边线有利。由于土料是在有侧限下压实的,松土边很少,故此法采用较多。例如,石头河水库填筑黏土心墙和反滤料采用先砂后土平起施工。

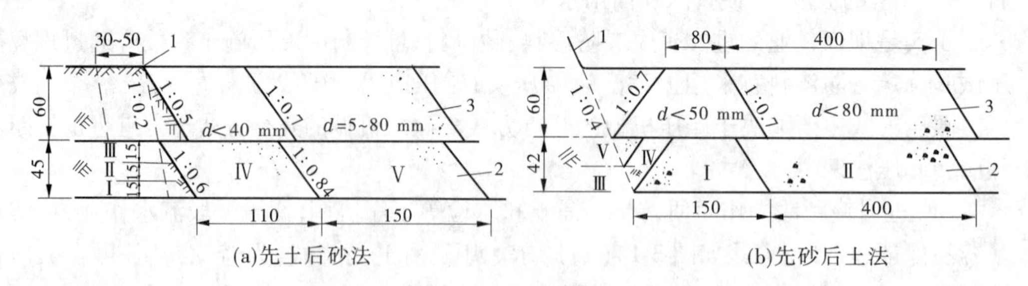

(a)先土后砂法　　(b)先砂后土法

1—心墙设计线;2—已压实层;3—待压层;Ⅰ、Ⅱ、Ⅲ、Ⅳ、Ⅴ—填料次序

图3-15　土砂平起法施工示意图　(单位:cm)

先砂后土法和先土后砂法土料边沿仍有一定宽度未压实合格,所以需要每填三层土料用夯实机具夯实一次土砂接合部位,先夯土料一侧,等合格后再夯反滤料,切忌交替夯实,影响质量。

防渗体的铺筑作业应是连续进行的，如因故停工，表面必须洒水湿润，控制含水率。

3. 接合部位处理

土石坝的防渗体要与地基（包括齿墙）、岸坡及周围其他建筑物的边界相接；由于施工导流、施工分期、分段分层填筑等要求，还必须设置纵向、横向的接坡或接缝。这些接合部位是施工的薄弱环节，质量控制应采取如下措施：

（1）在坝体填筑中，层与层之间分段接头应错开一定距离，同时分段条带应与坝轴线平行布置，各分段之间不应形成过大的高差。接坡坡比一般缓于1∶3。

（2）坝体填筑中，为了保护黏土心墙或黏土斜墙不致长时间暴露在大气中遭受影响，一般都采用土、砂平起的施工方法。

（3）对于坝身与混凝土结构物（如涵管、刺墙等）的连接，靠近混凝土结构物部位不能采用大型机械压实时，可采用小型机械夯实或人工夯实。填土碾压时，要注意混凝土结构物两侧均衡填料压实，以免对其产生过大的侧向压力，影响其安全。

任务3.5　碾压土石坝施工质量控制

施工质量控制贯穿于土石坝施工的全过程，必须建立健全质量管理体系，严格按行业标准工程设计、施工图和合同技术条款的技术要求进行。施工中除对地基进行专门的检查外，对料场、坝体填筑、堆石体和反滤料等均应进行严格的质量检查和控制。

3.5.1　料场的质量控制

料场的质量控制是保证坝体填筑质量的重要一环。各种坝料应以料场控制为主，必须是合格的坝料才能运输上坝；不合格的材料应在料场处理合格后才能上坝，否则废弃。在料场应建立专门的质量检查站，主要控制的内容包括是否在规定的料区开采；是否将草皮、覆盖层等清除干净；坝料开采加工方法是否符合规定；排水系统、防水措施、负温下施工措施是否完善；坝料性质、级配、含水率是否符合要求等。

3.5.2　坝体填筑质量控制

坝体填筑质量控制是保证土石坝施工质量的关键。质量控制的主要项目和内容有：各填筑部位的边界控制及坝料质量；碾压机具规格、质量，振动碾振动频率、激振力，气胎碾气胎压力等；铺料厚度和碾压参数；防渗体碾压层面有无光面、剪切破坏、弹簧土、漏压、欠压、裂缝；防渗体每层铺土前，压实土体表面是否按要求进行了处理；与防渗体接触的岩石面上的石粉、泥土以及混凝土表面的乳皮等杂物的清除情况；与防渗体接触的岩面或混凝土面上是否涂刷浓泥浆；过渡料、堆石料有无超径石、大块石集中和夹泥等现象；坝体与坝基、岸坡、刚性建筑物等的结合，纵横向接缝的处理与结合，土砂结合处的压实方法及施工质量；坝坡控制情况等。

施工质量检查的方法采用环刀法、灌砂法或灌水法测密度。采用环刀法取样，应取压实层的下部。采用灌砂法或灌水法，试坑应挖在层间结合面上。对于砂料、堆石料，取样所测的干表观密度平均值应不小于设计值，标准差不大于0.1 g/cm^3。当样本数小于20

组时,应按合格率不小于90%、不合格干表观密度不得低于设计干表观密度的95%控制。对于防渗土料,干表观密度或压实度的合格率不小于90%,不合格的干表观密度或压实度不得低于设计干表观密度或压实度的98%。取样应根据地形、地质、土料性质、施工条件,对防渗体选定若干个固定断面,每升高5~10 m,取代表性试样进行室内物理力学性质试验,作为复核工程设计及工程管理的依据。必要时应留样品蜡封保存,竣工后移交工程管理单位。

任务3.6　面板堆石坝施工

面板堆石坝与碾压土石坝相比具有工程量小、工期短、投资省、运行安全等优点。面板通常采用钢筋混凝土或沥青混凝土,坝身主要是堆石结构。堆石材料的质量和施工质量是坝体安全运行的基础,面板是主要的防渗结构,在满足抗渗性和耐久性的条件下,还要求具有一定的柔性,以适应堆石体的变形。

3.6.1　堆石材料的质量要求

为保证堆石体的坚固、稳定,主要部位石料的抗压强度不应低于78 MPa,当抗压强度只有49~59 MPa时,只能布置在坝体的次要部位。石料硬度不应低于莫氏硬度表中的第三级,其韧性不应低于2 kg · m/cm^2。石料的天然重度不应低于22 kN/m^3,石料的重度越大,堆石体的稳定性越好。石料应具有抗风化能力,其软化系数水上不低于0.8,水下不应低于0.85。堆石体碾压后应有较大的密实度和内摩擦角,且具有一定渗透能力。

3.6.2　堆石坝坝体分区

堆石体的边坡取决于填筑石料的特性与荷载大小,对于优质石料,坝坡一般在1∶1.3左右。

坝体部位不同,受力状况不同,对填筑材料的要求也不同,所以应对坝体进行分区。堆石坝坝体分区基本定型,主要有垫层区、过渡区、主堆石区、下游堆石区(次堆石料区)等,如图3-16所示。

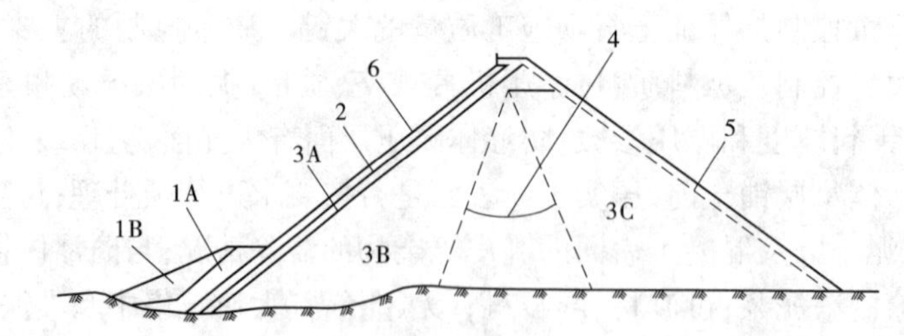

1A—上游铺盖区;1B—压重区;2—垫层区;3A—过渡区;3B—主堆石区;
3C—下游堆石区;4—主堆石区和下游堆石区的可变界限;5—下游护坡;6—混凝土面板

图3-16　堆石坝坝体分区

3.6.2.1 垫层区

垫层区的主要作用是为面板提供平整、密实的基础,将面板承受的水压力均匀传递给主堆石体,并起辅助渗流控制作用。

高坝垫层料应具有良好的级配,最大粒径为80~100 mm,粒径小于5 mm的颗粒含量宜为30%~50%,粒径小于0.075 mm的颗粒含量不宜超过8%。压实后应具备低压缩性、高抗剪强度、内部渗透稳定,并具有良好施工特性。中低坝可适当降低对垫层料的要求。

3.6.2.2 过渡区

过渡区位于垫层区和主堆石区之间,主要作用是保护垫层区在高水头作用下不产生破坏。

过渡区料粒径、级配应符合垫层料与主堆石料间的反滤要求,压实后应具有低压缩性和高抗剪强度,并具有自由排水性能,级配应连续,最大粒径不宜超过300 mm。

3.6.2.3 主堆石区

主堆石区位于坝体上游区内,是承受水荷载的主要支撑体,其石质好坏,密度、沉降量大小,直接影响面板的安危。

主堆石区料要求石质坚硬,级配良好,最大粒径不应超过压实层厚度,压实后能自由排水。

3.6.2.4 下游堆石区

下游堆石区位于坝体下游区,主要作用是保护主堆石体及下游边坡的稳定。

下游堆石区在下游水位以下部分,应用坚硬、抗风化能力强的石料填筑,压实后应能自由排水;下游水位以上的部分,对坝料的要求可以降低。

3.6.3 堆石坝填筑的施工质量控制

堆石坝填筑的施工质量控制关键是要对填筑工艺和压实参数进行有效控制。

3.6.3.1 填筑工艺

(1)坝体堆石料铺筑宜采用进占法(见图3-17(a)),必要时可采用自卸汽车后退法(见图3-17(b))与进占法结合卸料(混合法,见图3-17(c)),应及时平料,并保持填筑面平整,每层铺料后宜测量检查铺料厚度,发现超厚应及时处理。后退法的优点是汽车可在压平的坝面上行驶,减轻轮胎磨损,缺点是推土机摊平工作量大,且影响施工进度。进占法卸料时自卸汽车在未碾压的石料上行驶,轮胎磨损较严重,虽料物稍有分离,但对坝料质量无明显影响,并且显著减轻了推土机的摊平工作量,使堆石填筑速度加快。

(2)垫层料的摊铺多用后退法,以减轻物料的分离。当压实层厚度大时,可采用混合法卸料,即先用后退法卸料呈分散堆状,再用进占法卸料铺平,以减轻物料的分离。垫层料粒径较小,又处于倾斜部位,可采用斜坡振动碾或液压平板振动器压实。

(3)坝体堆石料碾压应采用振动平碾,其工作质量不小于10 t。高坝宜采用重型振动碾,振动碾行近速度宜小于3 km/h。应经常检测振动碾的工作参数,保持其正常的工作状态。碾压应采用错距法,按坝料分区、分段进行,各碾压段之间的搭接不应小于1.0 m。

(4)压实过程中,有时表层块石有失稳现象。为改善垫层料碾压质量,采用斜坡碾压

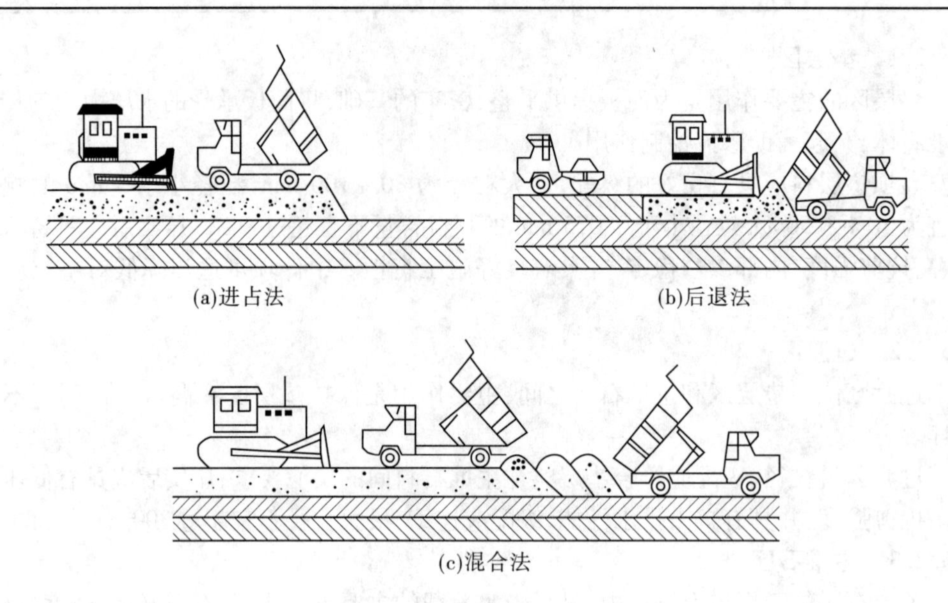

(a)进占法　　(b)后退法

(c)混合法

图 3-17　坝体堆石料铺筑方法

与砂浆固坡相结合的施工方法:

①斜坡碾压与水泥砂浆固坡的优点是施工工艺和施工机械设备简单,既解决了斜坡碾压中垫层表层块石震动失稳下滚,又在垫层上游面形成一坚固稳定的表面,可满足临时挡水防渗要求。

②碾压砂浆在垫层表面形成坚固的结石层,具有较小而均匀的压缩性和吸水性,对克服面板混凝土的塑性收缩和裂缝发生有积极作用。这种方法使固坡速度大为加快,对防洪度汛、争取工期效果明显。

3.6.3.2　堆石坝的压实参数和质量控制

1. 堆石坝的压实参数

填筑标准应通过碾压试验复核和修正,并确定相应的碾压施工参数(碾重、行车速率、铺料厚度、加水量、碾压遍数)。

2. 堆石坝施工质量控制

(1)坝料压实质量检查,应采用碾压参数和干密度(孔隙率)等参数控制,以控制碾压参数为主。

(2)铺料厚度、碾压遍数、加水量等碾压参数应符合设计要求,铺料厚度应每层测量,其误差不宜超过层厚的 10%。

(3)坝料压实检查项目和取样次数见表 3-9。

(4)坝料压实检查方法:

垫层料、过渡料和堆石料压实干密度检测方法,宜采用挖坑灌水(砂)法,或辅以其他成熟的方法。垫层料也可用核子密度仪法。

垫层料试坑直径不小于最大料径的 4 倍,试坑深度为碾压层厚。

过渡料试坑直径为最大料径的 3 ~4 倍,试坑深度为碾压层厚。

表 3-9　坝料压实检查项目和取样次数

坝料		检查项目	取样次数
垫层料	坝面	干密度，颗粒级配	1次/(500～1 000 m^3)，每层至少1次
	上游坡面	干密度，颗粒级配	1次/(1 500～3 000 m^3)
	小区	干密度，颗粒级配	1次/(1～3层)
过渡料		干密度，颗粒级配	1次/(3 000～6 000 m^3)
砂砾料		干密度，颗粒级配	1次/(5 000～10 000 m^3)
堆石料		干密度，颗粒级配	1次/(10 000～100 000 m^3)

注：渗透系数按设计要求进行检测。

堆石料试坑直径为坝料最大料径的2～3倍，试坑直径最大不超过2 m，试坑深度为碾压层厚。

(5)按表3-9规定取样所测定的干密度，其平均值不小于设计值，标准差不宜大于50 g/m^3。当样本数小于20组时，应按合格率不小于90%、不合格点的干密度不低于设计干密度的95%控制。

3.6.4　混凝土面板的施工

混凝土面板是面板堆石坝的主要防渗结构，厚度薄、面积大，在满足抗渗性和耐久性条件下，要求具有一定柔性，以适应堆石体的变形。面板的施工主要包括混凝土面板的分块、垂直缝砂浆条铺设、钢筋架立、面板混凝土浇筑、面板养护等作业内容。

3.6.4.1　混凝土面板的分块

面板纵缝的间距决定了面板的宽度，由于面板通常采用滑模连续浇筑，因此面板的宽度决定了混凝土浇筑能力，也决定了钢模的尺寸及其提升设备的能力。面板通常有宽、窄块之分。应根据坝体变形及施工条件进行面板分缝分块，垂直缝的间距可为12～18 m。

3.6.4.2　垂直缝砂浆条铺设

垂直缝砂浆条一般宽50 cm，是控制面板体型的关键。砂浆由坝顶通过运料小车到达工作面，根据设定的坝面拉线进行施工，一般采用人工抹平，其平整度要求较高。砂浆强度等级与面板混凝土相同。砂浆铺设完成后，再在其上铺设止水，架立侧模，如图3-18所示。

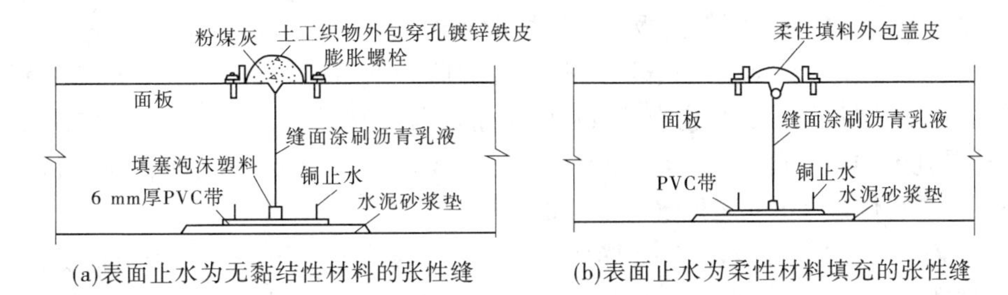

(a)表面止水为无黏结性材料的张性缝　(b)表面止水为柔性材料填充的张性缝

图 3-18　垂直缝结构示意图

3.6.4.3 钢筋架立

钢筋的施工方法一般采用人工在坝面上安装，加工好的钢筋从坝顶通过运料台车到达工作面，先安装架立筋，再用人工绑扎钢筋。

（1）面板宜采用单层双向钢筋，钢筋宜置于面板截面中部，竖向配筋率为 0.3% ~ 0.4%，水平向配筋率可小于竖向配筋率。

（2）在拉应力区或岸边周边缝及附近可适当配置增强钢筋。高坝在邻近周边缝的垂直缝两侧宜适当布置抵抗挤压的构造钢筋，但不应影响止水安装及其附近混凝土振捣质量。

（3）计算钢筋面积应以面板混凝土的设计厚度为准。

3.6.4.4 面板混凝土浇筑

（1）通常面板混凝土采用滑模浇筑。滑模由坝顶卷扬机牵引，在滑升过程中，对出模的混凝土表面要及时进行抹光处理，及时进行保护和养护。

（2）混凝土由混凝土搅拌车运输，溜槽输送混凝土入仓。12 m 宽滑模用两条溜槽入仓，16 m 的则采用三条，通过人工移动溜槽尾节进行均匀布料。

（3）施工中应控制入槽混凝土的坍落度在 3 ~ 6 cm，振捣器应在滑模前 50 cm 处进行振捣。

（4）起始板的浇筑通过滑模的转动、平移（平行侧移）或先转动后平移等方式完成。转动由开动坝顶的一台卷扬机来完成，平移由坝顶两台卷扬机和侧向手动葫芦共同完成。

3.6.4.5 面板养护

养护是避免发生裂缝的重要措施。面板的养护包括保温、保湿两项内容。一般采用草袋保温，喷水保湿，并要求连续养护。面板混凝土宜在低温季节浇筑，混凝土入仓温度应加以控制，并加强混凝土面板表面的保湿和保温养护，直到蓄水，或至少 90 d。

3.6.5 钢筋混凝土面板与趾板的分块和施工质量要求

3.6.5.1 钢筋混凝土面板与趾板的分块

钢筋混凝土面板和趾板应满足强度、抗渗、抗侵蚀、抗冻要求。趾板设伸缩缝，面板设纵向伸缩缝、周边伸缩缝等永久缝和临时水平施工缝。纵向伸缩缝从底到顶设置，通常中部受压区宽块纵缝间距为 12 ~ 18 m；两侧受拉区窄块纵缝间距为 6 ~ 9 m。受压区在缝的底侧设一道止水，受拉区缝中设两道止水，其分缝分块如图 3-19 所示。

3.6.5.2 钢筋混凝土趾板与面板的施工质量要求

（1）趾板施工。在趾基开挖处理完毕，经验收合格后进行，按设计要求绑扎钢筋、设置锚筋、预埋灌浆导管、安装止水片及浇筑上游铺盖。混凝土浇筑中，应及时振实，注意止水片与混凝土的结合质量，结合面不平整度小于 5 mm。在混凝土浇筑后 28 d 以内，20 m 之内不得进行爆破，20 m 之外爆破要严格控制装药量。

（2）面板施工。在趾板施工完毕后进行。为避免堆石体沉陷和位移对面板产生不利影响，坝高在 70 m 以下，面板在堆石体填筑全部结束后施工；高于 70 m 的堆石坝，考虑坝体拦洪度汛和蓄水要求，面板宜分二期或三期浇筑，分期接缝应按施工缝处理。

面板混凝土浇筑宜采用无轨滑模跳仓浇筑，起始三角块宜与主面板块一起浇筑。滑

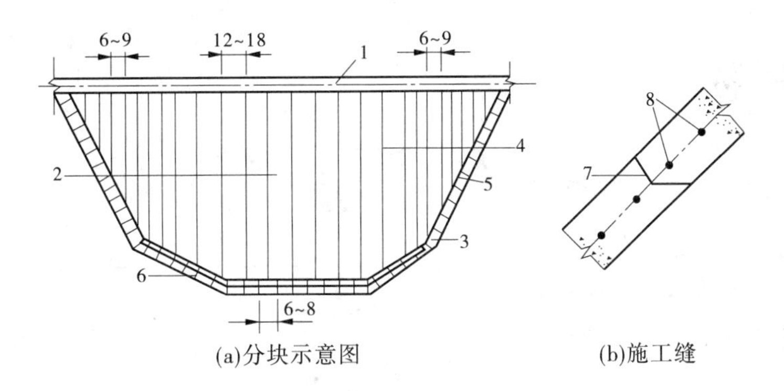

1—坝轴线;2—面板;3—趾板;4—垂直伸缩缝;5—周边伸缩缝;
6—趾板伸缩缝;7—水平伸缩缝;8—面板钢筋

图3-19　混凝土防渗面板分缝分块　(单位:m)

模应具有安全措施,固定卷扬机的地锚应可靠,滑模应有制动装置。滑模滑升时,要保持两侧同步,每次滑升距离不大于30 cm,滑升间隔时间不应超过30 min,面板浇筑的平均速度为1.5~2.5 mm/h。面板钢筋采用现场绑扎或焊接,也可用预制网片现场拼接。混凝土浇筑中,铺料要均匀,每层铺料25~30 cm。止水片周围需人工布料,防止分离。振捣混凝土时,要垂直插入,至下层混凝土内5 cm,止水片周围用小振捣器仔细振捣。振动过程中,要防止振捣器触及滑模、钢筋和止水片。脱模后的混凝土要及时修整和压面。

面板混凝土浇筑质量检测项目和技术要求见表3-10。

表3-10　面板混凝土浇筑质量检测项目和技术要求

项目	质量要求	检测方法
混凝土表面	表面基本平整,局部不超过设计线3 cm,无麻面、蜂窝孔洞,露筋	观察质量
表面裂缝	无,或有小缝隙已处理	观察测量
深层及贯穿裂缝	无,或有但已按要求处理	观察检查
抗压强度	保证率不小于80%	试验
均匀性	离差系数 C_v 小于0.18	统计分析
抗冻性	符合设计要求	试验
抗渗性	符合设计要求	试验

趾板每浇一块或每50~100 m^3 至少有一组抗压强度试件;每200 m^3 成型一组抗冻、抗渗检验试件。面板每班取一组抗压强度试件;抗渗检验试件每500~1 000 m^3 成型一组;抗冻检验试件每1 000~3 000 m^3 成型一组。不足以上数量者,也应取一组试件。

技能训练

一、填空题

1. 碾压式土石坝施工包括________、________、________、______。

2. 压实黏性土的压实参数包括________、________和____________。

3. 土石坝施工需要对料场从________、________、________与______等方面进行全面规划。

4. 土石坝冬季施工,可采取______、______和______三方面的措施。

5. 碾压机械的开行方式有____________和____________。

二、选择题

1. 土方工程的施工内容包括土方开挖、土方运输和土方______。

A. 铺料　B. 填筑　C. 压实　D. 质检

2. 土料的密度、含水率、________等主要工程性质对土方工程的施工方法和施工进度均有很重要的影响。

A. 容重　B. 可松性　C. 压实性　D. 塑性指标

3. 推土机适用于施工场地清理和平整开挖深度不超过________m的基坑。

A. 1.5　B. 2.5　C. 3.5　D. 4.5

4. 推土机的推运距离宜在______ m以内。

A. 50　B. 100　C. 300　D. 400

5. 拖式铲运机的运距以不超过________m为宜,当运距在300 m左右时效率最高。

A. 500　B. 600　C. 700　D. 800

三、判断题

1. 反铲挖掘机适用于挖掘停机面以下的土方和水下土方。　(　)

2. 土石坝施工中,因挖、运、填是配套的,所以开挖强度、运输强度与上坝强度数值相等。　(　)

3. 正铲挖掘机适用挖掘停机面以下的土方和水下土方。　(　)

4. 羊脚碾只能用压实黏性土,振动碾最适宜压实非黏性土。　(　)

四、问答题

1. 开挖和运输机械的选择,应考虑哪些主要因素?

2. 选择压实机械应考虑哪些主要原则?

3. 土石坝施工料场的空间规划应考虑哪些方面的问题?

4. 石坝施工料场规划中,如何体现"料尽其用"的原则?

项目4　混凝土结构工程

任务4.1　钢筋工程

4.1.1　钢筋的验收与配料

4.1.1.1　钢筋的验收与贮存

钢筋进场应具有出厂证明书或试验报告单，每捆（盘）钢筋应有标牌，钢筋进场应进行外观检查，钢筋表面不得有裂纹、结疤和折叠。书面检验和外观检查后，以60 t为一个验收批，做力学性能试验。钢筋在使用时，如发现脆断、焊接性能不良或机械性能显著不正常等，则应进行钢筋化学成分检验。

4.1.1.2　钢筋的配料

钢筋加工前应根据图纸按不同构件先编制配料单，然后进行备料加工。为了使工作方便和不漏配钢筋，配料应该有顺序地进行。

下料长度计算是配料计算中的关键。钢筋弯曲时，其外皮伸长，内壁缩短，而中心线长度并不改变。但是设计图中注明的尺寸是根据外包尺寸计算的，且不包括端头弯钩长度。显然，外包尺寸大于中心线长度，它们之间存在一个差值，称为量度差值。因此，钢的下料长度应为

直筋下料长度 = 构件长度 − 保护层厚度 + 弯钩增加长度

弯起筋下料长度 = 直段长度 + 斜段长度 + 搭接长度 − 弯曲调整值 + 弯钩增加长度　(4-1)

箍筋下料长度 = 直段长度 + 弯钩增加长度 − 弯曲调整值 = 箍筋周长 + 箍筋调整值

1. 弯钩增加长度

根据规定，光圆钢筋两端做180°弯钩，其弯曲直径$D=2.5d$，平直部分为$3d$（手工弯钩为$1.75d$），如图4-1（a）所示。量度方法以外包尺寸度量，其每个弯钩的增加长度为弯钩全长，即

$$3d+\frac{3.5d\pi}{2}=8.5d \tag{4-2}$$

弯钩增加长度（包括量度差值）为

$$8.5d-2.25d=6.25d \tag{4-3}$$

同理可得，135°斜弯钩（见图4-1（b））每个弯钩的增加长度为$5d$。

2. 钢筋弯曲调整值

90°弯折时按施工规范有两种情况：Ⅰ级钢筋弯曲直径$D=2.5d$，Ⅱ级钢筋弯曲直径

$D=4d$,如图 4-2(a)所示。其每个弯曲的减少长度为

$$\frac{1}{4}\pi(D+d)-2(0.5D+d)=-(0.215D+1.215d) \tag{4-4}$$

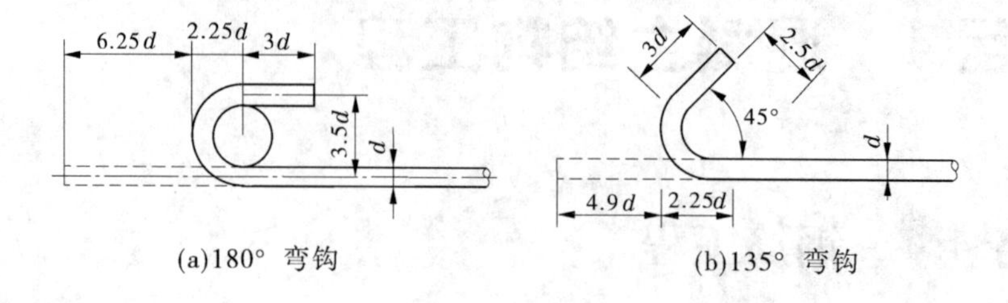

图 4-1　钢筋弯钩

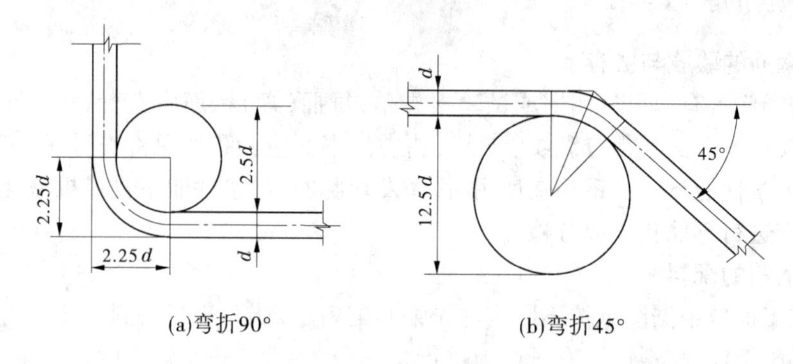

图 4-2　钢筋弯折

当弯曲直径 $D=2.5d$ 时,其值为 $-1.75d$;当弯曲直径 $D=4d$ 时,其值为 $-2.07d$。

同理可得,45°、60°、135°弯折的减少长度分别为 $-0.5d$、$-0.85d$、$-2.5d$。将上述结果整理成表 4-1。

表 4-1　钢筋弯曲调整值

弯曲类型	弯钩			弯折				
	180°	135°	90°	30°	45°	60°	90°	135°
调整长度	$6.25d$	$5d$	$3.2d$	$-0.35d$	$-0.5d$	$-0.85d$	$-2d$	$-2.5d$

3. 箍筋调整值

为了箍筋计算方便,一般将箍筋的弯钩增加长度、弯折减少长度两项合并成箍筋调整值,如表 4-2 所示。计算时将箍筋外包尺寸或内皮尺寸加上箍筋调整值即为箍筋下料长度。

表 4-2　箍筋调整值　（单位:mm）

箍筋量度方法	箍筋直径			
	4~5	6	8	10~12
量外包尺寸	40	50	60	70
量内皮尺寸	80	100	120	150~170

4. 钢筋配料

合理地配料能使钢筋得到最大限度的利用，并使钢筋的安装和绑扎工作简单化。根据钢筋下料长度计算结果汇总编制钢筋配料单。钢筋配料单中必须反映出工程部位、构件名称、钢筋编号、钢筋简图及尺寸、钢筋直径、钢号、数量、下料长度、钢筋重量等。

4.1.1.3 钢筋代换

钢筋加工时，由于工地现有钢筋的种类、钢号和直径与设计不符，应在不影响使用的条件下进行代换，但代换必须征得工程监理的同意。

1. 等强度代换

如施工图中所用的钢筋设计强度为 f_{y1}，钢筋总面积为 A_{s1}，代换后的钢筋设计强度为 f_{y2}，钢筋总面积为 A_{s2}，则应满足：

$$A_{s1} f_{y1} \leqslant A_{s2} f_{y2} \tag{4-5}$$

即

$$\frac{n_1 \pi d_1^2 f_{y1}}{4} \leqslant \frac{n_2 \pi d_2^2 f_{y2}}{4} \tag{4-6}$$

$$n_2 \geqslant \frac{n_1 d_1^2 f_{y1}}{d_2^2 f_{y2}} \tag{4-7}$$

式中　n_1——施工图钢筋根数；

n_2——代换钢筋根数；

d_1——施工图钢筋直径；

d_2——代换钢筋直径。

2. 等截面代换

如代换后的钢筋与设计钢筋级别相同，则：

$$A_{s1} \leqslant A_{s2} \tag{4-8}$$

$$n_2 \geqslant \frac{n_1 d_1^2}{d_2^2} \tag{4-9}$$

4.1.2 钢筋内场加工

4.1.2.1 钢筋调直与除锈

钢筋在使用前必须经过调直，钢筋调直应符合下列要求：

(1)钢筋的表面应洁净，使用前应无表面油渍、漆皮、锈皮等。

(2)钢筋应平直，无局部弯曲，钢筋中心线同直线的偏差不超过其全长的1%。成盘的钢筋或弯曲的钢筋均应调直后才允许使用。

(3)钢筋调直后其表面伤痕不得使钢筋截面面积减小5%以上。

钢筋的调直可用钢筋调直切断机、弯筋机、卷扬机等调直。钢筋调直切断机用于圆钢筋的调直和切断，并可清除其表面的氧化皮和污迹。目前常用的钢筋调直切断机有GT－16/4、GT－3/8、GT－6/12、GT－10/16。钢筋调直切断机主要由放盘架、调直筒、传动箱、牵引机构、切断机构、承料架、机架及电控箱等组成，其基本工作原理如图4-3所示。

4.1.2.2 钢筋的冷加工

钢筋的冷加工方法有冷拉和冷拔等。

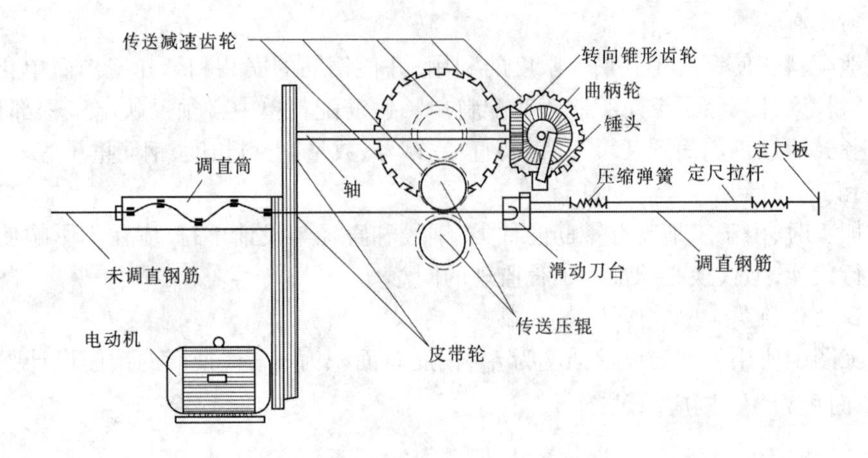

图 4-3 钢筋调直切断机工作原理图

1. 钢筋冷拉

钢筋冷拉是在常温下，以超过钢筋屈服强度的拉应力拉伸钢筋，使其发生塑性变形，改变内部晶体排列。经过冷拉后的钢筋，长度一般增加 4% ~6%，截面稍许减小，屈服强度一般提高 20% ~25%，从而达到节约钢材的目的。但冷拉后的钢筋，塑性降低，材质变脆。根据规范规定，在水工结构的非预应力钢筋混凝土中，不应采用冷拉钢筋。

钢筋冷拉的机具主要是千斤顶、拉伸机、卷扬机及夹具等，如图 4-4 所示。冷拉的方法有两种：一种是单控制冷拉法，仅控制钢筋的拉长率；另一种是双控制冷拉法，要同时控制拉长率和冷拉应力。控制的目的是，使钢筋冷拉后有一定的塑性和强度储备。拉长率一般控制在 4% ~6%，冷拉应力一般控制在 440 ~520 MPa。

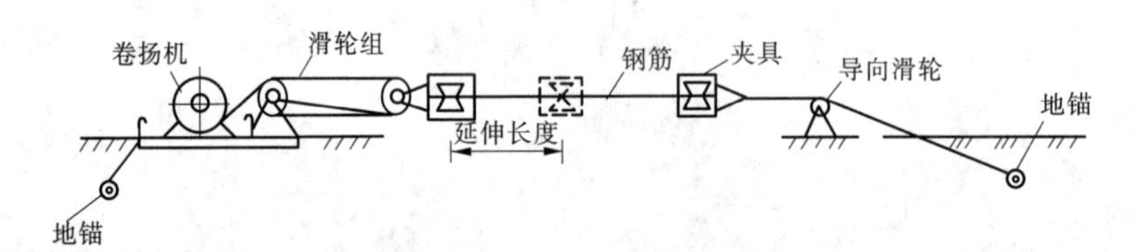

图 4-4 钢筋单控制冷拉设备示意图

2. 钢筋冷拔

冷拔是将直径 6 ~8 mm 的Ⅰ级钢筋通过特制的钨合金拔丝模孔（见图 4-5）强力拉拔成为较小直径钢丝的过程。拔成的钢丝称为冷拔低碳钢丝。与冷拉受纯拉伸应力比，冷拔是同时受纵向拉伸与横向压缩的立体应力，内部晶体既有纵向滑移又同时受横向压密作用，所以抗拉强度提高更多，达 40% ~90%，可节约更多钢材。冷拔后，硬度提高而塑性降低，应力应变过程已没有明显的屈服阶段。

钢筋冷拔的工艺过程是：轧头—剥皮—润滑—拔丝。钢筋表面多有一层硬渣壳，易损坏拔丝模孔，并使钢丝表面产生沟纹，易被拔断。

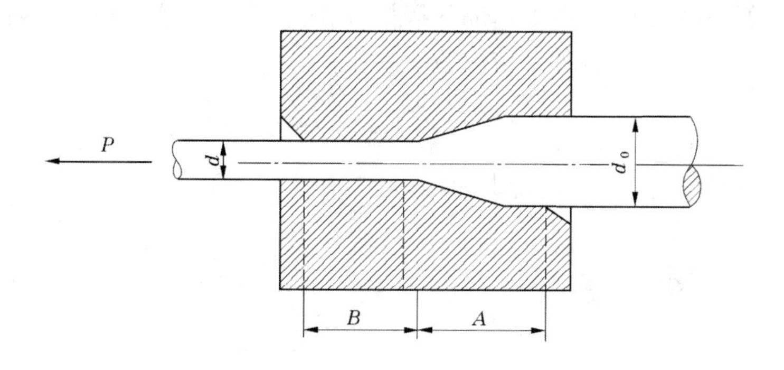

A—工作区段；B—定径区段

图4-5　拔丝模孔示意图

4.1.3　钢筋的连接

钢筋连接的方法有焊接、机械连接和绑扎三类。常用的钢筋焊接机械有电阻焊接机、电弧焊接机、气压焊接机及电渣压力焊机等。钢筋机械连接方法主要有钢筋套筒挤压连接、锥螺纹套筒连接等。

4.1.3.1　钢筋焊接

1. 闪光对焊

闪光对焊是利用电流通过对接的钢筋时，产生的电阻热作为热源使金属熔化，产生强烈飞溅，并施加一定压力而使之焊合在一起的焊接方式。闪光对焊不仅能提高工效，节约钢材，还能充分保证焊接质量。

如图4-6所示，将钢筋夹入对焊机的两电极中，闭合电源，然后使钢筋两端面轻微接触，烧化钢筋端部，当温度升高到要求温度后，便快速将其顶锻，然后断电，即形成焊接接头。

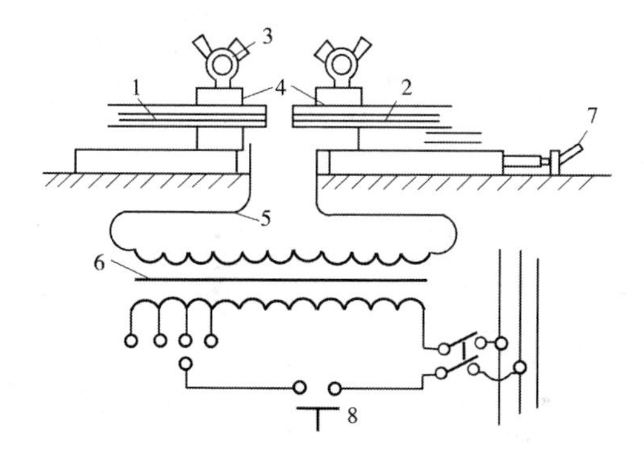

1、2—钢筋；3—夹紧装置；4—夹具；5—线路；6—变压器；7—加压杆；8—开关

图4-6　对焊机工作原理

2. 电弧焊

电弧焊是利用电弧焊机使焊条与焊件之间产生高温电弧，使焊条和电弧燃烧范围内的焊件金属熔化，熔化的金属凝固后，便形成焊缝或焊接接头。电弧焊的工作原理如

图 4-7所示。电弧焊应用范围广,如钢筋的接长、钢筋骨架的焊接、钢筋与钢板的焊接、装配式结构接头的焊接及其他各种钢结构的焊接等。

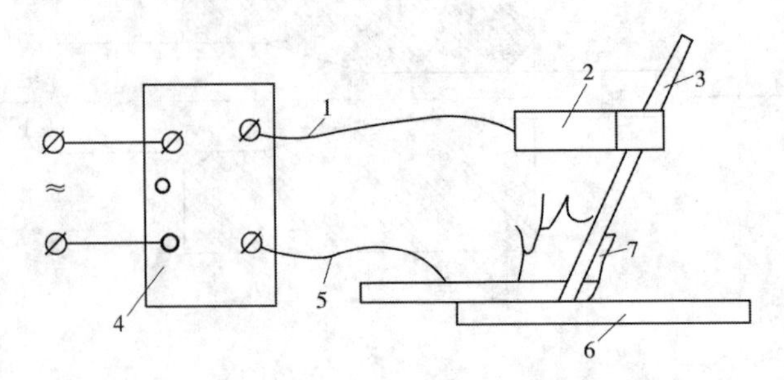

1—电缆;2—焊钳;3—焊条;4—焊机;5—地线;6—钢筋;7—电弧

图 4-7　电弧焊的工作原理图

3. 电渣压力焊

电渣压力焊是将两根钢筋安放成竖向对接形式,利用焊接电流通过两钢筋端面间隙,在焊剂层下形成电弧过程和电渣过程,产生电弧热和电阻热,熔化钢筋,加压完成的一种焊接方法。钢筋电渣压力焊机操作方便,效率高,适用于竖向或斜向受力钢筋的现场连接。其焊接原理如图 4-8 所示。

4. 电阻点焊

电阻点焊是利用电流通过焊件时产生的电阻热作为热源,并施加一定的压力,使交叉连接的钢筋接触处形成一个牢固的焊点,将钢筋焊合起来。

点焊机主要由点焊变压器、时间调节器、电极和加压机构等部分组成,点焊机工作原理如图 4-9 所示。

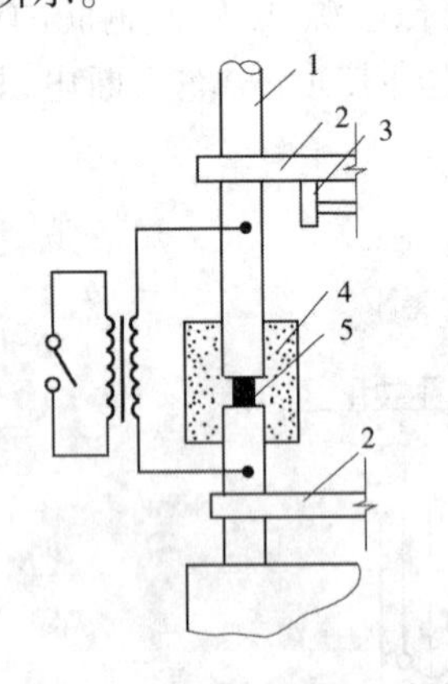

1—钢筋;2—夹钳;3—凸轮;4—焊剂;
5—铁丝团环球或导电焊剂

图 4-8　电渣压力焊焊接原理示意图

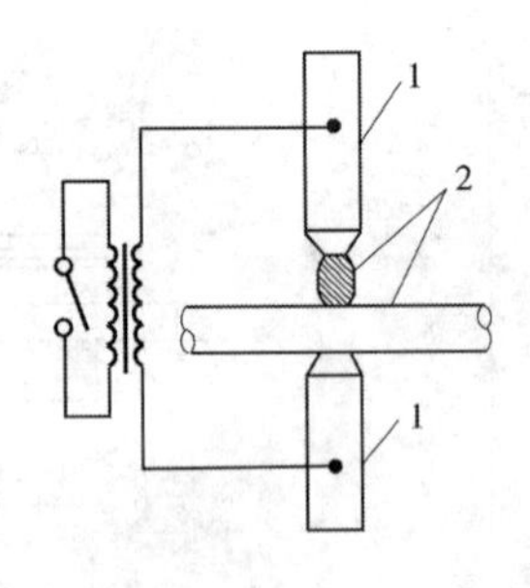

1—电极;2—钢丝

图 4-9　点焊机工作原理示意图

4.1.3.2　钢筋机械连接

钢筋机械连接的种类很多,如钢筋套筒挤压连接、锥螺纹套筒连接、精轧大螺旋钢筋套筒连接、热熔剂充填套筒连接、平面承压对接等。

钢筋套筒挤压连接工艺的基本原理是将两根待接钢筋插入钢连接套筒,采用专用液压压接钳侧向(或侧向和轴向)挤压连接套筒,使套筒产生塑性变形,从而使套筒的内周壁变形而嵌入钢筋螺纹,由此产生抗剪力来传递钢筋连接处的轴向力。

挤压连接有径向挤压(见图4-10)和轴向挤压(见图4-11)两种方式,宜用于连接直径20~40 mm的Ⅱ、Ⅲ级变形钢筋。当所用套筒外径相同时,连接钢筋直径相差不宜大于两个级差。钢筋接头处宜采用砂轮切割机断料,端部的扭曲、弯折、斜面等应予校正或切除,钢筋连接部位的飞边或纵肋过高应采用砂轮机修磨,以保证套筒能自由套入钢筋。

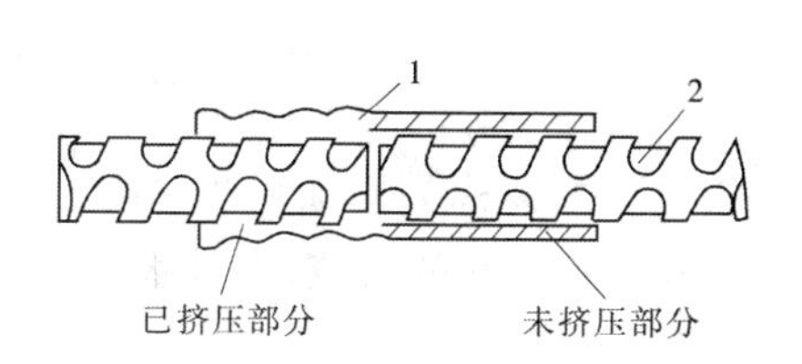

1—钢套筒;2—带肋钢筋

图4-10　钢筋径向挤压连接

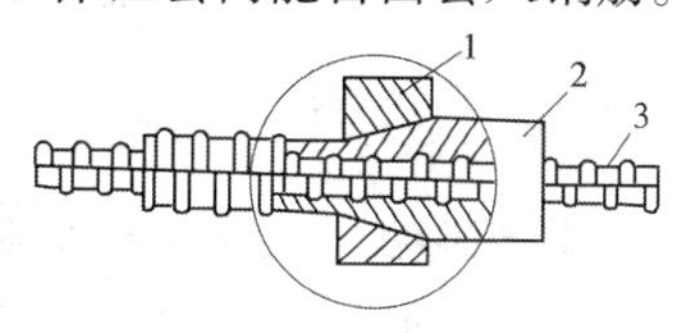

1—压模;2—钢套筒;3—钢筋

图4-11　钢筋轴向挤压连接

4.1.3.3　**绑扎接头**

根据施工规范规定:直径在25 mm以下的钢筋接头,可采用绑扎接头。轴心受压、小偏心受拉构件和承受振动荷载的构件中,钢筋接头不得采用绑扎接头。搭接长度不得小于规范规定的数值;受拉区域内的光面钢筋绑扎接头的末端,应做弯钩;梁、柱钢筋的接头,如采用绑扎接头,则在绑扎接头的搭接长度范围内应加密箍筋。当搭接钢筋为受拉钢筋时,箍筋间距不应大于$5d$(d为两搭接钢筋中较小的直径);当搭接钢筋为受压钢筋时,箍筋间距不应大于$10d$。绑扎所用扎丝一般采用18~22号铁丝或镀锌铁丝,绑扎的方法有一面顺扣法、十字花扣法、反十字扣法、兜扣法、缠扣法、兜扣加缠法、套扣法等,较常用的是一面顺扣法,如图4-12所示。

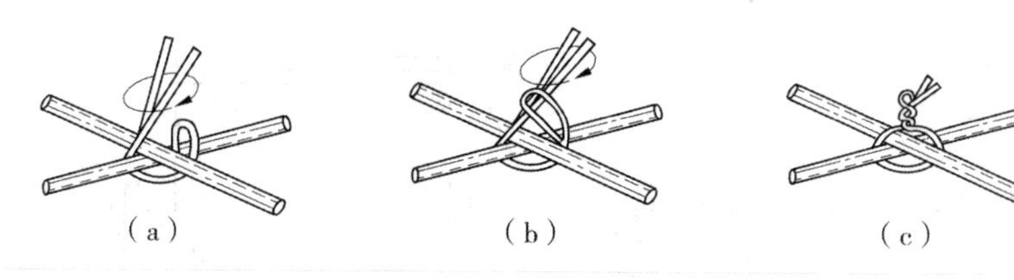

图4-12　钢筋一面顺扣法

任务4.2　模板工程

混凝土在没有凝固硬化以前,是处于一种半流体状态的物质。能够把混凝土做成符合设计图纸要求的各种规定的形状和尺寸模子,称为模板。

在混凝土工程中,模板对混凝土工程的费用、施工的速度、混凝土的质量均有较大影响。因此,对模板结构形式、使用材料、装拆方法、拆模时间和周转次数,均应仔细研究。

以便节约木材,降低工程造价,加快工程建设速度,提高工程质量。

对模板的基本要求有以下几点:

(1)应保证混凝土结构和构件浇筑后的各部分形状、尺寸和相互位置的准确性。

(2)具有足够的稳定性、刚度及强度。

(3)装拆方便,能够多次周转使用,形式要尽量做到标准化、系列化。

(4)接缝应不易漏浆、表面要光洁平整。

(5)所用材料受潮后不易变形。

4.2.1　模板的分类

(1)模板按形状分为平面模板和曲面模板。平面模板又称为侧面模板,主要用于结构物垂直面。曲面模板用于廊道、隧洞、溢流面和某些形状特殊的部位,如进水口扭曲面、蜗壳、尾水管等。

(2)模板按材料分为木模板、竹模板、钢模板、混凝土预制模板、塑料模板、橡胶模板等。

(3)模板按受力条件分为承重模板和侧面模板。承重模板主要承受混凝土重量和施工中的垂直荷载,侧面模板按其支承力方式,又分为简支模板、悬臂模板和半悬臂模板。

(4)模板按使用特点分为固定式、拆移式和滑动式。固定式用于形状特殊的部位,不能重复使用。

4.2.2　模板的基本形式

4.2.2.1　拆移式模板

拆移式模板由面板、肋木和支架三个基本部分组成。拆移式模板是模板在一处拼装,待混凝土达到适当强度后拆除,可以移至他处继续使用的模板,适用于浇筑表面为平面的筑块。拆移式模板的架立图,如图 4-13 所示。

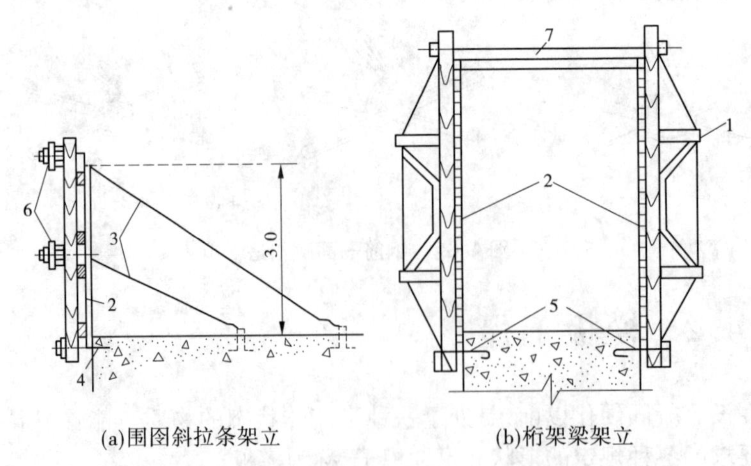

(a)围囹斜拉条架立　　(b)桁架梁架立

1—钢木桁架;2—木面板;3—斜拉条;4—预埋锚筋;5—U 形埋件;6—横向围囹;7—对拉条

图 4-13　拆移式模板的架立图　(单位:m)

4.2.2.2　组合钢模板

钢模板由面板和支承体系两部分组成。一般多以一定基数的整倍数组成标准化、系列化的模数(宽度和长度),形成拼块式组合钢模板。大型的为100 cm×(325～525)cm,小型的为(75～100)cm×150 cm。前者适用于3～5 m高的浇筑块,需小型机具吊装;后者用于薄层浇筑,可人力搬运。

组合钢模板由钢模面板、纵横连系梁及连接件三部分构成。单个钢模板的宽度以50 mm进级,长度以150 mm进级,面板厚2.3 mm或2.5 mm,1 m^2质量约30 kg。边框和加劲肋按一定距离(如150 mm)钻孔,可利用U形卡和L形插销等拼装成大块模板。钢模板连接件包括U形卡、L形插销、钩头螺栓、蝶形扣件等,用于钢面板之间以及钢面板与连系梁之间的连接。钢模板及连接件见图4-14、图4-15。

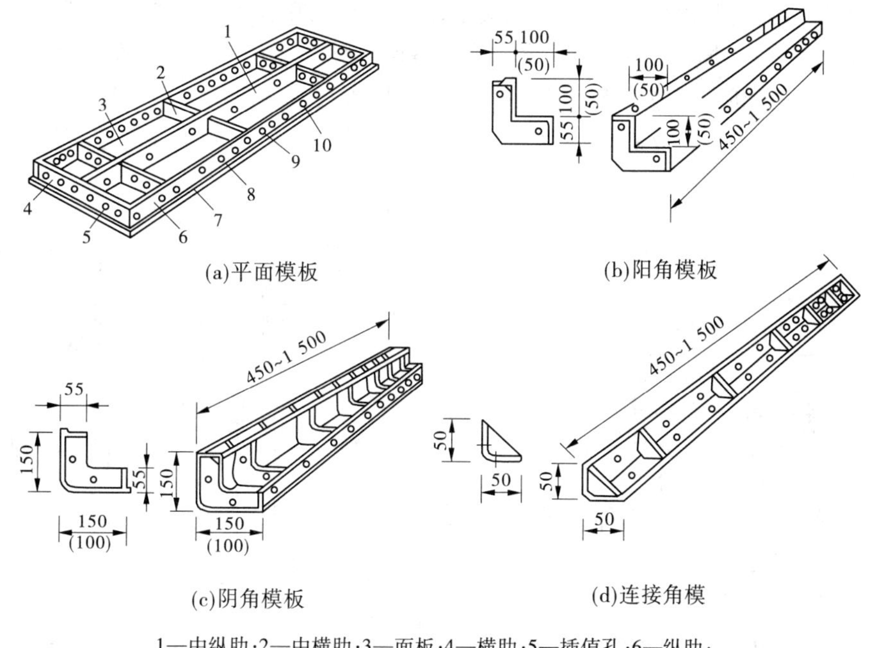

(a)平面模板　(b)阳角模板

(c)阴角模板　(d)连接角模

1—中纵肋;2—中横肋;3—面板;4—横肋;5—插值孔;6—纵肋;
7—凸棱;8—凸鼓;9—U形卡孔;10—钉子孔

图4-14　钢模板类型　(单位:mm)

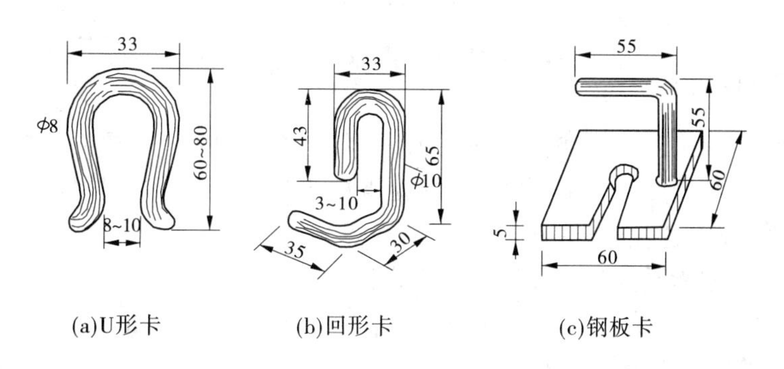

(a)U形卡　(b)回形卡　(c)钢板卡

图4-15　定型模板连接工具　(单位:mm)

4.2.2.3 移动式模板

根据建筑物外形轮廓特征，做一段定型模板，在支撑钢架上装上行驶轮，沿建筑物长度方向铺设轨道分段移动，分段浇筑混凝土。移动时，只需顶推模板的花篮螺丝或千斤顶收缩，使模板与混凝土面脱开，模板即可随同钢架移动到拟浇筑部位，再用花篮螺丝或千斤顶调整模板至设计浇筑尺寸，如图 4-16 所示。移动式模板多用钢模板作为浇筑混凝土墙和隧洞混凝土衬砌使用。

4.2.2.4 滑动式模板

滑动式模板是在混凝土浇筑过程中，随浇筑而滑移（滑升、拉升或水平滑移）的模板，简称滑模，以竖向滑升应用最广。

滑升式模板是先在地面上按照建筑物的平面轮廓组装一套 1.0～1.2 m 高的模板，随着浇筑层的不断上升而滑升，直至完成整个建筑物计划高度内的浇筑。滑模施工可以节约模板和支撑材料，加快施工进度，改善施工条件，保证结构的整体性，提高混凝土表面的质量，降低工程造价。其缺点是滑模系统一次性投资大，耗钢量大，且保温条件差，不宜于低温季节使用。滑升模板由模板系统、操作平台系统和液压支撑系统三部分组成，如图 4-17所示。

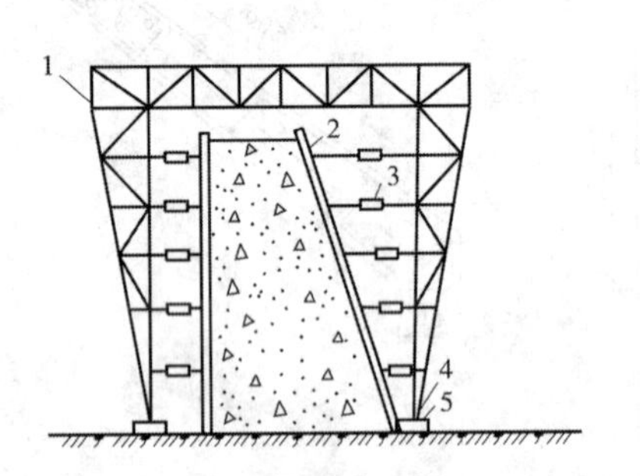

1—支撑钢架；2—钢模板；3—花篮螺丝；
4—行驶轮；5—轨道

图 4-16 移动式模板浇筑混凝土墙

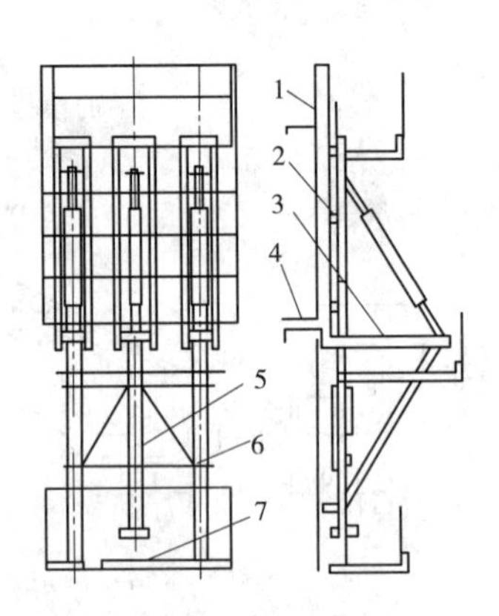

1—面板；2—围檩；3—支承桁架；4—锚件；
5—爬杆；6—连接杆；7—工作平台

图 4-17 三桁架自升模板总体结构

4.2.3 模板设计

模板设计应提出对材料、制作、安装、使用及拆除工艺的具体要求。设计图纸应标明设计荷载和变形控制要求。模板设计应满足混凝土施工措施中确定的控制条件，如混凝土的浇筑顺序、浇筑速度、浇筑方式、施工荷载等。

模板及其支架承受的荷载分为基本荷载和特殊荷载两类。

（1）模板的自身重力。模板自重标准值，应根据模板设计图纸确定。

（2）新浇筑混凝土重力。普通混凝土，其自重标准值可采用 24 kN/m^3，其他混凝土可根据实际表观密度确定。

（3）钢筋和预埋件的重力。自重标准值应根据设计图纸确定。对一般梁板结构，楼板取1.1 kN/m³，梁取1.5 kN/m³。

（4）施工人员和机具设备的重力。施工人员和设备荷载标准值：①计算模板及直接支承模板的小楞时，对均布荷载取2.5 kN/m²，另应以集中荷载2.5 kN进行验算，比较两者所得的弯矩值，采用其中较大者；②计算直接支承小楞结构构件时，均布荷载取1.5 kN/m²；③计算支架立柱及其他支承结构构件时，均布荷载取1.0 kN/m²。

（5）振捣混凝土时产生的荷载。振捣混凝土时产生的荷载标准值，对水平面模板可采用2.0 kN/m²；对垂直面模板可采用4.0 kN/m²，作用范围为新浇筑混凝土侧压力的有效压头高度之内。

（6）振捣混凝土时产生的侧压力。与混凝土初凝时间的浇筑速度、振捣方法、凝固速度、坍落度及浇筑块的平面尺寸等因素有关，以前三个因素关系最密切。混凝土侧压力分布如图4-18和图4-19所示。图中 h 为有效压头高度，$h = F/\gamma_c$。重要部位的模板承受新浇筑混凝土的侧压力，应通过实测确定。

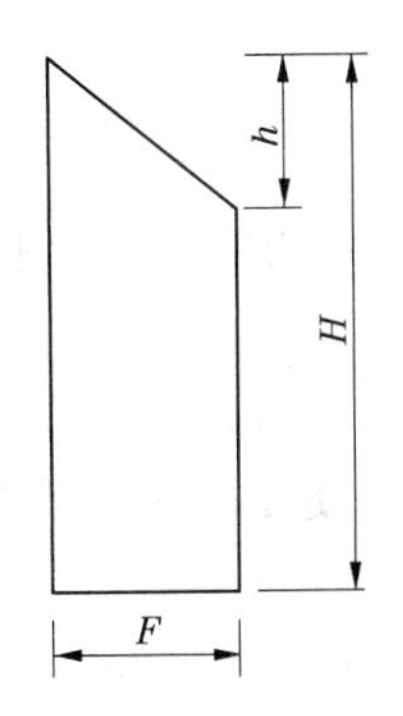

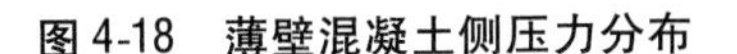
图4-18　薄壁混凝土侧压力分布

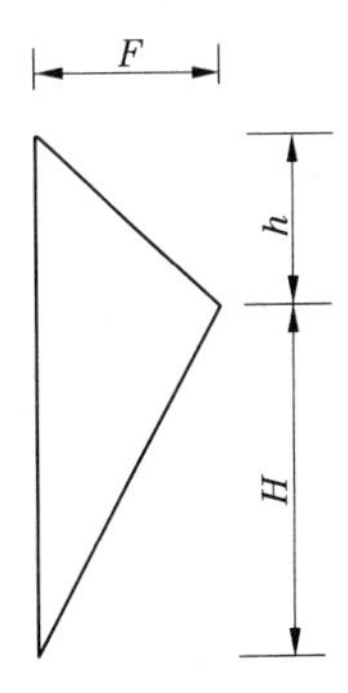

图4-19　大体积混凝土侧压力分布

（7）倾倒混凝土时对模版产生的冲击荷载。

（8）风荷载，按有关规定确定。

（9）特殊荷载，上述八项荷载以外的其他荷载，可按实际情况计算。

任务4.3　混凝土工程

4.3.1　砂石骨料生产系统布置

混凝土工程中最基本的成分就是砂石骨料。大中型混凝土坝工程的混凝土用量很大，相对应的砂石骨料的需求量也较大。一般来说，每立方米混凝土需要大约1.5 m³砂石骨料。因此，骨料质量直接影响到混凝土强度、温控要求和水泥用量，进而影响大坝的造价和质量。所以，在混凝土的设计施工过程中，需要对各料场进行统筹规划，认真研究砂石骨料的储量、物理力学指标、杂质含量等。

4.3.1.1　骨料料场规划的原则

骨料料场的规划要以满足质量、数量为基础，认真研究砂石骨料的储量、杂质含量以及开采、运输、存储和加工条件等，通过全面的技术经济论证，确定料场规划的最优方案。

料场骨料选择的首要前提是砂石骨料的质量。其质量应满足强度、级配、细度模数、表面含水率等要求，一般应避免采用碱活性、含有黄锈或钙质结核的骨料。同时，应根据骨料需求总量、分期需求量进行技术经济比较后，制订合理的开采规划和使用平衡计划，尽量减少弃料。对天然砂砾料，要认真研究其自然级配，对骨料级配调整和混凝土配料调整进行比较，以取得最佳的综合经济效果。对于人工骨料，通常可按最佳级配供料，级配易于达到设计要求。砂子通常分为粗砂和细砂两级，其大小级配由细度模数控制，人工砂的合理取值为2.4～2.8，天然砂的合理取值为2.2～3.0。粗骨料一般分为小石、中石、大石和特大石四级，粒径分别是5～20 mm、20～40 mm、40～80 mm、80～120(150)mm。增大骨料颗粒尺寸、改善级配，对于减少水泥用量，提高混凝土质量，特别是对大体积混凝土的控温防裂具有积极意义。

对于骨料料场的规划，应遵循以下原则：

(1)了解砂石料的需求、流域(或地区)的近期规划、料源的状况，以确定是建立流域或地区的砂石生产基地还是建立工程专用的砂石系统。

(2)充分考虑自然景观、珍稀动植物、文物古迹保护方面的要求，将料场开采后的景观、植被恢复(或美化改造)列入规划之中，在进行经济比较时应计入这方面的投资。

(3)满足水工混凝土对骨料的各项质量要求，其储量力求满足各设计级配的需要，并有必要的富余量。初查精度的勘探储量，一般不少于设计需要量的3倍；详查精度的勘探储量，一般不少于设计需要量的2倍。

(4)选用的料场，特别是主要料场，应场地开阔，高程适宜，储量大，质量好，开采季节长，主辅料场应能兼顾洪枯季节互为备用的要求。

(5)选择可采率高，天然级配与设计级配较为接近，用人工骨料调整级配数量少的料场。任何工程应充分考虑利用工程弃渣的可能性和合理性。

(6)料场附近有足够的回车和堆料场地，且占用农田少，不拆迁或少拆迁现有生活、生产设施的料场。

(7)选择开采准备工作量小，施工简便的料场。

如以上要求难以同时满足，应在满足质量、数量的基础上，努力寻找最优方案，使得开采、运输、加工成本费用低，确定采用天然骨料、人工骨料还是组合骨料用料方案。如果工程附近有质量好、储量大、运距短，开采条件合适的天然料场，那么应优先采用。若天然料运距太远、成本太高，就应该考虑采用人工骨料方案。施工中，常采用组合骨料方案，该方案就是确定天然和人工骨料的最佳搭配方案。一般情况下，当采用天然骨料时，对出现的超径料，采用加工补充短缺级配，形成生产系统的闭路循环，以达到减少弃料、降低成本的目的。而人工骨料通过机械加工，级配比较容易调整以达到设计要求。随着大型、高效、耐用的骨料加工机械的发展，管理水平的提高，人工骨料的成本接近甚至低于天然骨料。

4.3.1.2　骨料的加工过程

天然骨料需要将开采得到的天然砂砾料筛分分级，而人工骨料需要将采块石通过爆破、破碎、筛分加工，具体生产流程如图4-20所示。

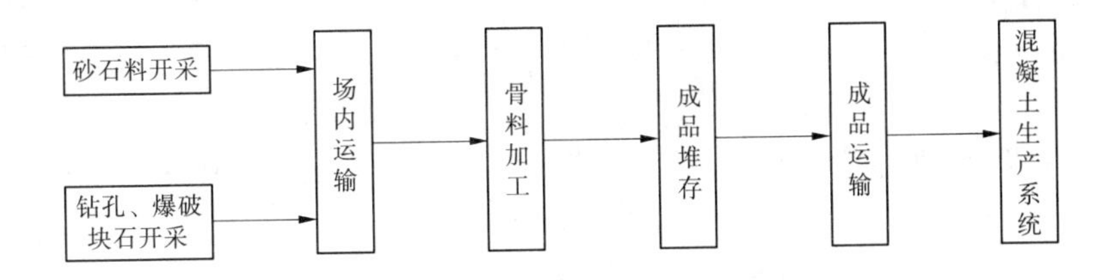

图4-20　骨料加工的生产流程

天然骨料有陆地和水下两种开采方式，两种开采方式类似。陆地上开采天然砂石料主要使用的是挖掘机。运输方式随料场情况而定，有的采用自卸汽车，有的采用标准矿车。水下开采天然砂石料，在水深的情况下可以采用采砂船，在浅水或河漫滩区可以采用拉铲挖掘机或反铲挖掘机。采砂船一般将链斗挖得的砂石料经过漏斗落向横向的水平皮带输送机，然后卸到岸上的运输车上或水上运输船中。拉铲常直接卸料至岸边，集中堆积后再用正铲或者反铲装车运输。而反铲可以直接装车运输，相对来说节省了一些人力和机械。

人工骨料需要用爆破开采块石，可以采用洞室爆破和深孔爆破。洞室爆破比深孔爆破得到的超径量多，二次爆破量大，使得挖掘机生产率下降，破碎机械工作负荷加重。一般采石场的主要爆破方法是深孔微挤压爆破，控制其块度的大小。进行爆破设计时，要注意开采块石的最大粒径与挖装、破碎机械相适应。确定破碎加工块石的最佳方案，不仅要满足设计级配要求，还要使得整个砂石系统的总费用最低。

骨料加工厂的位置要尽量靠近料源以节省运距，破碎和筛分设备的基础要稳固，附近有足够的毛料和净料的堆放场地。

4.3.1.3　骨料生产能力的确定

1. 天然骨料开采量的确定

混凝土中各种粒径料的需求量决定了骨料开采量。天然骨料的开采总量Q_i的计算公式如下：

$$Q_i = (1 + k)\frac{q_i}{P_i} \tag{4-10}$$

式中　k——骨料生产过程的损失系数，为各生产环节损失系数的总和，即$k = k_1 + k_2 + k_3 + k_4$，其中$k_1$、$k_2$、$k_3$、$k_4$参见表4-3取值；

q_i——第i组骨料所需的净料量；

P_i——天然骨料中第i种骨料粒径含量的百分数。

q_i与该强度等级混凝土中第i种粒径骨料的单位用量e_{ij}有关，也与第j种强度等级混凝土的工程量V_j有关。因此，可以用下列公式表示：

$$q_i = (1 + k_c)\sum_{j=1}^{n} e_{ij}V_j \tag{4-11}$$

表4-3 天然骨料生产过程骨料损失系数

骨料损失的生产环节		系数	损失系数值		
			砂	小石	大中石
开挖作业	水上	k_1	0.03	0.02	0.02
	水下		0.07	0.05	0.03
加工过程		k_2	0.07	0.02	0.01
运输堆存		k_3	0.05	0.03	0.02
混凝土生产		k_4	0.03	0.02	0.02

式中 k_c——混凝土出机后运输、浇筑中的损失系数,为1%~2%。

由于天然骨料的级配难以完全满足混凝土的设计级配,总会出现一些粒径的骨料含量较少,一些粒径的骨料含量较多的情况。如果为了设计级配的要求,增加开采量以满足短缺粒径的需求,就会使得其他粒径的弃料增加。为了防止浪费,可以采取以下措施:

(1)在允许的情况下,对混凝土骨料的设计级配进行调整,减少短缺骨料的用量,但这可能会造成水泥用量的增加,从而引发水化热温升增高、温度控制困难等问题,所以需要认真比较之后才能确定。

(2)用人工骨料补充短缺的骨料,多数情况下天然骨料中大石子多于中、小石子,所以可以将大石子破碎一些去满足短缺的中、小石子。采取这种措施,应利用破碎机的排矿特性,调整破碎机的出料口,使出料中短缺骨料达到最多,尽量减少二次破碎和新的弃料,以降低加工费用。总而言之,骨料设计优化方案应以生产总费用最小为目标,经过系统分析确定。

2.人工骨料开采量确定

若需开采石料作为人工骨料料源,则可按下列公式计算石料开采量 V_r:

$$V_r = \frac{(1+k)eV_0}{\beta\rho} \tag{4-12}$$

式中 k——人工骨料损失系数,对碎石加工,为2%~4%,对人工砂加工,为8%~20%,对运输储存,为2%~6%;

e——每立方米混凝土的骨料用量,t/m^3;

V_0——混凝土的总需用量,m^3;

β——块石开采成品获得率,取80%~95%;

ρ——块石密度,t/m^3。

在采用或部分采用人工骨料方案时,若有有效开挖石料可供利用,应将利用部分扣除,确定实际开采石料量。

3.骨料生产能力的确定

(1)采料工作制度。骨料加工厂的工作制度可根据工程特点,参照表4-4,但在骨料加工厂生产不均衡和骨料供应高峰期时,每月实际工作日数和实际工作小时数可高于列表中的数值。具体选定要结合毛料开采、储备和加工厂各生产单元车间调节能力,以及净骨料的运输条件等综合考虑加班的小时数。

表4-4 骨料加工厂工作制度

月工作日数(d)	日工作班数	日有效工作时数(h)	月工作小时数(h)
25	2	14	350
25	3	20	500

(2)生产能力的确定。骨料加工厂的生产能力应满足高峰时段的平均月需要量,即

$$Q_d = K_s(Q_c A + Q_0) \tag{4-13}$$

式中 Q_d——骨料加工厂的月处理能力,t/月;

K_s——计及骨料加工、转运损耗及弃料在内的综合补偿系数,一般可取1.2~1.3,天然砂石料还应考虑级配不平衡引起的弃料补偿;

Q_c——高峰时段的混凝土月平均浇筑强度,m^3/月;

A——每立方米混凝土的砂石用量,t/m^3,一般可取2.15~2.20;

Q_0——工程其他骨料的月需要量,t/月。

作业制度和骨料加工厂的小时生产能力有很大的关系,对于高峰施工时段,一个月可以工作25 d以上,一天也可以3班作业。但是,为了统计、分析和比较,建议采用规范的计算方法,一般情况下按每月25 d,每天2班14 h计算。如果按高峰月强度计算处理能力,可以按每天3班20 h计算。

4.3.1.4 骨料的储存

1. 骨料堆场的任务

骨料堆场的任务是适应混凝土生产的不均匀性,储存一定量的砂石料,以解决骨料生产与需求之间的不平衡。骨料储存一共有三种形式,分别是毛料堆存、半成品料堆存和成品料堆存。毛料堆存是为了解决骨料开采与加工之间的不平衡;半成品料(经过预筛分的砂石混合料)堆存是为了解决骨料加工各工序之间的不平衡;成品料堆存是为了保证混凝土生产系统连续生产的用料需求,同时起到降低和稳定骨料含水率(特别是砂料脱水)、降低或稳定骨料温度的作用。

生产强度和管理水平决定了砂石料的总储量的多少。一般情况,砂石料的总储量按高峰时段月平均值的50%~80%考虑,汛期、冰冻期停采时,须按停采期骨料需用量外加20%的余度考虑。

2. 骨料堆存的质量要求

骨料堆存质量控制的首要任务是防止粗骨料跌碎和分离。所以,需要控制卸料的跌落高度。为了防止粗骨料跌碎和分离,卸料时骨料的自由落差应控制在3 m以下,皮带机接头处高差控制在1.5 m以下。当骨料的卸料高差过大时,应设置缓降设施。堆料时,应采用分层堆料,逐层上升。因为砂料的含水率直接影响混凝土的用水量,因而应该给予足够的脱水时间。进入拌和机前,为了防止骨料分离,砂料的含水率应该控制在5%以内,

湿度以3%～8%为宜。

设计料仓时，料仓的高程和位置应选择在洪水位之上，并且周围应设有良好的排水、排污设施，地下廊道内应布置集水井、排水沟和冲洗皮带机污泥的水管。料仓有关结构设计要符合安全、经济和维修方便的要求。

3. 骨料堆场的形式

堆料料仓通常需要设置隔墙以便各级骨料的堆存和防止混入泥土等杂物，避免骨料混级。堆料场形式与地形条件、堆料设备和进出料方式有关。常见的形式有台阶式堆料、栈桥式堆料和堆料机堆料。

(1)台阶式堆料。利用进料与堆料地面的高差，将料仓布置在进料线路下方，由自卸汽车或机车直接卸料。在地弄廊道顶部设置一个弧形阀门控制给料，然后由廊道内的皮带机运输骨料。为了达到扩大堆料容积的目的，常采用推土机集料或散料，如图4-21所示。

(2)栈桥式堆料。需要在平地上堆料时，可以架立栈桥，在栈桥顶部安装皮带机，经过最上方的卸料小车向两端进行卸料，再通过廊道内的出料皮带机进行出料。这种堆料方式，减少了堆料的占地面积，但是增大了堆料的跌落高度，而且料堆的骨料自卸容积小，需要借推土机来扩大堆料和卸料容积，如图4-22所示。

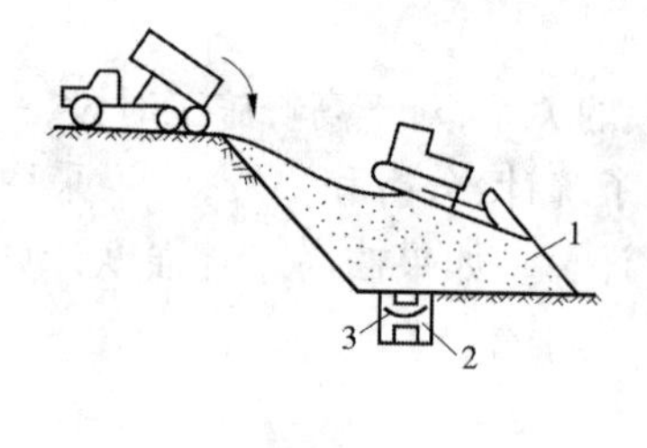

1—料堆；2—廊道；3—出料皮带机

图4-21 台阶式堆料

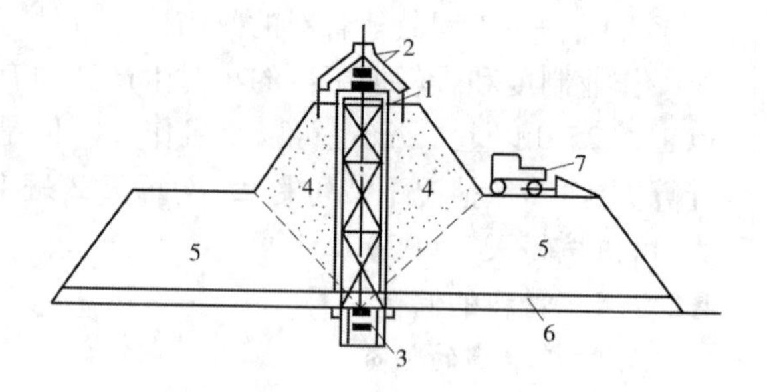

1—进料皮带机栈桥；2—卸料小车；3—出料皮带机；
4—自卸容积；5—死容积；6—垫底损失容积；7—推土机

图4-22 栈桥式堆料

(3)堆料机堆料。堆料机是可以在轨道上移动，通过自身的悬臂扩大堆料范围的机械，有双悬臂堆料机和动臂堆料机，如图4-23所示。动臂堆料机相对更加灵活，动臂可以通过旋转和仰俯适应堆料位置和堆料高度的变化，以防止跌碎骨料产生逊径，使卸料高度始终保持在允许跌落高度的范围内。常将堆料机轨道安装在路堤顶部，以增大堆料容积。

4.3.2 混凝土生产系统布置

混凝土生产系统一般由拌和楼(站)、骨料储运设施、外加剂车间及其他配套的辅助设施组成，水利水电工程中混凝土用量都较大，混凝土生产系统对保障正常的浇筑意义重大。

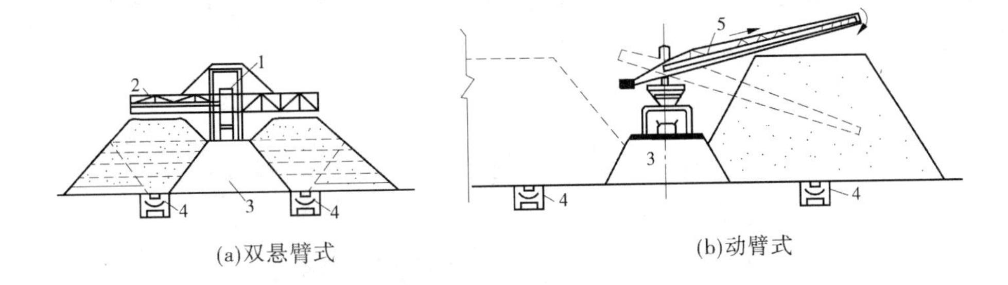

(a)双悬臂式　(b)动臂式

1—进料皮带机;2—可两侧移动的梭式皮带机;3—路堤;4—出料皮带机廊道;5—动臂式皮带机

图4-23　堆料机堆料

4.3.2.1　混凝土生产系统的设置与布置要求

1.混凝土生产系统的设置

水利水电工程可根据施工组织、工程规模的不同集中设置一个或多个混凝土生产系统。采用的方式有集中设置、分散设置或分标段设置。集中设置通常运用在混凝土建筑物较集中,运输路线短而流畅的工程中。当水工建筑物较为分散或高程悬殊,砂石料场分散,集中布置运输不经济时,一般按施工阶段分期设置混凝土生产系统。

2.混凝土生产系统的布置要求

(1)混凝土生产系统为便于各种材料和混凝土运出,离坝址的距离一般在500 m左右,尽量靠近混凝土浇筑地点。

(2)拌和楼要尽量布置紧凑,应布置在地质良好,地形平缓,地基稳定的基岩上。

(3)混凝土生产系统设在沟口时应保证不受山洪或泥石流的威胁,厂房主要建筑物地面高程应高出当地20年一遇的洪水位。

(4)混凝土运输距离应按混凝土出机到入仓的运输时间不超过60 min计算,夏季不超过30 min,骨料供应点至拌和楼的输送距离宜不大于300 m为宜。

(5)厂区的位置和高程要满足混凝土运输和浇筑施工方案要求。

4.3.2.2　混凝土生产系统的组成

通常混凝土生产系统由拌和楼(站)、胶凝材料储运设施、骨料储运设施、冲洗筛分车间、预冷热车间、外加剂车间、试验室、空气站及其他辅助车间等组成。

拌和楼是混凝土生产系统的主要部分,也是影响混凝土生产系统的关键设备。一般根据混凝土质量要求、浇筑强度、混凝土品种、混凝土骨料最大粒径和混凝土运输等要求选择拌和楼。

1.拌和楼形式的选择

拌和楼按搅拌机配置可分为自落式、强制式及涡流式等,按结构布置形式可分为直立式、二阶式、移动式。

(1)直立式拌和楼。直立式混凝土拌和楼是将骨料、胶凝材料、料仓、称量、拌和、混凝土出料等各工艺环节由上而下垂直布置在一座楼内,原料一次提升到顶后,经储料斗靠自重下落进入称量和搅拌工序。

适用于混凝土工程量大,使用周期长,施工场地狭小的水利水电工程。直立式混凝土拌和楼按工艺流程分为进料层、储料层、配料层、拌和层及出料层。其中，配料层是全楼的控制中心，设有主操纵台，如图 4-24 所示。

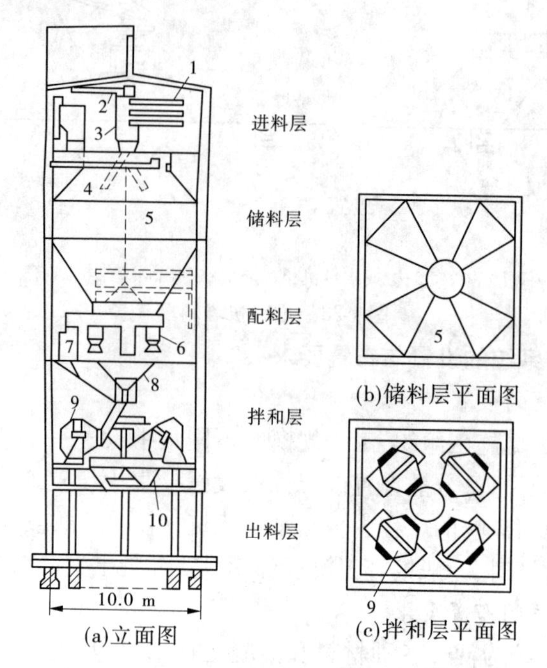

1—进料皮带机；2—水泥螺旋运输机；3—受料斗；4—分料器；
5—储料仓；6—配料斗；7—量水斗；8—集料斗；9—拌和机；10—混凝土出料斗

图 4-24　混凝土拌和楼

（2）二阶式拌和楼。二阶式拌和楼是将直立式拌和楼分成两大部分，一部分是骨料进料、料仓储存及称量；另一部分是胶凝材料、拌和、混凝土出料控制等。两部分中间通过皮带机连接，一般布置在同一高程上，也可以利用地形高差布置在两个高程上。这种结构布置形式的拌和楼安装拆迁方便，机动灵活，时间短。

（3）移动式拌和楼。移动式拌和楼一般用于小型水利水电工程，混凝土骨料粒径在 80 mm 以下的混凝土。

2. 拌和设备容量的确定

混凝土生产系统生产能力一般根据施工组织安排的高峰月混凝土浇筑强度，计算混凝土生产系统小时生产能力。

$$P = Q_m K_h / mn \tag{4-14}$$

式中　P——混凝土生产系统小时生产能力，m^3/h；

Q_m——高峰月混凝土浇筑强度，m^3/月；

m——月工作日数，一般取 25 d；

n——日工作小时数，一般取 20 h；

K_h——小时不均匀系数，一般取 1.5。

按上式计算的小时生产能力，应按设计浇筑安排的最大仓面面积、混凝土初凝时间、浇筑层厚度、浇筑方法等条件，校核所选拌和楼的小时生产能力，以及与拌和楼配备的辅助设备的生产能力等是否满足相应要求。

4.3.3　常态混凝土坝运输浇筑

混凝土供料运输和入仓运输的组合形式，称为混凝土运输方案。它是坝体混凝土施工中的一个关键性环节，必须根据工程规模和施工条件合理选择。

4.3.3.1　运输浇筑方案及选择

1. 常用的混凝土运输浇筑方案

常用的混凝土运输浇筑方案有履带式起重机运输浇筑方案、栈桥运输浇筑方案、缆机运输浇筑方案、皮带机运输方案。

(1)履带式起重机运输浇筑方案。混凝土由自卸汽车卸入卧罐，再由履带式起重机吊运入仓。这种方案机动灵活，适用于狭窄的地形。采用履带式起重机能充分发挥机械的利用率，但履带式起重机在负荷下不能变幅，兼受工作面与供料线路的影响，控制高度不大。适用于岸边溢洪道、护坦、厂房基础、低坝等混凝土工程。

(2)栈桥运输浇筑方案。采用门机和塔机吊运混凝土浇筑方案是在平行于坝轴线方向架设栈桥，并在栈桥上安设门机、塔机，如图4-25所示。施工栈桥是临时性建筑物，一般由桥墩、梁跨结构和桥面系统三部分组成，桥上行驶起重机(门机或塔机)、运输车辆(机车或汽车)。如图4-26所示。

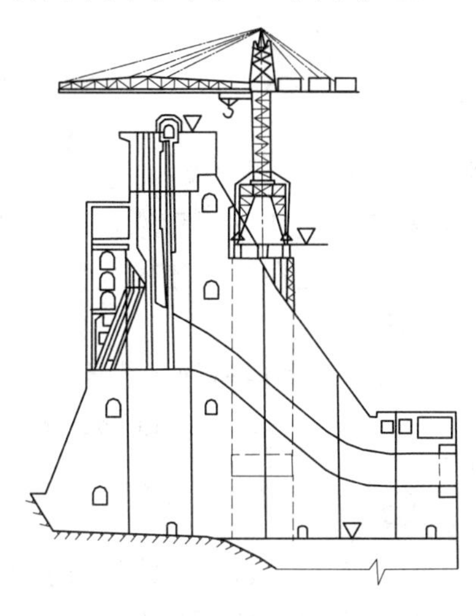

图4-25　门机和塔机的工作桥示意图

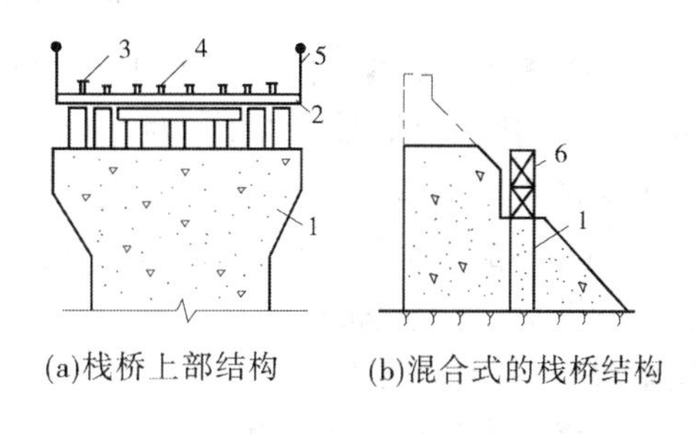

(a)栈桥上部结构　(b)混合式的栈桥结构

1—钢筋混凝土桥墩;2—桥面;3—起重机轨道;
4—运输轨道;5—栏杆;6—可拆除的钢架

图4-26　门机和塔机栈桥布置图

设置栈桥的目的有两个:一是扩大起重机的控制范围，增加浇筑高度;二是为起重机和混凝土运输提供开行线路，使之与浇筑工作面分开，避免相互干扰。

常见栈桥的布置方式有单线栈桥、双线栈桥、多线多高程栈桥。当建筑物的宽度不太大时，栈桥设于坝底宽度的1/2左右处，可控制大部分浇筑部位，栈桥可一次到顶，常采用单线栈桥，如图4-27(a)所示。对于较宽的建筑物，以便全面控制而布置双线栈桥，如图4-27(b)、(c)所示。对于坝底宽度特大的高坝工程，常需架设多线多高程栈桥，如图4-28所示。

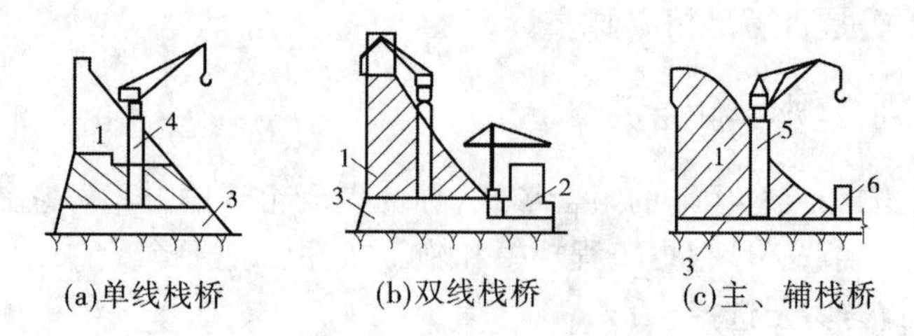

1—坝体；2—厂房；3—由辅助浇筑方案完成的部位；
4—分两次升高的栈桥；5—主栈桥；6—辅助栈桥

图 4-27　大坝施工栈桥布置方式

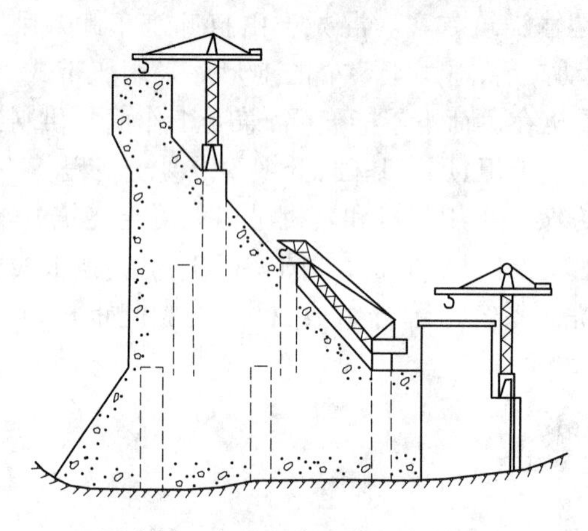

图 4-28　多线多高程栈桥布置图

(3)缆机运输浇筑方案。在河床狭窄的地段上修建混凝土坝多采用缆机。采用缆机方案，应尽量全部覆盖枢纽建筑物，满足高峰期浇筑量，主要是根据枢纽建筑物外形尺寸和河谷两岸地形地质条件，确定缆机跨度和塔架顶部高程。

(4)皮带机运输方案。采用皮带机运输方案，常用自卸汽车运料到浇筑地点，卸入转料储料斗后，再经皮带机转运入仓，每次浇筑的高度约 10 m。适用于基础部位的混凝土运输浇筑，如水闸底板、护坦等。

2. 混凝土运输浇筑方案的选择

混凝土运输浇筑方案对工程进度、质量、工程造价将产生直接影响，需综合各方面的因素，经过技术、经济比较后进行选定。在方案选择时，一般需考虑下列因素：

(1)枢纽布置、水工建筑物类型、结构和尺寸，特别是坝的高度。

(2)工程规模、工程量和总进度拟定的施工阶段控制性浇筑进度、强度及温度控制要求。

(3)施工现场的地形、地质条件和水文特点。

(4)导流方式及分期和防洪度汛措施。

(5)混凝土拌和楼(站)的布置和生产能力。

(6)起重机具的性能和施工队伍的技术水平、熟练程度及设备状况。

4.3.3.2　混凝土浇筑施工

混凝土运输为混凝土浇筑提供了便利条件,混凝土入仓前,仓内的基本准备工作应全部完成,为混凝土连续浇筑创造条件,仓内混凝土科学铺料与振捣是保证混凝土质量的重要方法。混凝土浇筑的施工过程包括浇筑仓面准备工作、入仓铺料、平仓振捣和浇筑后的养护。施工工艺程序如图4-29所示。

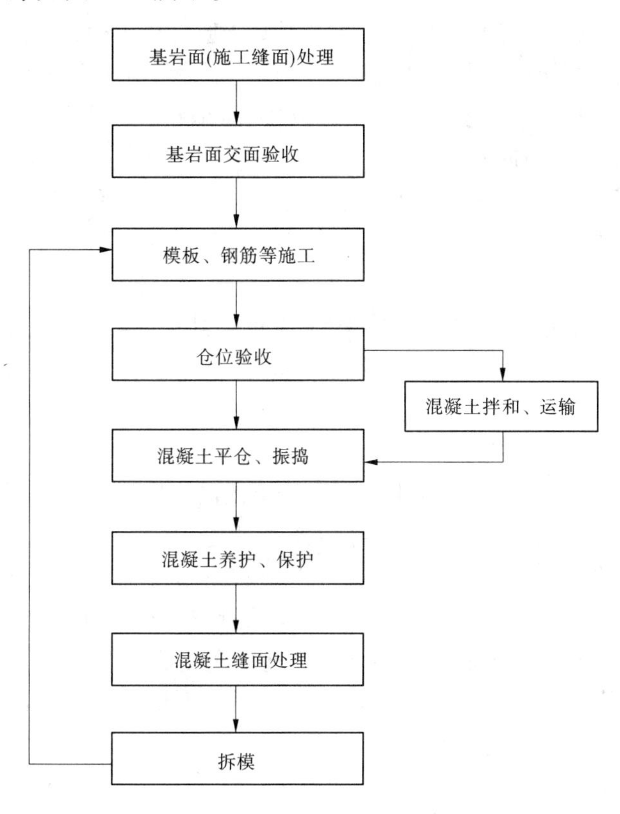

图4-29　混凝土施工工艺程序

其主要施工方法如下。

1.浇筑仓面准备工作

建筑物地基应在基础开挖到设计要求的标高和轮廓线后,经验收合格,才可进行混凝土浇筑仓面准备工作。混凝土浇筑仓面准备工作包括基础面处理,施工缝处理,模板、钢筋及预埋件检查,混凝土浇筑的其他准备工作。

(1)基础面处理。对于土基,应先挖除保护层,并清除杂物,然后用碎石垫底,盖上湿砂,再进行压实。处理过程中,应避免破坏和扰动原状土壤。对于砂砾地基,应清除杂物,平整基础面,并浇筑低强度等级的素混凝土垫层。处理过程中,如湿度不够,应至少浸湿15 cm深,使其湿度与最优强度时的湿度相符。对于岩基,基岩面上的杂物、土泥及松动岩石、淤泥、松散软弱夹层均应清除干净。基岩面用高压风(水)进行清理,清洗后的岩基在浇筑混凝土前应保持洁净和湿润。基岩面和老混凝土面上的浇筑仓,在浇筑第一坯混凝土前,需先均匀铺设一层2~3 cm厚的砂浆,砂浆的强度等级应比同部位的混凝土高一级,或铺设一级配同强度等级10 cm厚混凝土。

(2)施工缝处理。施工缝是指新老混凝土之间的结合面。为了保证建筑物的整体性,在新混凝土浇筑前,必须将老混凝土表面的水泥膜(又称乳皮)清除干净,形成石子半露而不松动的清洁麻面,以利于新老混凝土的紧密结合。施工缝毛面处理宜采用25~50 MPa高压水冲毛机,也可采用低压水、风砂枪、刷毛机、人工凿毛、涂刷混凝土界面处理剂等方法。刷毛和冲毛是指在混凝土凝结后但尚未完全硬化以前,用钢丝刷或高压水对混凝土表面进行冲刷,以形成麻面。凿毛是指当混凝土已经硬化时,用石工工具或风镐等机械将混凝土表面凿成麻面。这种方法效率低,劳动强度大,损失混凝土多。风砂枪冲毛是指将经过筛选的粗砂和水装入密封的砂箱,再通入压缩空气。压缩空气与水、砂混合后,经喷枪喷出,将混凝土表面冲成麻面。

(3)模板、钢筋及预埋件检查。开仓浇筑前,应按照设计图纸和施工规范的要求,对模板、钢筋、预埋件的规格、数量、尺寸、位置与牢固稳定程度等进行全面检查验收,验收合格后才能开仓浇筑混凝土。

(4)混凝土浇筑的其他准备工作。混凝土浇筑的其他准备工作是指对浇筑仓面的机具设备、劳动组合、风水电供应、施工质量、技术要求等进行布置安排和检查落实。

2. 混凝土浇筑

(1)入仓铺料。基岩面和新老混凝土施工缝面在浇筑第一层混凝土前,可铺一层1~3 cm厚的水泥砂浆、20~40 cm厚的小级配混凝土或同强度等级的富砂浆混凝土,保证新混凝土与基岩或新老混凝土施工缝面良好结合。混凝土入仓后,可采用平层浇筑法、斜层浇筑法或阶梯浇筑法施工(见图4-30)。施工时应根据混凝土温控要求、混凝土允许间隔时间、混凝土入仓设备及生产能力、混凝土强度等级种类、级配种类和仓面结构特征等因素合理选择混凝土入仓铺料方法。平层浇筑法是沿仓面长边逐条逐层水平铺筑。入仓铺料应按一定厚度、次序、方向,分层进行,且浇筑层面应平整。在压力钢管、竖井、孔道、廊道等周边及顶板浇筑混凝土时,混凝土应对称均匀上升。

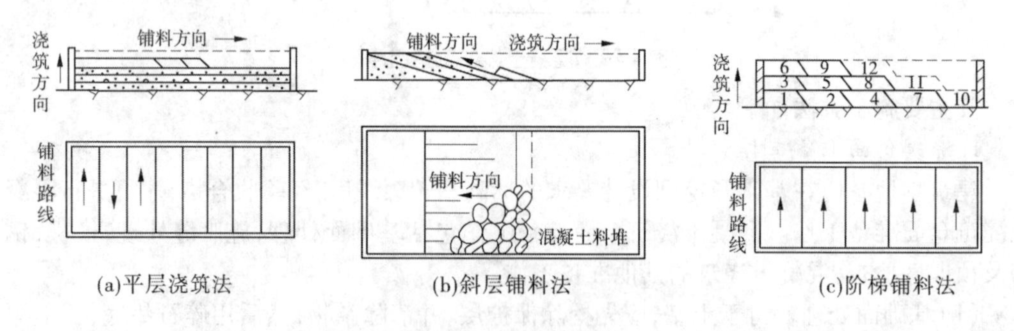

(a)平层浇筑法　(b)斜层铺料法　(c)阶梯铺料法

图4-30　混凝土浇筑法

为保证浇筑块内的各浇筑层能够形成一个整体,要求下层混凝土未初凝之前,覆盖上层混凝土,否则已初凝的混凝土表面将产生乳皮,在振捣中无法消除,上、下层混凝土间形成薄弱结合面,称为冷缝。冷缝可以破坏结构物的整体性、耐久性等,且不易处理。

无论采用何种浇筑方法,混凝土浇筑应保持连续性,若层间间歇时间超过混凝土初凝时间,则会出现冷缝。混凝土浇筑允许间歇时间应通过试验确定。

(2)平仓与振捣。入仓的混凝土应及时平仓振捣,不得堆积。混凝土的浇筑应先平仓后振捣,严禁以振捣代替平仓。

①平仓。平仓就是把卸入仓内成堆的混凝土均匀铺平到要求的厚度。一般将振捣棒插入料堆顶部,缓慢推或拉动振捣棒,逐渐借助振动作用铺平混凝土。平仓不能代替振捣,并防止骨料分离。振捣器在仓面按一定的顺序和间距逐点振捣,间距为振捣作用半径的1.5倍,并插入下层混凝土面5 cm;每点上振捣时间控制在15~25 s,以混凝土表面停止明显下沉,周围无气泡冒出,混凝土面出现一层薄而均匀的水泥浆为准。混凝土振捣要防止漏振及过振,以免产生内部架空及离析。对于边角部位或狭小空间,也可采用人工平仓。仓面较大,仓内无拉条时可用平仓振捣机。

②振捣。振捣是混凝土施工中的关键作业。振捣时产生小振幅高频率振动作用,克服了混凝土拌和物颗粒间的摩阻力和黏结力,使混凝土液化、骨料相互滑动并挤密、砂浆充满空隙,排出空气和多余的水分,使混凝土密实并与模板、钢筋、预埋件紧密结合。

振捣设备的振捣能力应与浇筑机械和仓位的客观条件相适应。混凝土振捣常用振捣器进行,对于少数零星工程或振捣器施工不便时也可采用人工振捣,对于大型机械(如塔带机)浇筑的大仓位宜采用振捣机振捣。

3. 混凝土浇筑后养护

混凝土浇筑完毕后,在一定的时间内保持适宜的温度和湿度,以利于混凝土强度的增长,减少或避免混凝土表面形成干缩裂缝,即为混凝土的养护工作。常温下,水平面混凝土的养护可蓄水覆盖,也可用聚合物材料、湿麻袋、草袋、锯末、湿砂等覆盖;垂直面的养护可以进行人工洒水,或用带孔的水管进行定时洒水。

养护时间的长短取决于气温、水泥品种及工程的重要性。混凝土浇筑完毕后,应及时洒水养护,保持混凝土表面湿润。塑性混凝土应在浇筑完毕后6~18 h内开始洒水养护,低塑性混凝土宜在浇筑完毕后立即喷雾养护,并及早开始洒水养护。混凝土应连续养护,养护期内始终使混凝土表面保持湿润。水工混凝土养护时间不宜少于28 d,有特殊要求的部位宜适当延长。混凝土养护应有专人负责,并应做好养护记录。

4.3.3.3 混凝土温度控制

1. 混凝土的温度变化过程

混凝土在凝固过程中,由于水泥水化,释放大量水化热,使混凝土内部温度逐步上升。对尺寸小的结构,由于散热较快,温升不高,不致引起严重后果;但对大体积混凝土,最小尺寸也常在3~5 m以上,而混凝土导热性能随热传导距离呈非线性衰减,大部分水化热将积蓄在浇筑块内,使块内温度达30~50 ℃,甚至更高。由于内外温差的存在,随着时间的推移,坝内温度逐渐下降而趋于稳定,与多年平均气温接近。大体积混凝土的温度变化过程,可分为如图4-31所示的三个阶段,即温升期、冷却期(或降温期)和稳定期。

2. 温度应力与温度裂缝

大体积混凝土的温度应力,是由于变形受约束而产生的,包括基础混凝土在降温过程中受基岩或老混凝土的约束;由非线性温度场引起各单元体之间变形不一致的内部约束;以及在气温骤降情况下,表层混凝土的急剧收缩变形,受内部热胀混凝土的约束等。由于混凝土的抗压强度远高于抗拉强度,在温度压应力作用下不致破坏的混凝土,当受到温度拉应力作用时,常因抗拉强度不足而产生裂缝。随着约束情况的不同,大体积混凝土温度

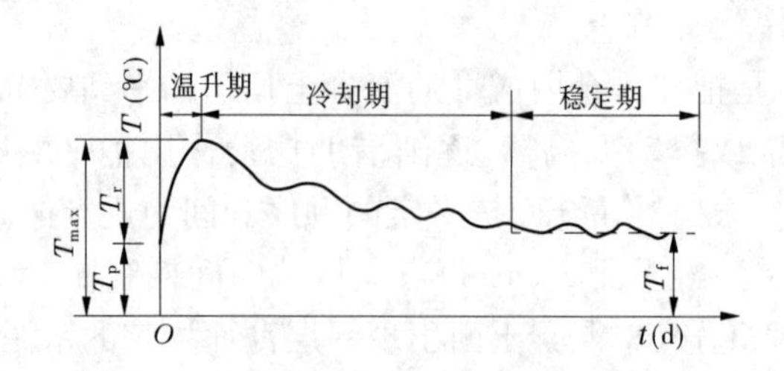

图 4-31　大体积混凝土的温度变化过程线

裂缝有如下两种。

(1)表面裂缝。混凝土浇筑后,其内部由于水化热温升,体积膨胀,如受到岩石或老混凝土约束,在初期将产生较小的压应力,当后期出现较小的降温时,即可将压应力抵消。而当混凝土温度继续下降时,混凝土块内将出现较大的拉应力。当表层温度拉应力超过混凝土的允许抗拉强度时,将产生裂缝,形成表面裂缝。

大量工程实践表明,混凝土坝温度裂缝中绝大多数为表面裂缝,且大多数表面裂缝是在混凝土浇筑初期遇气温骤降等原因引起的,少数表面裂缝是由中后期受年变化气温或水温影响内外温差过大造成的。而表面保护是防止表面裂缝的最有效措施,特别是混凝土浇筑初期内部温度较高时更应注意表面保护。

(2)贯穿裂缝和深层裂缝。变形和约束是产生应力的两个必要条件。由于温度变化引起温度变形是普遍存在的,有无温度应力出现的关键在于有无约束。人们不仅把基岩视为刚性基础,也把凝固、弹性模量较大的下部老混凝土视为刚性基础。这种基础对新浇不久的混凝土产生温度变形所施加的约束作用,称为基础约束。这种约束在混凝土升温膨胀期引起压应力,在降温收缩时引起拉应力。当此拉应力超过混凝土的极限抗拉强度时,就会产生裂缝,称为基础约束裂缝。由于这种裂缝自基础面向上开展,严重时可能贯穿整个坝段,故又称为贯穿裂缝。此种裂缝切割的深度可达 3 ~5 m 以上,故又称为深层裂缝。

3. 混凝土的温度控制措施

温度控制的具体措施常从混凝土的减热和散热两方面着手。减热就是减少混凝土内部的发热量,如降低混凝土的拌和出机温度,以降低入仓浇筑温度。散热就是采取各种散热措施,如增加混凝土的散热面,在混凝土温升期采取人工冷却降低其最高温升等。

1) 降低混凝土水化热温升

(1)减少每立方米混凝土的水泥用量,其主要措施有:

①根据坝体的应力场对坝体进行分区,对于不同分区采用不同强度等级的混凝土。

②采用低流态或无坍落度干硬性贫混凝土。

③改善骨料级配,选取最优级配,减少砂率,优化配合比设计,采取综合措施,以减少每立方米水泥用量。

④掺用混合材料。粉煤灰掺和料的用量可达水泥用量的 25% ~40% 。

⑤采用高效减水剂。高效减水剂不仅能节约水泥用量约 20% ,使 28 d 龄期混凝土的发热量减少 25% ~30% ,且能提高混凝土早期强度和极限拉伸值。

(2)采用低发热量的水泥。在满足混凝土各项设计指标的前提下,应采用水化热低的水泥,多用中热水泥和低热硅酸盐水泥,但低热硅酸盐水泥因早期强度低,成本高,已逐步被淘汰。近年已开始生产低热微膨胀水泥,它不仅水化热低,且有微膨胀作用,对降温收缩还可以起到补偿作用,减小收缩引起的拉应力,有利于防止裂缝的发生。

2)降低混凝土的入仓温度

(1)合理安排浇筑时间。在施工组织上安排春、秋季多浇,夏季早晚浇,中午不浇,这是最经济有效降低入仓温度的措施。

(2)加冰或加冷水拌和混凝土。混凝土拌和时,将部分拌和水改为冰屑,利用冰的低温和冰融解时吸收潜热的作用。实践证明混凝土拌和水温降低1 ℃,可使混凝土出机口温度降低0.2 ℃左右。这样,可最大限度将混凝土温度降低约20 ℃。规范规定加冰量不大于拌和用水量的80%。加冰拌和,冰与拌和材料直接作用,冷量利用率高,降温效果显著。但加冰后,混凝土拌和时间要适当延长,相应会影响生产能力。若采用冰水拌和或地下低温水拌和,则可避免这一弊端。

(3)降低骨料温度。

①成品料仓骨料的堆料高度不宜低于6 m,并应有足够的储备。

②搭盖凉棚,用喷雾机喷雾降温(砂子除外),水温2~5 ℃,可使骨料温度降低2~3 ℃。

③水冷,使粗骨料浸入循环冷却水中30~45 min,或在通入拌和楼料仓的皮带机廊道、隧洞中装设喷洒冷却水的水管。

④风冷,可在拌和楼料仓下部通入冷气,冷风经粗料的空隙,由风管返回制冷厂再冷。

⑤真空气化冷却,利用真空气化吸热原理,将放入密闭容器的骨料,利用真空装置抽气并保持真空状态约半小时,使骨料气化降温冷却。

3)加速混凝土散热

(1)采用自然散热冷却降温。采用低块薄层浇筑,并适当延长散热时间,即适当增长间歇时间。基础混凝土和老混凝土约束部位浇筑层厚度以1~2 m为宜,上下层浇筑间歇时间宜为5~10 d。在高温季节已采取预冷措施时,则应采用厚块浇筑,缩短间歇时间,防止因气温过高而热量倒流,以保持预冷效果。

(2)在混凝土内预埋水管通水冷却。在混凝土内预埋蛇形冷却水管,通循环冷水进行降温冷却。在国内以往的工程中,多采用直径约为2.54 cm的黑铁管进行通水冷却,该种水管施工经验较多,施工方法成熟,水管导热性能好,但水管需要在工地附属加工厂进行加工制作,制作安装均不方便,且费时较多。此外,接头渗漏或堵管时有发生,材料及制安费用也较高,目前应用较多的是塑料水管。将塑料软管充气埋入混凝土内,待混凝土初凝后再放气拔出,清洗后以备重复利用。冷却水管布置,平面上呈蛇形,断面上呈梅花形,如图4-32所示,也可布置成棋盘形。蛇形管弯头由硬质材料制作,当塑料软管放气拔出后,弯头仍留于混凝土内。

一期通水冷却的目的是削减温升高峰,减小最大温差,防止贯穿裂缝的发生,通常在混凝土浇后几小时便开始,持续时间一般为15~20 d。二期通水冷却可以充分利用一期冷却系统。二期冷却时间一般为2个月左右,通过水温与混凝土内部温度之差,不应超过

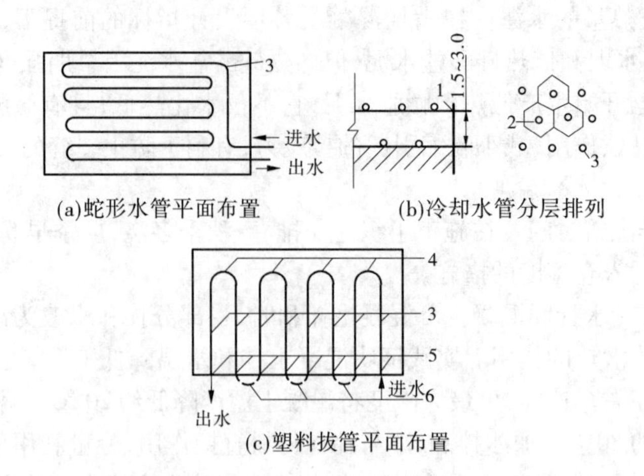

(a)蛇形水管平面布置　　(b)冷却水管分层排列

(c)塑料拔管平面布置

1—模板;2—每一根冷却水管冷却的范围;3—冷却水管;
4—钢弯管;5—钢管(l=20~30 cm);6—胶皮管

图 4-32　冷却水管布置图　(单位:m)

20 ℃,日降温不超过 1 ℃。

4.3.3.4　混凝土坝的分缝分块

混凝土坝段的分块主要有纵缝分块、斜缝分块、错缝分块、通仓浇筑法四种类型,应考虑结构受力特征、土建施工和设备埋件安装的方便。其基本形式如图 4-33 所示。

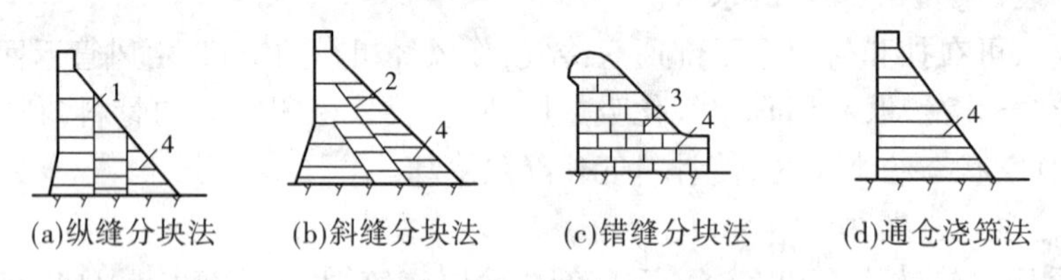

(a)纵缝分块法　(b)斜缝分块法　(c)错缝分块法　(d)通仓浇筑法

1—纵缝;2—斜缝;3—错缝;4—水平缝

图 4-33　大坝浇筑分缝分块的基本形式

1. 纵缝分块法

纵缝为平行坝轴线、带键槽的竖直缝,将坝段分成独立的柱状体,再用水平缝将柱状体分成浇筑块。这种分块方法又称为柱状分块,目前我国应用最为普遍。

设置纵缝的目的,在于给温度变形以活动的余地,以避免产生基础约束裂缝。纵缝间距一般为 20~40 m,间距太小则降温后接缝张开宽度达不到 0.5 mm 以上的要求,不利于灌浆。纵缝分块的优点是:温度控制比较有把握,混凝土浇筑工艺比较简单,各柱状体可以分别上升,相互干扰小,施工安排灵活。缺点是:纵缝将仓面分得较窄小,使模板工作量增加,且不便于大型机械化施工;为了恢复坝的整体性,纵缝需要接缝灌浆处理,坝体蓄水兴利受到灌浆冷却的限制。

为了增加纵缝灌浆后的抗剪能力,在纵缝面上应设键槽。键槽常为直角三角形,其短边和长边应分别与坝的第一、第二主应力正交,使键槽面承压而不承剪,键槽布置如图 4-34所示。

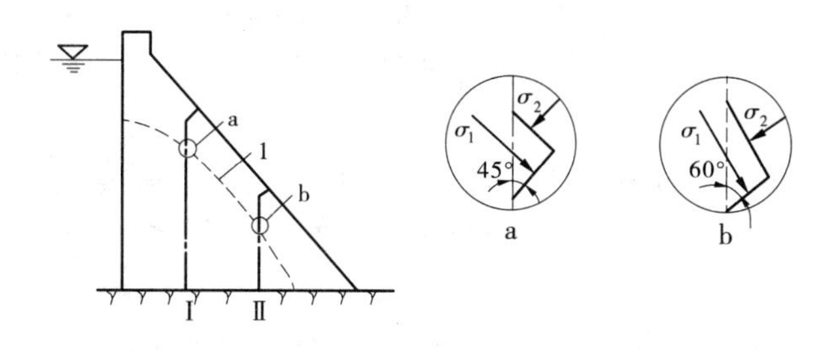

a、b—纵缝编号；1—第一主应力轨迹线

图4-34　坝体主应力与键槽布置

2. 斜缝分块法

斜缝为大致沿坝体两组主应力之一的轨迹面设置的伸缩缝，一般往上游倾斜，其缝面与坝体第一主应力方向大体一致，从而使缝面上的剪应力基本消除。因此，斜缝面只需要设置梯形键槽、加插筋和凿毛处理，不必进行斜缝灌浆。为了坝体防渗的需要，斜缝的上端应在离迎水面一定距离处终止，并在终点顶部加设并缝钢筋或并缝廊道。

3. 错缝分块法

分块时将块间纵缝错开，互不贯通，错距等于层厚的1/3～1/2，故坝的整体性好，也不需要进行纵缝灌浆。但错缝分块高差要求严格，由于浇筑块相互搭接，浇筑次序需按一定规律安排，施工干扰很大，施工进度较慢，同时在纵缝上下端因应力集中容易开裂。

4. 通仓浇筑法

坝段内不设纵缝，逐层往上浇筑，不存在接缝灌浆问题。由于浇筑仓面大，可节省大量模块，便于大型机械化施工，有利于加快施工进度，提高坝的整体性。但是，大面积浇筑，受基础和老混凝土的约束力强，容易产生温度裂缝。为此，温度控制要求很严格，除采用薄层浇筑、充分利用自然散热外，还必须采取多种预冷措施，允许温差控制在15～18 ℃。

上述四种分块方法，以纵缝分块法最为普遍；中低坝可采用错缝分块法或不灌浆的斜缝；如采用通仓浇筑法，应有专门论证和全面的温控设计。

4.3.3.5　混凝土表面缺陷处理

1. 混凝土表面缺陷处理范围

混凝土表面缺陷处理的范围主要包括混凝土表面外露钢筋头、管件头、表面蜂窝、麻面、气泡密集区、错台、挂帘、表面缺损、小孔洞、单个气泡、表面裂缝等。

2. 混凝土表面缺陷检查

在进行处理以前组织相关部门及作业人员，对混凝土表面的各种处理项目进行认真检查，查明表面缺陷的部位、类型、程度和规模，详细记录分类整理后将检查资料和修补实施方案报送监理人，经监理人批准后进行修补施工。

3. 混凝土表面缺陷处理方法

(1)错台修补。错台主要是由模板搭接部位移位而引起的，对错台大于2 cm的部分，先用扁平凿按规范允许的坡度凿平顺，并预留0.5～1.0 cm的保护层用电动砂轮打磨平整，与周边混凝土保持平顺过渡连接；错台小于2.0 cm的部位，直接用电动砂轮按相同坡度打磨平整。对错台的处理在混凝土强度达到70%后进行。

(2)蜂窝、麻面修补。蜂窝主要是由材料配比不当、混凝土混合物均匀性差、模板漏浆或振捣不密实造成的。

造成麻面的主要原因是模板吸水、模板没有刷"脱模剂"、振捣不够。对蜂窝、麻面修补的方法一般是先进行凿除,然后将填补面冲洗干净,回填微膨胀砂浆,最后压实填平,并加强养护。

(3)外露钢筋头、管件头处理。外露钢筋头、管件头全部采用电动砂轮进行切割,并切除至混凝土表面以内20~30 mm,采用预缩砂浆或环氧砂浆填补。严禁用电焊或气焊进行切割,防止损坏表层混凝土。

(4)不平整表面处理。凸出于规定表面的不平整表面用凿子凿除和砂轮打磨。凹入表面以下的不平整表面用凿子除掉缺陷的混凝土,形成供填充和修补用的足够深的坑、槽。再进行清洗、填补和抹平。采用砂浆或混凝土修补时,在待修补处和周围至少1.5 m范围内用水湿润,以防附近混凝土区域从新填补的砂浆或混凝土中吸收水分。在准备的部位湿润以后,先用干净水泥浆在该区域涂刷一遍,然后用预缩砂浆或混凝土进行回填修补。如果使用的是环氧砂浆,则在修补区涂刷环氧树脂。

(5)裂缝处理。混凝土裂缝的类别主要有表面干缩裂缝和温度裂缝,应根据不同的原因采取相应的措施。当裂缝较细、较浅且所在的部位不重要时,可将裂缝加以冲洗,用水泥砂浆或环氧树脂砂浆抹补;当裂缝较宽、较深且所在部位重要时,应沿裂缝凿去薄弱部分然后采用水泥或化学灌浆。

4.混凝土表面缺陷处理材料

(1)预缩砂浆。干硬性水泥预缩砂浆由水泥、砂、水和适量外加剂组成。水泥选用与原混凝土同品种的新鲜水泥,选用质地坚硬,经过2.5 mm孔径筛筛过的砂,砂的细度模数控制在1.8~2.3,水胶比为0.3~0.4,灰砂比为1:2~1:2.6,加入适量减水剂。材料称量后加适量的水拌和,合适的加水量拌出的砂浆,以手握成团,手上有湿痕而无水膜。砂浆拌匀后用塑料布遮盖存放0.5~1 h,然后分层铺料捣实,每层捣实厚度不超过4 cm。捣实用硬木棒或锤头进行,每层捣实到表面出现少量浆液为度,顶层用拌刀反复抹压至平整光滑,最后覆盖养护6~8 d。修补后砂浆强度达5 MPa以上时,用小锤敲击表面,声音清脆者合格,声音发哑者凿除重修。

(2)环氧砂浆。过流面的修补使用环氧砂浆。气温和混凝土表面温度均在5 ℃以上时才使用。修补部位混凝土表面必须清洁、干燥,在涂刷环氧砂浆前先刷一薄层环氧基液,用手触摸有显著的拉丝现象时(约30 min)再填补环氧砂浆。当修补厚度大于2 cm时,分层涂抹,每层厚度为1.0~1.5 cm,表面平整度和环氧砂浆容许偏差必须符合施工技术要求。环氧砂浆的最终凝固时间为2~4 h,养护期为5~7 d,养护温度控制在20 ℃左右,养护期内不得受水浸泡和外力冲击。

(3)回填混凝土。较大缺陷部位采用回填修补,回填修补与被修补的混凝土使用相同的材料和配比。修补时使用新模板支托,以保证修补后表面平整度满足要求,修补后在一周内连续保持潮湿养护,温度不低于10 ℃。

4.3.4　碾压混凝土坝施工

碾压混凝土是一种用土石坝碾压机具进行压实施工的干硬性混凝土，碾压混凝土施工技术是碾压土石坝与混凝土重力坝长期“竞争”的结果。1974 年，巴基斯坦塔贝拉首先用碾压混凝土进行消力池的修复。1978 年，日本岛地川应用碾压混凝土开始修建高 89 m 的拦河坝。我国从 1978 年开始对碾压混凝土筑坝技术进行研究，1986 年 5 月建成我国第一座碾压混凝土坝。近年来，碾压混凝土施工技术在我国得到了广泛的应用。

4.3.4.1　碾压混凝土的施工特点

碾压混凝土坝施工程序主要有：在下层块铺砂浆、汽车运输入仓、平仓机平仓、振动压实机压实、振动切缝机切缝、洒水养护。碾压混凝土施工工艺流程见图 4-35。

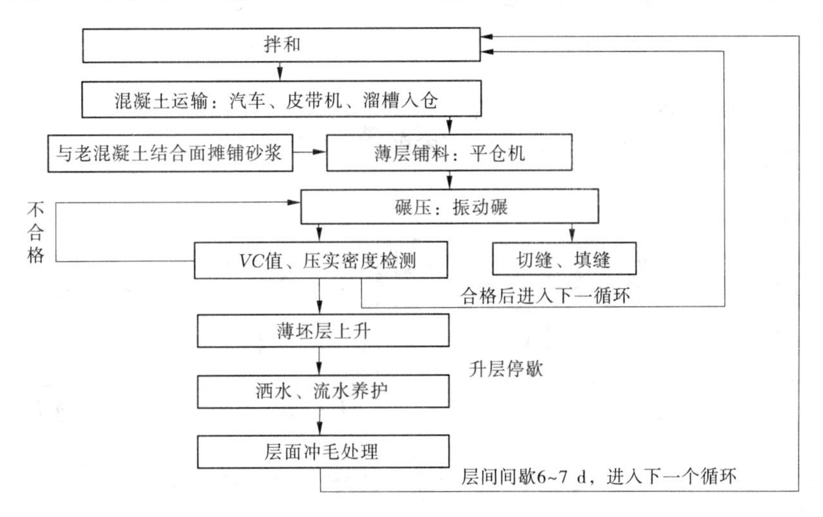

图 4-35　碾压混凝土施工工艺流程

碾压混凝土具有水泥用量少、粉煤灰掺量高、可大仓面连续浇筑上升、上升速度快、施工工序简单、造价低等特点，但对其施工工艺要求较严格。国内普遍采用“金包银式碾压混凝土重力坝”。在重力坝上下游一定范围内和孔洞及其他重要结构的周围采用常态混凝土是为“金”，重力坝内部采用碾压混凝土是为“银”，如图 4-36 所示。

对于“金包银式碾压混凝土重力坝”，常态混凝土与碾压混凝土的结合部位按图 4-37 所示的方法进行处理。两种混凝土应交叉浇筑，并应在两种混凝土初凝之前振捣或碾压完毕。

4.3.4.2　碾压混凝土配合比及原材料

1. 碾压混凝土配合比

碾压混凝土配合比应满足如下要求：

(1) 为防止施工中发生骨料分离，混凝土质量应均匀。

(2) 工作度适当，$VC = 5 \sim 12$ s，VC 值是指碾压混凝土拌和物在规定振动频率及振幅、规定表面压强下，振至表面泛浆所需的时间，以 s 计。拌和物较易碾压密实，混凝土密度较大。

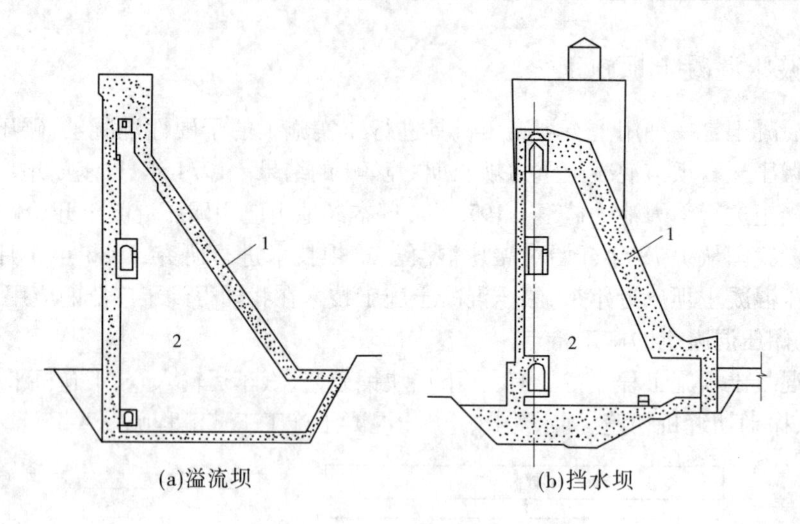

(a)溢流坝　(b)挡水坝

1—常态混凝土;2—碾压混凝土

图 4-36　"金包银"断面形式

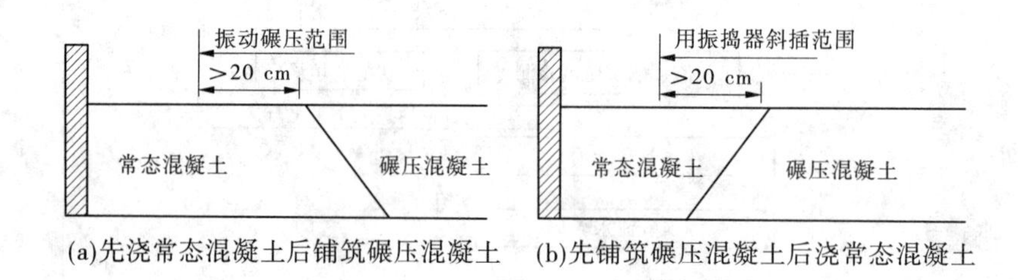

(a)先浇常态混凝土后铺筑碾压混凝土　(b)先铺筑碾压混凝土后浇常态混凝土

图 4-37　异种混凝土结合部位的处理

(3)拌和物初凝时间较长,易于保证碾压混凝土施工层面的良好黏结,层面物理力学性能好。

(4)混凝土的力学强度、抗渗性能等满足设计要求,具有较高的拉伸应变能力。

(5)对于外部碾压混凝土,要求具有适应建筑物环境条件的耐久性。

(6)碾压混凝土配合比经现场试验后调整确定。

2.胶凝材料

碾压混凝土一般采用硅酸盐水泥、普通硅酸盐水泥、中热硅酸盐水泥等,胶凝材料用量一般为 120 ~ 160 kg/m^3,粉煤灰用量占 30% ~ 65%,《水工碾压混凝土施工规范》(DL/T 5112—2009)中规定大体积建筑物内部碾压混凝土的水泥熟料用量不宜低于 45 kg/m^3,其中胶凝材料不宜低于 130 kg/m^3。

3.骨料

可采用人工骨料或天然骨料,骨料最大粒径一般为 80 mm,迎水面用碾压混凝土自身作为防渗体时,一般在一定宽度范围内采用二级配碾压混凝土。碾压混凝土的砂率一般比常态混凝土的高,对砂子含水率的控制要求比常态混凝土严格,砂子含水率不稳定时,碾压混凝土施工层面易出现局部集中泌水现象。

4. 外加剂

一般应掺用缓凝减水剂，并掺用引气剂，增强碾压混凝土抗冻性。夏天施工为推迟凝结时间可掺用缓凝减水剂，利于层面结合；有抗冻要求时应掺用引气剂，增强碾压混凝土抗冻性，其掺量比普通混凝土的要高。

4.3.4.3　碾压混凝土拌和及运输

碾压混凝土拌和通常采用强制式、自落式或连续式搅拌机，由于碾压混凝土拌和时间一般比常态混凝土延长30 s左右，因而生产率比常态混凝土低10%左右。碾压混凝土运输一般采用自卸汽车、皮带机、真空溜槽等方式。碾压混凝土运输时应注意防止或减少出现骨料分离的现象。

4.3.4.4　碾压混凝土浇筑施工

1. 模板施工

碾压混凝土模板施工对于规则表面宜采用组合钢模板，对于不规则表面一般采用木模板或散装钢模板。为便于碾压混凝土压实，模板一般用悬臂模板，可用水平拉条固定。对于连续浇筑上升的坝体，应特别注意水平拉条的牢固性。

2. 平仓及碾压

碾压混凝土宜采用大仓面薄层连续铺筑，铺筑方法宜采用平层通仓法。铺筑层应按固定方向逐条带摊铺，铺料条带宽根据施工强度确定，一般为4～12 m，铺料厚度为35 cm，压实后为30 cm，铺料后常用平仓机或平履带的大型推土机平仓，平仓方向与坝轴线方向平行，对于局部出现的集中骨料，及时用小型平仓机并辅以人工进行清理和散开。为解决一次摊铺产生骨料分离的问题，可采用二次摊铺，即先摊铺下半层，然后在其上卸料，最后摊铺成35 cm的层厚。采用二次摊铺，对料堆之间及周边集中的骨料经平仓机反复推刮后，能有效分散，再辅以人工分散处理，可改善自卸汽车铺料引起的骨料分离问题。当压实厚度较大时，也可分2～3次铺筑。

混凝土按固定条带进行碾压，振动碾行走速度一般控制在1.0～1.5 km/h范围内。为防止振动碾在碾压时陷入混凝土内，对刚铺平的碾压混凝土先无振碾压2遍后使其初步平整，然后有振碾压6～8遍，直至碾压混凝土表面泛浆时再酌情增加1～2遍。具体碾压遍数和碾压厚度由现场碾压试验确定。碾压条带间搭接宽度为10～20 cm，端头部位搭接宽度宜为100 cm左右。条带从铺筑到碾压完成控制在2 h左右。

碾压达到规定的遍数后，及时布点，用率定过的核子密度仪对压实后的混凝土进行容重测定，如果达不到规定的容重指标，补振碾压，确保容重指标或压实度达到设计要求。模板周边无法碾压部位一般可加注与碾压混凝土相同水灰比的水泥浓浆后用插入式振捣器振捣密实。仓面碾压混凝土的*VC*值控制在5～10 s，并尽可能地加快混凝土的运输速度，缩短仓面作业时间，做到在下一层混凝土初凝前铺筑完上一层碾压混凝土。当采用金包银法施工时，周边常态混凝土与内部碾压混凝土结合面尤要注意做好接头质量。

3. 造缝

碾压混凝土一般采取几个坝段形成的大仓面通仓连续浇筑上升，坝段之间的横缝通常采取切缝机切缝、埋设隔板或钻孔填砂形成，也可采用其他方式设置诱导缝。采用切缝机切缝时，可采取先碾后切或先切后碾，成缝面积应不少于设计缝面的60%。埋设隔板造缝时,相邻隔板间隔不大于 10 cm,隔板高度宜比压突层面低 2 ~ 3 cm。钻孔填砂造缝则是待碾压混凝土浇筑完一个升程后沿分缝线用手风钻造诱导孔。

4. 施工缝面处理

施工缝一般在混凝土收仓后 10 h 左右用压力水冲毛,清除混凝土表面的浮浆,以粗砂微露为准。施工过程中因故中止或其他原因造成层面间歇时间超过设计允许间歇时间,根据间歇时间的长短采取不同的处理方法。当层面间歇时间超过直接铺筑允许时间时,应先在层面上铺一层垫层拌和物,再进行下一层碾压混凝土摊铺、碾压作业;当间隔时间超过加垫层铺筑允许时间的层面时,按冷缝处理。

施工缝及冷缝必须进行缝面处理,缝面处理可用刷毛、冲毛等方法清除混凝土表面的浮浆及松动骨料。层面处理完成并清洗干净,经验收合格后,先铺垫层拌和物,然后立即铺筑下一层混凝土继续施工。

5. 碾压混凝土的养护

施工过程中,碾压混凝土的仓面应保持湿润。施工间歇期间,碾压混凝土终凝后即应开始洒水养护。对水平施工缝和冷缝,洒水养护应持续至下一层碾压混凝土开始铺筑为止;对永久暴露面,养护时间不宜小于 28 d。有温控要求的碾压混凝土,应根据温控设计采取相应的防护措施,低温季节应有专门防护措施。

4.3.4.5　碾压混凝土温度控制

1. 温控措施

碾压混凝土主要温控措施与常态混凝土基本相同,但铺筑季节受到较大限制,碾压混凝土用水量少,属干硬性混凝土,高温季节表面水分散发影响层间胶结质量,因此通常选择在低温季节浇筑。

2. 碾压混凝土温度控制标准

由于碾压混凝土胶凝材料用量少,极限拉伸值一般比常态混凝土小,其自身抗裂能力比常态混凝土差,因此其温差标准比常态混凝土严,当碾压混凝土 28 d 极限拉伸值不低于 0.70×10^{-4}时,碾压混凝土坝基础容许温差见表 4-5。对于外部无常态混凝土或侧面施工期暴露的碾压混凝土浇筑块,其内外温差控制标准一般在常态混凝土基础上加 2 ~ 3 ℃。

表 4-5　碾压混凝土基础容许温差　(单位:℃)

距基础面高度 h	浇筑块长边长度 L		
	30 m 以下	30 ~ 70 m	70 m 以上
$(0\sim0.2)L$	18 ~ 15.5	14.5 ~ 12	12 ~ 10
$(0.2\sim0.4)L$	19 ~ 17	16.5 ~ 14.5	14.5 ~ 12

技能训练

一、单选题

1. 常态混凝土施工流程中，是按照(　　)施工顺序排列，①模板、钢筋及埋件安装；②平仓振捣密实；③混凝土入仓；④仓面清理及验收。

A. ①②③④　B. ①④③②　C. ④①③②　D. ④③②①

2. 混凝土的水平运输不包括(　　)。

A. 自卸汽车　B. 搅拌车　C. 料罐车　D. 吊车

3. 常态混凝土养护龄期一般不少于(　　)d。

A. 22　B. 25　C. 28　D. 30

4. 碾压混凝土正常间歇层铺设垫层的厚度一般为(　　)。

A. 5 ~ 10 mm　B. 10 ~ 15 mm　C. 15 ~ 20 mm　D. 20 ~ 25 mm

5. 采用吊罐入仓时，卸料高度不宜大于(　　)。

A. 0.5 mm　B. 1.0 mm　C. 1.5 mm　D. 2.0 mm

二、多选题

1. 混凝土的养护主要包含两项工作，分别是(　　)。

A. 形状　B. 强度　C. 温度　D. 湿度

2. 振捣混凝土需要达到的要求是(　　)。

A. 混凝土表面无明显下沉　B. 无明显气泡生成

C. 混凝土表面出现薄层的水泥浆　D. 一个点的振捣时间达到 1 min

E. 在混凝土表面可以观察到粗骨料

3. 混凝土入仓后的铺料常采用两种方法，分别是(　　)。

A. 平层铺料法　B. 斜层铺料法　C. 台阶铺料法　D. 整体铺料法

4. 下列说法中错误的是(　　)。

A. 平仓可以代替振捣　B. 振捣过程中要避免过振

C. 振捣是需要插入到预埋件位置　D. 止水片周边不要振捣

E. 混凝土振捣时间越长越好

5. 为改善碾压层面结合的状况，可采取的措施有(　　)。

A. 采用高效减水剂延长初凝时间

B. 气温较高时可采用斜层摊铺法铺料

C. 提高混凝土拌和料的抗分离性

D. 防止外来水流入层面

三、判断题

1. 混凝土在运输过程中为保证其流动性，可以在运输过程中适当加水。(　　)

2. 因为模板工程是临时性工程,安装完成后,不需要对可能出现的缝隙进行封堵。(　　)

3. 混凝土初凝后终凝前,要采用压力水冲毛。(　　)

4. 自卸汽车进场卸料时可不做任何处理。(　　)

5. 碾压混凝土施工和常态混凝土施工一样,要设置横缝和纵缝。(　　)

项目 5　灌浆工程

水利工程地基按地层性质可分为两大类:一类是岩基,另一类是软基(包括土基和砂砾石地基)。土基是建筑工程中最常见的地基之一,软基处理的目的:一是提高地基的承载力,二是改善地基的防渗性能。提高地基承载力常见的处理方法有开挖、置换、强夯、预压、打桩等;改善地基防渗承载力常见的方法有混凝土防渗墙、垂直铺塑、深层搅拌桩等。

岩石地基的一般缺陷,经过开挖和灌浆处理后,地基承载力和防渗性能都可以得到不同程度的改善。由于天然地基性状的复杂多样,对不同地质条件,不同建筑物形式,所要求采取的处理措施和方法各不相同,本章主要介绍地基处理中的灌浆工程。

任务 5.1　灌浆的基本知识

5.1.1　灌浆的定义与分类

5.1.1.1　灌浆的定义

灌浆是将具有流动性和胶凝性的浆液按一定的配比要求,利用灌浆机以适当的压力或浆液自重灌入地基孔隙、裂缝或建筑物自身的接缝、裂隙中作充填、胶结的地基防渗或加固处理措施。

5.1.1.2　灌浆的分类

按灌浆目的的不同,灌浆分为固结灌浆、帷幕灌浆、接触灌浆、接缝灌浆和回填灌浆等,具体的灌浆类型如图 5-1 所示。

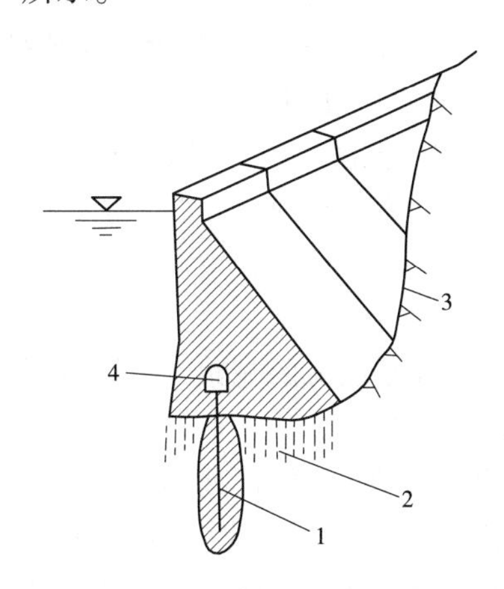

1—帷幕灌浆;2—固结灌浆;3—接触灌浆;4—灌浆廊道

图 5-1　灌浆类型示意图

(1)固结灌浆:是用浆液灌入岩体裂隙或破碎带,以提高岩体的整体性和抗变形能力的灌浆。

(2)帷幕灌浆:是用浆液灌入岩体或土层的裂隙、孔隙,形成防水幕,以减小渗流量或降低扬压力的灌浆。

(3)接触灌浆:是通过将浆液灌入混凝土与基岩或混凝土与钢板之间的缝隙,以增加接触面结合能力的灌浆。

(4)接缝灌浆:是通过埋设管路或其他方式将浆液灌入混凝土坝体的接缝,以改善传力条件增强坝体整体性的灌浆。

(5)回填灌浆:是用浆液填充混凝土与围岩或混凝土与钢板之间的空隙和孔洞,以增强围岩或结构的密实性的灌浆。

5.1.2 灌浆材料

灌浆材料分为两类:一是固体颗粒材料,如水泥、黏土、粉煤灰等制成的浆液(悬浮液);二是化学灌浆材料,如环氧树脂、甲凝等制成的浆液(真溶液)。灌浆材料应根据灌浆目的和环境水的侵蚀作用等由设计确定。实际工程中,如水泥灌浆、水泥黏土灌浆、黏土灌浆、沥青灌浆和化学灌浆等。现主要介绍水泥灌浆、黏土灌浆和化学灌浆。

5.1.2.1 水泥灌浆

水泥是一种主要的灌浆材料。效果比较可靠,成本比较低廉,材料来源广泛,操作技术简便,在水利水电工程中被普遍采用。

水泥灌浆一般采用纯水泥浆液,其要求颗粒细、稳定性好、胶结性强、耐久性好。水泥的细度对于灌浆效果影响很大,水泥颗粒愈细,浆液才能顺利进入细微的裂隙,提高灌浆的效果,扩大灌浆的范围。一般规定:灌浆用的水泥细度,要求通过标准筛孔(4 900 孔/cm^2)的筛余量不大于5%。帷幕灌浆和固结灌浆水泥强度等级不宜低于42.5,接缝灌浆水泥强度等级不宜低于52.5。

灌浆材料一般多选用普通硅酸盐水泥或硅酸盐大坝水泥,在有侵蚀性地下水的情况下,可用抗酸水泥等特种水泥。矿渣硅酸盐水泥和火山灰质硅酸盐水泥不宜用于灌浆。

应特别注意水泥的保管,不准使用过期、结块或细度不符合要求的水泥。一般的水泥浆只能灌注0.2~0.3 mm的裂隙或孔隙,所以我国研制出了SK型和CX型超细水泥,并在二滩水电站坝基成功试用。根据灌浆需要,可掺铝粉及速凝剂、减水剂等外加剂,改善浆液的扩散性和流动性。

5.1.2.2 黏土灌浆

黏土灌浆的浆液是黏土和水拌制而成的泥浆,可就地取材,成本较低。它适用于土坝坝体裂缝处理及砂砾石地基防渗灌浆。

灌浆用的黏土,要求遇水后吸水膨胀,能迅速崩解分散,并有一定的稳定性、可塑性和黏结力。在砂砾石地基中灌浆,一般多选用塑性指数为10~20、黏粒($d<0.005$ mm)含量为40%~50%、粉粒($d=0.005\sim0.05$ mm)含量为45%~50%、砂粒($d=0.05\sim2$ mm)含量不超过5%的土料;在土坝坝体灌浆中,一般采用与土坝相同的土料,或选取黏粒含量20%~40%、粉粒含量30%~70%、砂粒含量5%~10%、塑性指数10~20的重

壤土或粉质黏土。对于黏粒含量过大或过小的黏土都不宜作为坝体灌浆材料。

5.1.2.3 化学灌浆

化学灌浆是以各种化学材料配制的溶液作为灌浆材料的一种新型灌浆。浆液流动性好、可灌性高,小于0.1 mm的缝隙也能灌入。可以准确地控制凝固时间,防渗能力强,有些化学灌浆浆液胶结强度高,稳定性和耐久性好,能抗酸、碱、水生物、微生物的侵蚀。这种灌浆多用于坝基处理及建筑物的防渗、堵漏、补强和加固。缺点是成本高,有些材料有一定毒性,施工工艺较复杂。

化学灌浆的工艺按浆液的混合方式,可分为单液法和双液法两种。

单液法是在灌浆之前,浆液的各组成材料按规定一次配成,经过气压和泵压压入孔段内,这种方法的浆液配合比较准确,设备及操作工艺均较简单,但在灌浆中要调整浆液的比例很不方便,余浆不能再使用。此法适用于胶凝时间较长的浆液。

双液法是将预先已配置好的两种浆液分别盛在各自的容器内,不相混合,然后用气压或泵压按规定比例送浆,使两种浆液在孔口附近的混合器中混合后送到孔段内,两液混合后即起化学反应,浆液固化成聚合体。这种方法在施工过程中,可根据实际情况调整两液用量的比例,储浆筒中的剩余浆液分别放置,不起化学反应,还可继续使用。此法适用于胶凝时间较短的浆液。

化学灌浆材料品种很多,一般可分为防渗堵漏和固结补强两大类。前者有丙烯酰胺类、木质素类、聚氨酯类、水玻璃类等;后者有环氧树脂类、甲基丙烯酸酯类等。

5.1.2.4 沥青灌浆

沥青灌浆适用半岩性黏土及胶结较差的砂岩,或岩性不坚、有集中渗漏裂隙、渗流速度很大、其他灌浆方法难以解决的情况。主要的灌浆品种有热沥青灌浆和冷沥青灌浆。

热沥青灌浆凝固与冷却速度快,适用岩层破碎及裂缝为0.2~0.3 mm的岩层,沥青与缝壁黏结不牢,设备复杂,施工不易。冷沥青灌浆是将沥青溶于二硫化碳、三氯乙烯等有机溶剂中,但价格较高,很少采用。现多以水为稀释剂,用专门的“分散器”将沥青捣成细粒(1~6 μm)分散在含有乳化剂的水溶液中,成为乳胶型的稳定的乳化沥青。适用于砂质土壤或裂缝较细的工程。

5.1.2.5 外加剂

根据灌浆工程的需要,在水泥浆液中,可加入下列常用外加剂。

(1)速凝剂,水玻璃、氯化钙等。

(2)减水剂,萘系高效减水剂、木质素磺酸盐类减水剂等。

(3)稳定剂,膨胀土及其他高塑性黏土等。

为节省水泥,在吸浆量大的地方可加砂、黏土、石粉、粉煤灰等掺和料。帷幕灌浆时,为提高帷幕密实性,改善浆液性能,可掺入适量黏土和塑化剂,一般黏土量不超过水泥重量的5%。固结灌浆采用纯水泥浆或水泥砂浆,不能掺加黏土。接触灌浆不加掺和料,只用较高强度的水泥浆。

5.1.3 钻孔及灌浆设备

5.1.3.1 钻孔机械

钻孔机械主要有回转式、回转冲击式、冲击式三大类。目前用得最多的是回转式钻机,其次是回转冲击式钻机,冲击式钻机用得很少。

5.1.3.2 灌浆机械

灌浆机械主要有灌浆泵、浆液搅拌机及灌浆记录仪等。

1. 灌浆泵

灌浆泵是灌浆用的主要设备。灌浆泵性能应与浆液类型、浓度相适应,容许工作压力应大于最大灌浆压力的1.5倍,并应有足够的排浆量和稳定的工作性能。灌注纯水泥浆液应采用多缸柱塞式灌浆泵。

2. 浆液搅拌机

用于制作水泥浆的浆液搅拌机,目前用得最多的是传统双层立式慢速搅拌机和双桶平行搅拌机。国外已广泛使用涡流或旋流式高速搅拌机,其转数为1 500～3 000 r/min。用高速搅拌机制浆,不仅速度快、效率高,而且制出的浆液分散性和稳定性高,质量好,能更好地注入岩石裂隙。搅拌机的转速和拌和能力应分别与所搅拌浆液类型和灌浆泵的排浆量相适应,并应能保证均匀、连续地拌制浆液。

3. 灌浆记录仪

用来记录每个孔段灌浆过程中每一时刻的灌浆压力、注浆率、浆液相对密度(或水灰比)等重要数据。

任务5.2 岩基灌浆

岩基灌浆,就是把一定配比的某种具有流动性和胶凝性的浆液,通过钻孔压入岩层裂隙中去,经过胶结硬化以后,以提高岩基的强度,改善岩基的整体性和抗渗性。一般包括固结灌浆、帷幕灌浆和接触灌浆。岩基灌浆的施工工序主要为钻孔、冲洗、压水试验、灌浆、封孔以及灌浆的质量检查。

5.2.1 钻孔

钻孔质量和灌浆效果紧密相关,钻孔进度是控制灌浆工程进度的重要因素。固结灌浆孔由于钻孔浅,一般均为直孔,可采用风钻或浅孔钻钻进。帷幕灌浆孔比较深,一般多采用回转式钻机钻进。

钻孔质量和灌浆效果紧密相关,应严格遵守钻孔工艺要求,其质量必须符合灌浆技术规范中的规定:

(1)孔径。规范明确帷幕灌浆宜采用回转式钻机和金刚石或硬质合金钻头,孔径不得小于46 mm;固结灌浆孔可采用各种适宜的方法钻进,孔径不宜小于38 mm。

(2)孔位和孔深。钻孔方向和钻孔深度是保证帷幕灌浆质量的关键。帷幕钻孔方向原则上应较多地穿过裂隙和岩层层面。若钻孔方向和设计发生偏斜,钻孔深度达不到设计要求,各钻孔灌注的浆液不有连成一个整体,易形成渗水通道。

帷幕灌浆孔位与设计孔位的偏差不得大于10 cm,并应进行孔斜测量。垂直或顶角小于5°的帷幕灌浆孔,孔底允许偏差见表5-1。孔深大于60 m时,孔底最大允许偏差值应根据工程实际情况并考虑帷幕的排数具体确定,一般不宜大于孔距。顶角大于5°的斜孔,孔底最大允许偏差值可根据实际情况按钻孔孔底最大允许偏差值规定适当放宽,方位角偏差值不宜大于5°。

表5-1　帷幕灌浆孔孔底允许偏差　(单位:m)

孔深	20	30	40	50	60
最大允许偏差	0.25	0.50	0.80	1.15	1.50

施工中当遇有洞穴、塌孔或掉块难以钻进时,可考虑进行灌浆处理,再进行钻进。若发现漏水或涌水,应及时查明原因和分析原因,经处理后再进行钻进。钻进结束后,要进行钻孔冲洗,孔底沉渣厚度不得超过20 cm。同时,对孔口要加以保护,防止流进污水、落入异物等。

5.2.2　冲洗

钻孔冲洗是灌浆前一项非常重要的工作,直接影响着灌浆的质量。钻孔结束以后,要将残存在孔底和黏滞在孔壁的岩粉、铁砂末冲洗出孔外,并将岩层裂隙和孔洞中的充填物冲洗干净,以保证浆液与基岩的良好胶结。

冲洗的基本方法是将冲洗管插入钻孔内,用阻塞器把孔口堵塞,用压力水或压力水和压缩空气轮换冲洗或压力水与压缩空气混合冲洗。冲洗压力一般不宜大于同段设计灌浆压力的80%,并不大于1 MPa,防止裂缝扩张和岩层松动、变形。工程中一般根据岩层地质条件、灌浆种类而选用。通常有单孔冲洗和群孔冲洗。

5.2.2.1　单孔冲洗

单孔冲洗时,裂隙中的充填物被压力水挤至灌浆范围以外或仅能冲掉钻孔本身及其周围裂隙中的充填物。一般适用于岩石比较完整的裂隙比较少的情况。单孔冲洗的三种方法如下:

(1)高压水冲洗:用不大于同孔段灌浆压力的80%的压力进行冲洗,当回水清洁,流量稳定(20 min)时即可停止。总冲洗时间不宜少于30 min。

(2)高压脉冲冲洗:先用该孔段灌浆压力的80%作为冲洗压力,约5 min,将孔口压力在几秒钟内突然降到零,形成反向脉冲流,将裂隙内杂物带出,如此反复,直至回水清洁,持续10~20 min。

(3)扬水冲洗:在地下水丰富的钻孔中,将铁管下入孔底,通入压缩空气(一般为5个大气压),水气混合挟带杂物一起喷出孔外。特别适用于穿过断层破碎带的钻孔。

5.2.2.2　群孔冲洗

群孔冲洗是以一孔或数孔为进水孔,向其中压水或压气,或水中掺气,以另一孔或多孔为排污水孔,直至出水清洁。为提高冲洗质量,可改变进出水口方向。群孔冲洗适用于岩层破碎、断层裂隙相互串通的地质条件。有时为提高冲洗效果,可在冲洗液中加入适量的碳酸钠、氢氧化钠、碳酸氢钠等，以促进泥质充填物的溶解。

5.2.3　压水

压水试验是利用水泵或水柱自重，将清水压入钻孔试验段，根据一定时间内压入的水量和施加压力大小的关系，计算岩体相对透水性和了解裂隙发育程度的试验。灌浆前进行压水试验，可为岩基灌浆设计和施工提供依据，是科学进行工程地基处理的重要环节。一般在钻孔冲洗结束后进行。

帷幕灌浆的试验孔、先导孔和基岩灌浆的检查孔要求进行压水试验，采用一级压力的单点法或三级压力五个阶段的五点法。固结灌浆孔灌浆前的压水试验应在裂隙冲洗后进行，试验孔数不宜少于总孔数的5%，试验采用单点法。

5.2.3.1　压水试验

压水试验在一定压力（一般为同段灌压的70%～80%）之下，通过钻孔将水压入孔壁四周的缝隙中，根据压入的水量和压水的时间（一般每隔 5 min 或 10 min，记录一次压入流量），计算出代表岩层渗透性的技术参数，代表岩层的渗透特性的参数单位吸水量 ω 就是在单位时间内，通过单位长度试验孔段，在单位水头作用下所压入的水量，可按下式计算：

$$\omega = Q/LH \tag{5-1}$$

式中　Q——单位时间内试验孔段的注水总量，L/min；

H——压水试验的计算水头，m；

L——压水试验试验孔段的长度，m；

ω——单位吸水量，L/(min · m · m)。

压水试验应自上而下进行，分段长度一般为 5 m，但不宜超过 10 m，这样获得的质料更具有代表性。

灌浆前进行压水试验，可了解岩层的渗透性能，为岩基灌浆提供依据。灌浆后通过压水试验，可以检查灌浆的质量和效果，判断是否需要后序灌浆。

另外，对于帷幕灌浆，其压水试验结束标准有以下三个（符合下列条件之一即可）：

(1)当流量大于 5 L/min 时，连续 4 次读数的最大值与最小值之差小于最终流量的10%。

(2)当流量小于 5 L/min 时，连续 4 次读数的最大值与最小值之差小于最终流量值的20%。

(3)连续 4 次读数流量均小于 0.5 L/min。

注意：压水试验以最终压入流量读数作为计算流量。

5.2.3.2　简易压水

简单、容易的压水试验简称简易压水。其技术要求稍松，实测数据精度较低，稳定流量标准放宽，只做一个压力点，可结合裂隙冲水进行。如采用自上而下分段循环式灌浆法、孔口封闭法进行帷幕灌浆，各灌浆段在灌浆前，宜进行简易压水等。

在岩溶泥质充填物和遇水后性能易恶化的岩层中进灌浆，可不进行裂隙冲洗和简易压水，以免使岩体性能恶化，影响灌浆质量。

5.2.4 灌浆方式和灌浆方法

5.2.4.1 灌浆设备

(1)灌浆机:多为活塞式灌浆泵,分为立式和卧式两种。立式一般为单缸,卧式有单缸和双缸两类。双缸出浆均衡,效率高,质量好。目前多采用隔膜泵,可减少活塞和缸壁磨损。

(2)输浆管:一般采用胶管,灌压很大时也可用钢管。

(3)灌浆塞(灌浆阻塞器):堵塞灌浆段与上部的联系,避免浆液沿孔壁冒出。多为胶球式,串装在一起,可扩张。

5.2.4.2 钻灌次序

帷幕灌浆和固结灌浆都遵循分序加密的原则。

(1)帷幕灌浆:一般第一次序孔间距 8 ~ 12 m,然后内插加密第二、三、四次序孔,如图5-2 所示。逐渐加密的优点是:浆液逐渐挤密压实,可以促进灌浆帷幕的连续性和完整性;能够逐序升高灌浆压力,有利于浆液的扩散和提高浆液结石的密实性;根据对各次序孔的单位注入量和透水率的分析,可起到反映灌浆情况和灌浆质量的作用,为增、减灌浆孔提供论据;减少邻孔串浆现象,有利于施工。

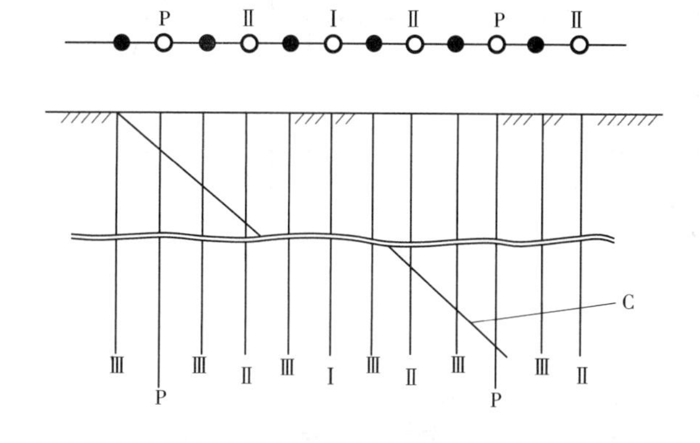

P—先导孔;Ⅰ、Ⅱ、Ⅲ—第一、二、三次序孔;C—检查孔

图5-2 帷幕灌浆孔的施工工序

单排帷幕灌浆孔,一般多为 3 个次序。第一次序孔距多为 8 ~ 12 m,最终孔距多为2 ~3 m。国外大坝单排帷幕灌浆孔也多按 3 ~4 个次序施工,其第一次序孔距通常选为20 ~40 ft[1](6.1 ~12.2 m),最终孔距多为2.5 ~5 ft(0.75 ~1.53 m)。双排孔和三排孔灌浆施工,每排孔可考虑为 2 个次序,因为还要考虑排序,故总的施工次序还要多些。

在裂隙发育,充填有黏泥、杂质的岩石中灌浆时,为了冲洗出裂隙中的泥质充填物,有时采用群孔冲洗。冲洗孔组的划分与施工次序,根据帷幕孔的排数而定。

(2)固结灌浆:固结灌浆孔通常采用方格形或梅花形布置,各孔按分序加密的原则分为二序或三序施工,如图 5-3 所示。

[1] 1 ft =0.304 8 m。

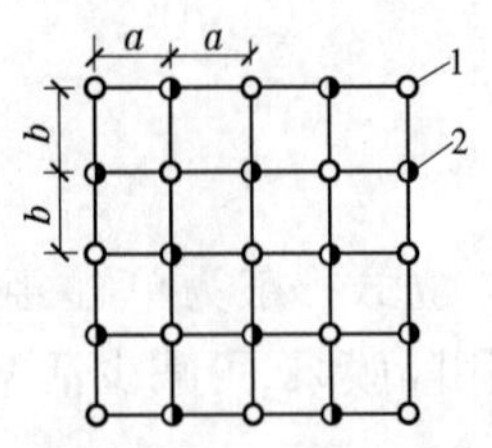

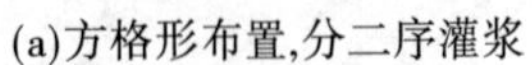

(a)方格形布置,分二序灌浆

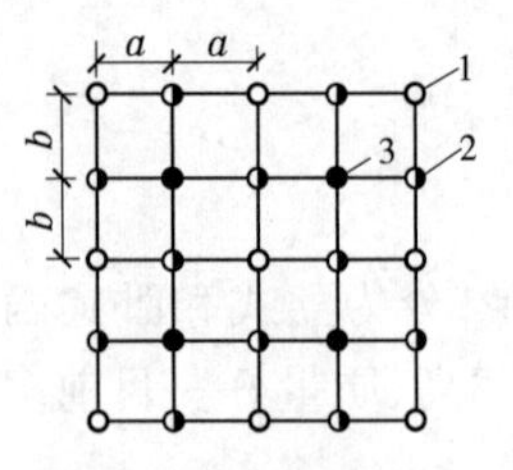

(b)方格形布置,分三序灌浆

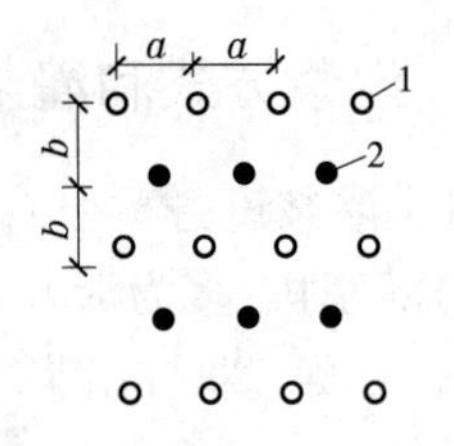

(c)梅花形布置,分二序灌浆

1、2、3—灌浆次序

图5-3　固结灌浆孔常用布置形式

5.2.4.3　灌浆方式

工程中常用浆液灌注方式有纯压式灌浆和循环式灌浆。

1. 纯压式灌浆

灌入灌浆段内的浆液,都扩散到岩石的裂隙中去,从孔内不再返回的,称为纯压式灌浆。这是相对循环式灌浆而言的。纯压式灌浆的布置如图5-4(a)图所示。

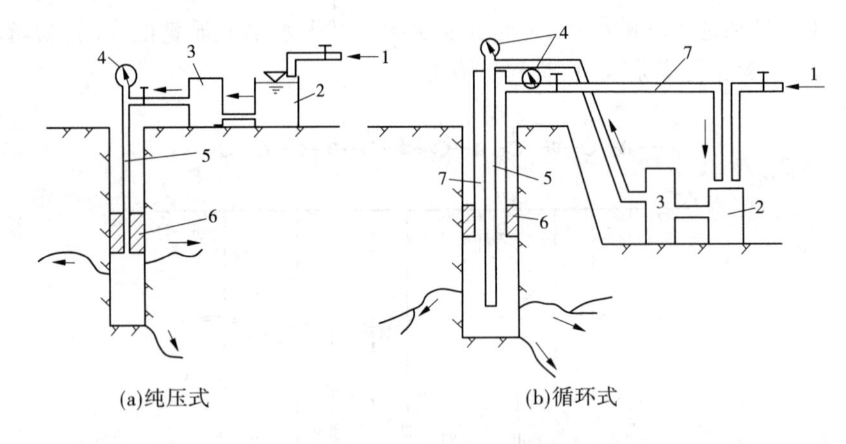

(a)纯压式　　(b)循环式

1—水;2—拌浆筒;3—灌浆筒;4—压力表;5—输浆管;6—灌浆塞;7—回浆管

图5-4　灌浆方式

由于灌浆段内的浆液不是经常处于具有一定流速的运动状态,特别是经较长时间的灌注,吸浆量逐渐减少,流速逐渐降低,浆液易于沉淀,水泥颗粒下沉,便会堵住裂隙进口,影响灌浆质量,这是纯压式灌浆的一个缺点。

在裂隙不甚发育、渗透性不大的孔段,最好不选用纯压式灌浆。因为浆液在孔段内流动缓慢,水泥颗粒易于沉淀,这样将会过早地堵塞孔壁上裂隙的进口,影响浆液的扩散范围。只有在岩石吸浆量大的情况下才使用纯压式灌浆。

2. 循环式灌浆

灌浆泵以一定的排浆量压送浆液,在泵的排浆量大于岩石的吸浆量的情况下,进入孔段内的浆液一部分进入裂隙而扩散,余下的那一部分浆液便经回浆管路返出孔外,流回到浆液搅拌机中,这种方法称为循环式灌浆。采用这种灌浆方法可使灌浆段内浆液始终保持着循环流动的状态,减少灌浆段内沉淀现象,有利于灌浆质量。为此,一般在灌浆施工技术要求中规定,循环式灌浆塞中的射浆管距离孔底不宜大于0.5 m,这样将有利于浆液在孔段内流动。循环式灌浆的布置情况,如图5-4(b)所示。

5.2.4.4　灌浆方法

根据不同的地质条件和工程要求,基岩灌浆方法可选用全孔一次灌浆法、自上而下分段灌浆法、自下而上分段灌浆法、综合灌浆法和孔口封闭灌浆法。

1. 全孔一次灌浆法

全孔一次灌浆法是指整个灌浆孔不分段一次进行的灌浆,这种方法一般在孔深不超过6 m的浅孔灌浆时采用,也有的工程放宽到8～10 m。全孔一次灌浆法可采用纯压式灌浆,也可采用循环式灌浆。

2. 自上而下分段灌浆法

自上而下分段灌浆法(也称下行式灌浆法)是指自上而下分段钻孔、分段安装灌浆塞进行的灌浆。在孔口封闭灌浆法推广以前,我国多数灌浆工程采用此法。

采用自上而下分段灌浆法时,各灌浆段灌浆塞分别安装在其上部已灌灌浆段的底部,如图5-5所示。每一灌浆段的长度通常为5 m,特殊情况下可适当缩短或加长,但最长也不宜大于10 m,其他各种灌浆方法的分段要求也是如此。灌浆塞在钻孔中预定的位置上安装时,有时候由于钻孔工艺或地质条件的原因,可能达不到封闭严密的要求,在这种情况下,灌浆塞可适当上移,但不能下移。自上而下分段灌浆法可适用于纯压式灌浆和循环式灌浆,但通常与循环式灌浆配套采用。

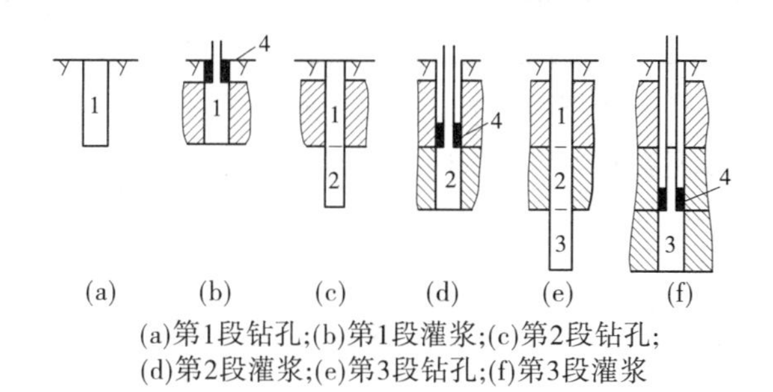

(a)第1段钻孔;(b)第1段灌浆;(c)第2段钻孔;
(d)第2段灌浆;(e)第3段钻孔;(f)第3段灌浆

1、2、3—施工顺序;4—灌浆塞

图5-5　自上而下分段灌浆法

3. 自下而上分段灌浆法

自下而上分段灌浆法(也称上行式灌浆法)就是将钻孔一次钻到设计孔深,然后自下而上逐段安装灌浆塞进行灌浆的方法(见图5-6)。这种方法通常与纯压式灌浆结合使用。很显然,采用自下而上分段灌浆法时,灌浆塞在预定的位置塞不住,其调整的方法是适当上移或下移,直至找到可以塞住的位置。如上移时就加大了灌浆段的长度,当灌浆段长度大于10 m时,应当采取补救措施。补救的方法一般是在其旁布置检查孔,通过检查孔发现其影响程度,同时可进行补灌。

4. 综合灌浆法

通常岩层上部裂隙多,而下部较完整。所以深孔灌浆时,上部采用自上而下,下部采用自下而上的灌浆方法,称为综合灌浆法。这种方法通常在钻孔较深、地层中间夹有不良

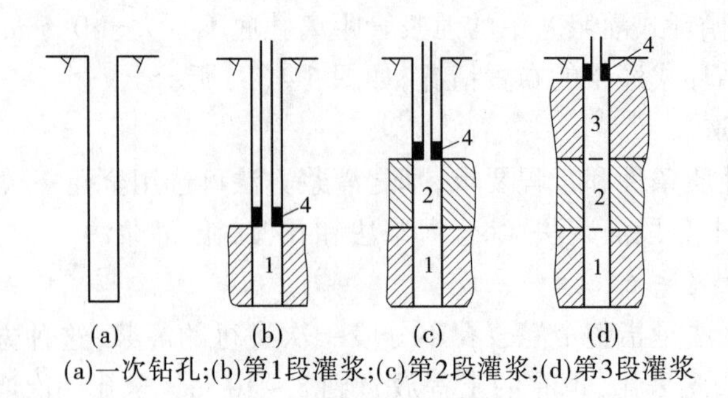

(a)一次钻孔;(b)第1段灌浆;(c)第2段灌浆;(d)第3段灌浆

1、2、3—灌浆段顺序;4—灌浆塞

图5-6 自下而上分段灌浆法

地质段的情况下采用。

5. 孔口封闭灌浆法

孔口封闭灌浆法是我国当前用得最多的灌浆方法,它是采用小口径钻孔,自上而下分段钻进,分段进行灌浆,但每段灌浆都在孔口封闭,并且采用循环式灌浆法。

与以上灌浆方法不同,我国灌浆工程师在乌江渡水电站坝基帷幕灌浆施工中首创了一种兼有各种灌浆方法优点的孔口封闭法,详见5.1.3节。各种灌浆方法的特点及适用范围见表5-2。

表5-2 各种灌浆方法的特点

灌浆方法	优点	缺点	适用范围
全孔一次灌浆法	工序少,工效高	适用范围窄	浅孔固结灌
自上而下分段灌浆法	灌浆塞置于已灌段底部,易于堵塞严密,不易发生绕塞返浆;各段压水试验和水泥注入量成果准确;灌浆质量比较好	钻孔、灌浆工序不连续,工效较低;孔内灌浆塞和管路复杂	适用较破碎的岩层和各种岩层
自下而上分段灌浆法	钻孔、灌浆作业连续,工效较高	岩层陡倾角裂隙发育时,易发生绕塞返浆;不便于分段进行裂隙冲洗	适用较完整的或缓倾角裂隙的地层
综合灌浆法	介于自上而下灌浆法和自下而上灌浆法之间	介于自上而下灌浆法和自下而上灌浆法之间	适用较破碎和完整性基岩地层浆
孔口封闭灌浆法	能可靠地进行高压灌浆,不存在绕塞返浆问题,事故率低;能够对已灌段进行多次复灌,对地层的适应性强,灌浆质量好,施工操作简便,工效较高	每段均为全孔灌浆,全孔受压,近地表岩体抬动危险大。孔内占浆量大,浆液损耗多,灌后扫孔工作量大,有时易发生铸灌浆管事故	适宜较高压力和较深钻孔的各种灌浆。水平层状地层慎用

5.2.5　灌浆压力和浆液变换

5.2.5.1　灌浆压力

灌浆压力通常是指作用在灌浆段中部的压力，灌浆压力是控制灌浆质量的一个主要指标。由下式来确定：

$$P = P_1 + P_2 \pm P_3 \tag{5-2}$$

式中　P——灌浆压力，Pa；

P_1——灌浆管路中压力表的指示压力，Pa；

P_2——计入地下水位影响以后的浆液自重压力，按最大的浆液比重进行计算，Pa；

P_3——浆液在管路中流动时的压力损失，Pa，计算 P_3 时，当压力表安装在孔口进浆管上时，P_3 在公式中取“ - ”号；当压力表安设在孔口回浆管上时，P_3 在公式中取“ + ”号。采用循环式灌浆时，压力表应安设在孔口回浆管路上；采用纯压式灌浆时，压力表应安设在孔口进浆管路上。

确定灌浆压力的原则是在不破坏基础和坝体的前提下，尽可能采用较高的压力。高压灌浆可以使浆液更好的压入缩小缝隙内，增大浆液扩散半径，析出多余的水分，提高灌注材料的密实度。当然灌浆也不能过高，以致裂隙扩大，引起岩层或坝体的抬高变形。

5.2.5.2　灌浆压力的控制

工程中灌浆压力的控制有一次升压法和分级升压法。

1. 一次升压法

灌浆开始时，将压力尽快地升到规定压力，注入率不限。在规定压力下，每一级浓度浆液的累计吸浆量达到一定限度后，变换浆液配合比，逐级加浓，随着浆液浓度的逐级增加，裂隙逐渐被填充，注入率将逐渐减少，直至达到结束标准时，即结束灌浆，如图5-7所示。此法适用于透水性小、裂隙不甚发育的较坚硬、完整岩石的灌浆。

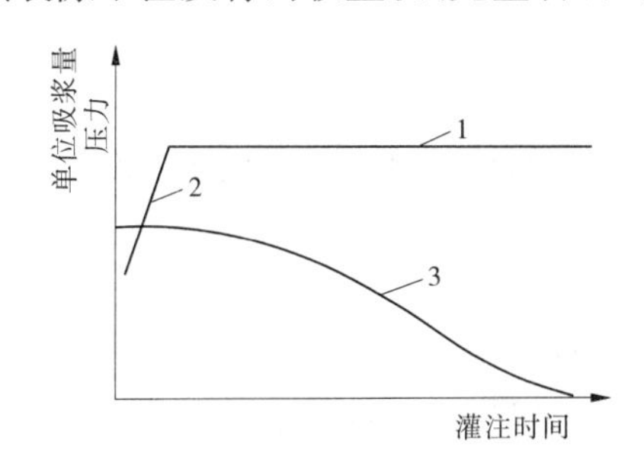

1—达到规定压力后的压力过程线；2—初始压力过程线；3—注入率过程线

图5-7　一次升压灌浆过程示意图

2. 分级升压法

在灌浆过程中，将压力分为几个阶段，逐级升高到规定的压力值。灌浆开始如果吸浆量大，使用最低一级的压力灌注；当注入率减少到一定限度（称为下限）时，例如20 L/min，将压力升高一级；当注入率又减少到20 L/min时，再升高一级压力，如此进行下去，直到在规定压力下，灌至注入率减少到结束标准时，即结束灌浆。

在灌浆过程中，在某一级压力下，如果注入率超过一定限度（称为上限），例如30 L/min，则应降低一级压力进行灌注，待注入率达到下限值时，再提高到原一级压力，继续灌注。

压力分级不宜过多，可以分为两个或三个阶段。采用三个阶段时，可选为0.4P_1、0.7P_1、1P_1（P_1为规定压力）或0.5P_1、0.8P_1、1P_1或其他不同分级。至于注入率的上限和下限，可根据岩石的透水性，在帷幕中不同的部位以及灌浆次序而定，一般上限可定为30～50 L/min，下限为15～20 L/min，如图5-8所示。

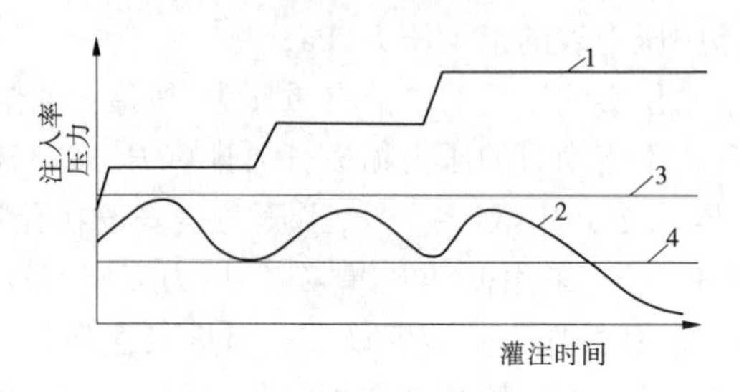

1—压力过程线（最后阶段为规定压力）；2—注入率过程线；3—注入率上限；4—注入率下限

图5-8　分级升压灌浆过程示意图

例如，采用第一种压力分级，灌浆开始时，用最稀一级的浆液灌注，将压力控制在0.4P_1，当注入率逐渐减少到下限值20 L/min时，就升高压力到0.7P_1，继续灌注，由于压力升高，注入率亦将增大，保持在这样的压力下灌注一定时间后，注入率又逐渐减少，达到下限值20 L/min时，再升高压力到规定压力P_1，此时注入率又增大，继续灌注直至注入率逐渐减少到结束标准时，结束灌浆。但在每一级灌浆压力下，若注入率不见减小，则应较快地将浆液逐级或越级变浓。

如果开始灌浆时，在第一级0.4P_1的压力下，注入率已超过上限值30 L/min，则应再适当地降低压力，使注入率不超过上限，待注入率达到下限值时，再提高到0.4P_1，进行灌注。

当基岩透水性很大，难以很快达到规定的压力时，或者虽能达到规定的压力值，但由于注入率大，如超过50 L/min，甚至更多，在这种情况下，宜采用分级升压法，使之最后达到规定的压力，其主要目的就在于减少浆液的过度流失，节省灌注材料。

大坝帷幕灌浆，有条件时宜采用一次升压法控制灌浆压力，但在遇到基岩透水性大、吸浆量大的情况时，就需采用分级升压法灌浆。

5.2.5.3　浆液变换

1.浆液的配合比

浆液的配合比就是组成浆液的水和干料的比例，如系水泥浆，其配合比就是水与水泥之比，简称为水灰比。配合比一般均采用质量比值来计算。例如，水泥浆的水灰比为2，就是水∶水泥=2∶1，也就是2 kg的水与1 kg的水泥，或10 kg的水与5 kg的水泥混合而成的水泥浆液。在配合比的表示关系中，都是以水泥为1作为基数的。也有用体积比值来表示配合比的，如前所述，水∶水泥=2∶1，就是说用2 L的水与1 L的水泥，或是用10 L的水与5 L的水泥混合成的水泥浆液。用体积比有一定缺点，因为单位容积的干料即单位容重不同，由于密实程度不同，其值也就不同。例如，1 L 水泥的质量为1.2～1.5 kg，所以一般很少采用体积比。若没有注明，通常的配合比均系指质量比。

水泥黏土浆或水泥砂浆的配合比表示方法与前述基本相同，但习惯的写法常将水泥写在最前面，并以其为1，作为基数，如水泥∶砂∶水＝1∶0.5∶1，就是1 kg 水泥、0.5 kg 砂和1 kg 水或6 kg 水泥、3 kg 砂和6 kg 水混合成的水泥砂浆。这里若说水与干料的比，即指水∶（水泥＋砂），应为1∶1.5。若说水泥砂浆中的水灰比，则应为1∶1。

浆液中水与干料的比值或水泥浆的水灰比值越大，表示浆液越稀；反之，则浆液越浓。这种浆液的浓稀程度，称为浆液的浓度。

基岩灌浆最常用的是水泥浆。常用的水泥浆的水灰比的分级为5∶1、3∶1、2∶1、1∶1、0.8∶1、0.6∶1、0.5∶1，简写为5、3、2、1、0.8、0.6、0.5 七个。

水灰比在0.6及其以下的浆液，除特殊情况外，一般较少使用。这是由于浆液浓，流动性不好，易于堵塞输浆管路，压力损失也较大，有时也易于过早地封闭裂隙进口，影响浆液扩散的缘故。

以水泥为主体并掺有其他材料如膨润土黏土、砂等的浆液，其配合比根据受灌岩石情况和对灌浆的要求，经实验室的浆液配合比性能试验而选定。

2. 浆液浓度的变换

在帷幕灌浆过程中，浆液浓度的使用一般是由稀浆开始，逐级变浓，直到达到标准结束。过早地换成浓浆，常易将细小裂隙进口堵塞，致使未能填满灌实，影响灌浆效果；灌注稀浆过多，浆液过度扩散，造成材料浪费，也不利于结石的密实性。因此，根据岩石的实际情况，恰当地控制浆液浓度的变换是保证灌浆质量的一个重要因素。一般灌浆段内的细小裂隙多时，稀浆灌注的时间应长一些；反之，如果灌浆段中的大裂隙多，则应较快换成较浓的浆液，使灌注浓浆的历时长一些。

灌浆过程中浆液浓度的变换应遵循如下原则：

(1)当灌浆压力保持不变，吸浆量均匀地减少时，或吸浆量不变，压力均匀地升高时，不需要改变水灰比。

(2)当某一级水灰比浆液的灌入量已达到某一规定值（例如300 L）以上，或灌浆时间已达到足够长（例如30 min），而灌浆压力及吸浆量均无显著改变时，可改换浓一级浆液灌注。

(3)当其注入率大于30 L/min 时，可根据具体情况越级变浓。

(4)改变水灰比后，如灌浆压力突增或吸浆率锐减，应立即查明原因。

(5)每一种比级的浆液累计吸浆量达到多少时才允许变换一级，这个数值要根据地质条件和工程具体情况而定，一般情况下可采用300 L。原则是尽量使最优水灰比的浆液多灌入一些（最优水灰比通过灌浆试验得出）。

(6)对于“无显著改变”的理解可以量化为，某一级浓度的浆液在灌注了一定数量之后，其注入率仍大于初始注入率的70%，就属于“无显著改变”。

(7)固结灌浆的浆液比级与变换原则可参照帷幕灌浆。

5.2.6 封孔

5.2.6.1 灌浆结束的条件

采用自上而下分段灌浆法时，在规定的灌浆压力下，灌浆段注入率不大于0.4 L/min，延续30 min或注入率不大于1 L/min继续灌注60 min，灌浆工作可以结束。采用自下而上分段灌浆法时，在规定的灌浆压力下，注入率不大于1 L/min时，继续灌注30 min，可以结束。

5.2.6.2 回填封孔

封孔是施工中一项重要工作。灌浆若封堵不严，孔内就会有水渗出，对灌入到岩石缝隙中的浆液结石体起到冲刷溶蚀破坏作用。

回填封孔应切实注意保证质量，施工时要注意两个问题：一是要使回填料与钻孔岩壁紧密胶结，不使漏水，以免形成水流通路；二是钻孔内的回填料本身应填密压实，封孔后，孔内不应留有大的洞穴，也不应有小孔。回填封孔有以下几种常用的方法。

1. 机械压浆法

在全孔灌浆完毕后，将胶管（或铁管）下入到钻孔底部（不再用灌浆塞），用灌浆泵经胶管向钻孔内压入水灰比为0.6:1（或0.5:1）的浓浆，浓浆由孔底逐渐上升，将孔内积水顶出，直到孔口冒出浓浆时止。或是用砂浆泵经胶管向钻孔内压入水泥:砂:水=1:0.5:1（或其他比例）的水泥砂浆，随着砂浆在孔内的浆面徐徐上升，同时也将胶管徐徐上提，要注意的是使胶管的下端必须经常保持在浆面以下，最后孔内积水被砂浆挤出，砂浆也是自下而上将钻孔全部填实。

封孔完毕，待凝几天后，孔口空余部分如小于5 m，即用水泥砂浆或水泥球，经由铁管送入孔内空余部分的底部，自下而上逐渐予以填实封堵；如果仍大于5 m，则仍应用机械压浆法再压浆封孔一次，直至孔口空余部分小于5 m时止。

2. 全孔灌浆封孔法

全孔灌浆完毕后，将灌浆塞塞在孔口，灌入水灰比为0.5:1或0.6:1的浓浆，灌浆压力应根据工程具体情况而定，一般不宜小于1 MPa。当注入率不大于1 L/min时，延续30 min停止。这种封孔方法适用于采用自下而上分段灌浆法施工的和深度小于15 m较浅的帷幕灌浆孔。

3. 置换和压力灌浆封孔法

这种封孔法系上述两种方法的综合，也就是先将孔内余浆置换成为水灰比0.5（0.6）:1的浓浆，而后再将灌浆塞塞在孔口进行压力灌浆封孔。封孔质量好。适用于采用孔口封闭、自上而下分段灌浆法且深度较大的帷幕灌浆孔。

采用孔口封闭法灌浆，当最下面一段灌完结束后，利用原灌浆管灌入水灰比为0.5（0.6）:1的浓浆，将孔中余浆全部顶出，直至孔口返出浓浆。而后提升灌浆管，在提升过程中，严禁用水冲洗灌浆管，严防地面废浆和污水、杂物等流入孔内，同时还应不断地向孔内补入浓浆（或待灌浆管全部提出后再向孔内补入浓浆也可）。最后，在孔口卡塞进行纯压式封孔灌浆，仍采用水灰比为0.5（0.6）:1的浓浆，压力可为该孔最大灌浆压力的50%~80%或采用1 MPa。当注入率不大于1 L/min时，延续30 min停止。封孔灌浆结束后，闭浆12~24 h。

4.分段灌浆封孔法

全孔灌浆结束后,自下而上分段进行灌浆,每段段长15~20 m,浆液水灰比为0.5(0.6):1的浓浆,灌注压力可采用该段顶部孔段的灌浆压力,当注入率不大于1 L/min时,延续30 min停灌。将灌浆塞上提,继续其上面一段的灌浆封孔,直至孔口段。有条件时,孔口段封孔压力不宜小于1 MPa。

帷幕灌浆孔封孔工序非常重要,如果封堵不严实,孔内有水渗流出,将会形成“短路”,对帷幕起到冲蚀破坏作用,有损帷幕的耐久性。较多的重要的大坝基岩灌浆帷幕,在某一地段灌浆工作结束后,对其中少数帷幕灌浆孔重新扫开,检验封孔质量,不合格者,二次补灌封机。

5.2.7　灌浆的质量检查

施工过程(工序)质量是保证灌浆工程质量的基础。特别是基础灌浆是隐蔽性工程,必须严格灌浆施工工艺。岩基灌浆质量应以分析压水试验成果、灌浆前后物探成果、灌浆施工有关资料为主,结合钻孔取芯,大口径钻孔观测,孔内摄影,孔内电视资料等综合评定。

工程中灌浆质量检查常用下述方法。

5.2.7.1　钻设检查孔

由压水试验和注入率检查灌浆效果,并通过检查孔钻取岩芯,了解浆液结石情况,观察孔壁的灌浆质量。如帷幕灌浆的质量以检查孔压水试验为主,检查孔的数量一般为灌浆孔总数的10%左右,可在该部位灌浆结束14 d后进行。检查孔压水试验结束后,应按设计要求进灌浆和封孔。

一般帷幕灌浆检查孔应按下列原则布置:

(1)布置在帷幕中心线上,应结合具体情况如20 m左右范围布设检查孔。

(2)岩石破碎,有断层、洞穴及耗灰量大的部位。

(3)钻孔偏斜过大,灌浆不正常和灌浆过程中出现过事故等经资料分析认为对帷幕质量有影响的部位。

5.2.7.2　开挖平洞

工程中开挖平洞,可直接检查和进行抗剪强度、弹性模量等原位试验。

5.2.7.3　物探技术

(1)弹性波速测试。在灌浆前、后采用超声波仪器进行超声波测井或跨孔测试或采用大功率声波仪、地震仪进行跨孔测试。超声波测井点距为0.2 m。跨孔测试可采用同步测试或CT,点距为0.2~0.5 m。

(2)钻孔弹性模量测试。采用钻孔弹模仪测试。仪器的最大荷载在岩体中应大于20 MPa,在土及弱介质中应大于10 MPa。钻孔孔径为60~90 mm,需根据测试探头直径确定,但孔径误差在+3 mm以内。

固结灌浆质量的检查多用此法。检测时间一般分别在灌浆结束14 d和28 d以后进行。固结灌浆质量的检查也可采用钻孔压水试验法,检查孔的数量应为灌浆孔总数的

5%左右,检查时间在灌浆结束3 d或7 d以后。

任务5.3　砂砾石地基灌浆

砂砾石地基承载力较高,但空隙率大、透水性强,要进行防渗处理方可作为水工建筑物的地基。由于砂砾石是由颗粒材料组成的,对灌浆效果影响大,孔壁容易坍塌,与岩基灌浆有所不同,在灌浆中需要了解和掌握地基的可灌性、灌浆材料及灌浆方法。

5.3.1　砂砾石地基的可灌性

砂砾石地基的可灌性是指砂砾石地层能否接受灌浆材料灌入的一种特性。它是决定灌浆效果的先决条件,影响可灌性的主要因素有地基的颗粒级配、灌浆材料的细度、灌浆压力和施工工艺等。常用以下几种指标进行评价。

5.3.1.1　可灌比 M

$$M = \frac{D_{15}}{D_{85}} \tag{5-3}$$

式中　M——可灌比;

D_{15}——砂砾石地层颗粒级配曲线上含量为15%的粒径,mm;

D_{85}——灌浆材料颗粒级配曲线上含量为85%的粒径,mm。

M越大,地基的可灌性越好。当$M=5\sim10$时,可灌含水玻璃的细粒度水泥黏土浆;当$M=10\sim15$时,可灌水泥黏土浆;当$M\geqslant15$时,可灌水泥浆。

5.3.1.2　渗透系数

$$K = \alpha D_{10}^2 \tag{5-4}$$

式中　K——砂砾石层的渗透系数,m/s;

D_{10}——砂砾石颗粒级配曲线上相应于含量为10%的粒径,mm;

α——系数。

K值越大,可灌性越好。当$K<3.5/10\ 000$ m/s时,采用化学灌浆;当$K=(3.5\sim6.8)/10\ 000$ m/s时,采用水泥黏土灌浆;当$K\geqslant(6.9\sim9.3)/10\ 000$ m/s时,采用水泥灌浆。

5.3.1.3　不均匀系数

$$C_u = \frac{D_{60}}{D_{10}} \tag{5-5}$$

式中　D_{60}——砂砾石地层颗粒级配曲线上相应于含量为60%的粒径,mm;

D_{10}——砂砾石地层颗粒级配曲线上相应于含量为10%的粒径,mm。

C_u的大小反映了砂砾石颗粒不均匀的程度。当C_u较小时,砂砾石的密度较小,透水性较大,可灌性较好;当C_u较大时,透水性小,可灌性较差。

实际工程中,除对上述有关指标综合分析确定外,还要考虑粒径小于0.1 mm的颗粒含量的不利影响。

5.3.2　灌浆材料

砂砾石地基灌浆,多用于修筑防渗帷幕,防渗是主要目的。一般采用水泥黏土混合灌浆。要求帷幕幕体的渗透系数降到 1/1 000 ~ 1/100 000 cm/s 以下,28 d 结石强度达到 0.4 ~ 0.5 MPa。

浆液配比视帷幕设计要求而定,常用配比为水泥∶黏土 = 1∶2 ~ 1∶4(质量比)。浆液稠度为水∶干料 = 6∶1 ~ 1∶1。

水泥黏土浆的稳定性和可灌性优于水泥,固结速度和强度优于黏土浆。但由于固结较慢、强度低、抗渗抗部能力差,多用于低水头临时建筑的地基防渗。为了提高固结强度,加快黏结速度,可采用化学灌浆。

5.3.3　灌浆方法

砂砾石地基灌浆除打管外,都是铅直向钻孔,造孔方式有冲击钻进和回转钻进两类。地基防渗帷幕灌浆的方法可分为以下几种。

5.3.3.1　打管灌浆

灌浆管由钢管、花管、锥形管头组成,用吊锤中振动沉管的方法打入砂砾石地基受灌层。每段在灌浆前,用压力水冲洗,将土、砂等杂质冲出地表或压入地层灌浆区外部。采用纯压式或自流式压浆,自下而上、分段拔管、分段灌浆,直到结束。此法设备简单,操作方便,适于覆盖层较浅、砂石松散及无大孤石的临时工程。施工程序如图 5-9 所示。

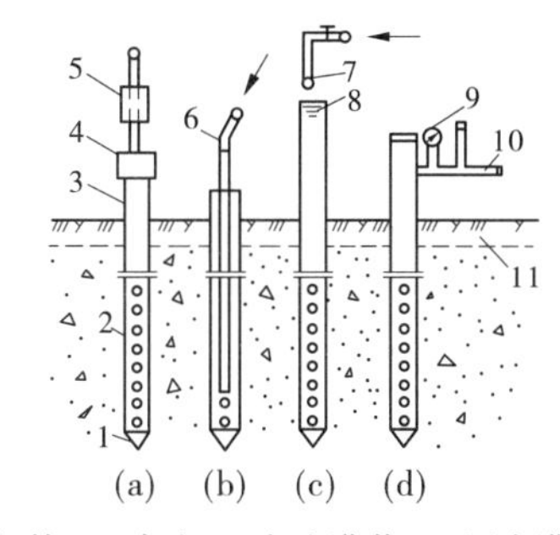

(a)打管;(b)冲洗;(c)自流灌浆;(d)压力灌浆

1—管锥;2—花管;3—钢管;4—管帽;5—打管锤;6—冲洗用水管;
7—注浆管;8—浆液面;9—压力表;10—进浆管;11—盖重层

图 5-9　打管灌浆法施工程序

5.3.3.2　套管灌浆

套管灌浆法是边钻孔边下套管进行护壁,直到套管下到设计深度;然后将钻孔冲洗干净,下灌浆管,再拔起套管至第一灌浆段顶部,安灌浆塞,压浆灌注。自下而上、逐段拔管、逐段灌浆,直到结束。其施工程序如图 5-10 所示。

5.3.3.3　循环灌浆

此法是一种自上而下,钻一段灌一段,无需待凝,钻孔与灌浆循环进行的灌浆方法。钻孔时需用黏土固壁,每个孔段长度视孔壁稳定和渗漏大小而定,一般取 1 ~ 2 m。此方

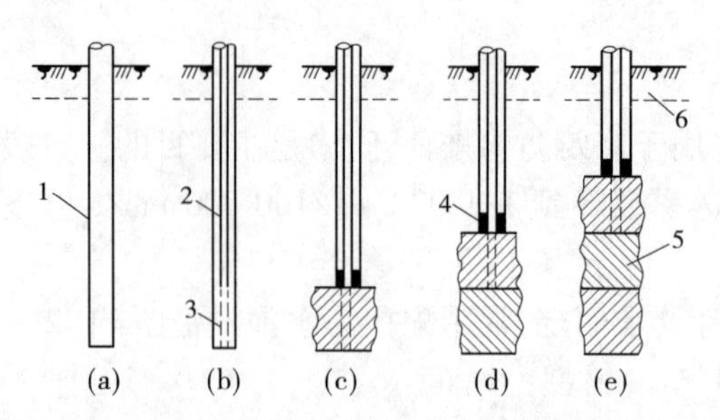

(a)钻孔下套管;(b)下灌浆管;(c)拔套管灌第一段浆;
(d)拔套管灌第二段浆;(e)拔套管灌第三段浆

1—护壁套管;2—灌浆管;3—花管;4—止浆塞;5—灌浆段;6—盖重层

图 5-10　套管灌浆法施工程序

法不设灌浆塞,而是在孔口管顶端封闭。孔口段设在起始段上,具有防止孔口坍塌、地表冒浆、钻孔导向的作用,以提高灌浆质量。循环灌浆法如图 5-11 所示。

5.3.3.4　预埋花管灌浆

在钻孔内预先下入带有射浆孔的灌浆花管,花管外与孔壁之间的空间注入填料,在浆管内用双层阻浆器分段灌浆。其工艺过程为钻孔及护壁、清孔更换泥浆、下花管和下填料、开环、灌浆,如图 5-12 所示。

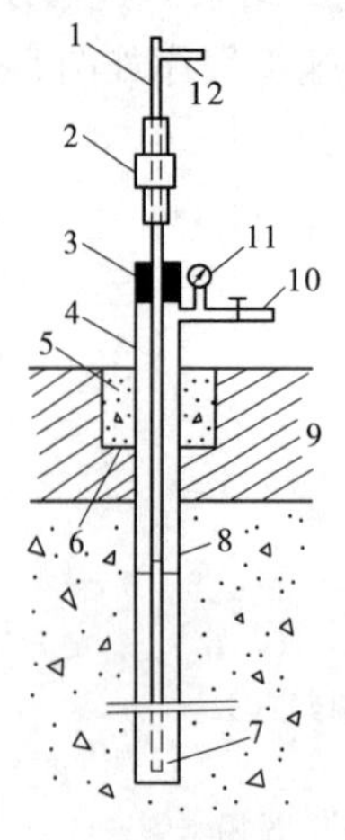

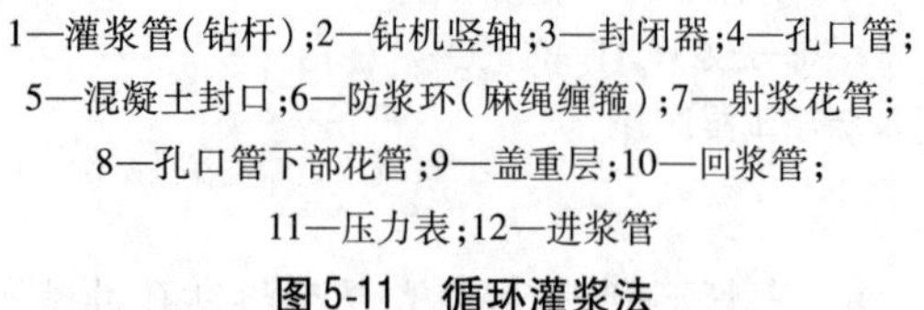

1—灌浆管(钻杆);2—钻机竖轴;3—封闭器;4—孔口管;
5—混凝土封口;6—防浆环(麻绳缠箍);7—射浆花管;
8—孔口管下部花管;9—盖重层;10—回浆管;
11—压力表;12—进浆管

图 5-11　循环灌浆法

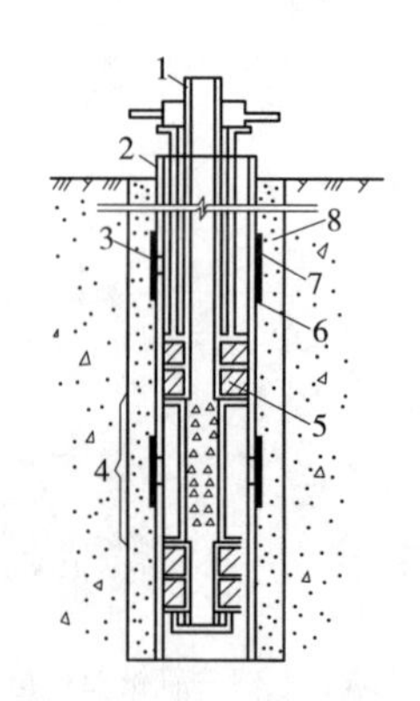

1—灌浆管;2—花管;3—射浆孔;4—灌浆段;
5—双栓灌浆塞;6—铅丝(防滑环);7—橡皮圈;8—填料

图 5-12　预埋花管灌浆

5.3.4　高压喷射灌浆

高压喷射灌浆是采用钻孔,将装有特制合金喷嘴的注浆管下到预定位置,然后用高压水泵或高压泥浆泵(20～40 MPa)将水或浆液通过喷嘴喷射出来,冲击破坏土体,使土粒在喷射流束的冲击力、离心力和重力等综合作用下,与浆液搅拌混合,并按一定的浆土比例和质量大小,有规律地重新排列。待浆液凝固以后,在土内就形成一定形状的固结体。

5.3.4.1　高压喷射灌浆的适用范围

高压喷射灌浆防渗和加固技术适用于软弱土层。实践证明,砂类土、黏性土、黄土和淤泥等地层均能进行喷射加固,效果较好。对粒径过大的含量过多的砾卵石以及有大量纤维质的腐殖土层,一般应通过现场试验确定施工方法。对含有较多漂石或块石的地层,应慎重使用。

5.3.4.2　高压喷射灌浆的基本方法

高压喷射灌浆的基本方法有单管法、二管法、三管法(见图5-13)和多管法等。

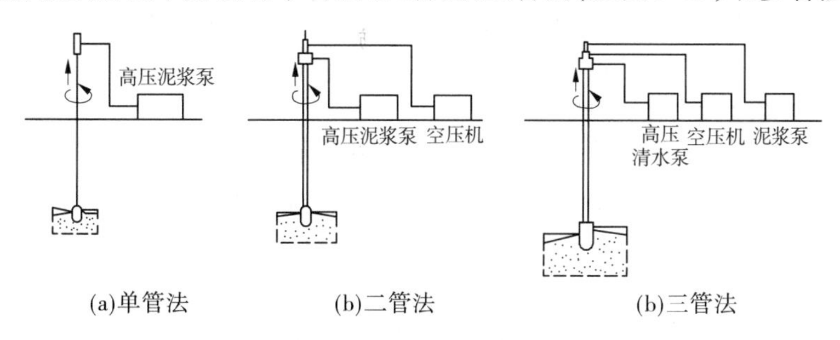

图5-13　高压喷射灌浆法施工方法

1. 单管法

单管法是用高压泥浆泵以20～25 MPa或更高的压力,从喷嘴中喷射出水泥浆液射流,冲击破坏土体,同时提升或旋转喷射管,使浆液与土体上剥落下来的土石掺搅混合经一定时间后凝固,在土中形成凝结体。这种方法形成凝结体的范围(桩径或延伸长度)较小,一般桩径为0.5～0.9 m,板状凝结体的延伸长度可达1～2 m。其加固质量好,施工速度快,成本低。

2. 二管法

二管法是用高压泥浆泵等高压发生装置产生20～25 MPa或更高压力的浆液,用压缩空气机产生0.7～0.8 MPa压力的压缩空气。浆液和压缩空气通过具有两个通道的喷射管,在喷射管底部侧面的同轴双重喷嘴中同时喷射出高压浆液和空气两种射流,冲击破坏土体,其直径达0.8～1.5 m。

3. 三管法

三管法是使用能输送水、气、浆的三个通道的喷射管,从内喷嘴中喷射出压力为30～50 MPa的超高压水流,水流周围环绕着从外喷嘴中喷射出一般压力为0.7～0.8 MPa的圆状气流,同轴喷射的水流与气流冲击破坏土体。由泥浆泵灌注压力为0.2～0.7 MPa、浆量为80～100 L/min、密度为1.6～1.8 g/cm^{3}的水泥浆液进行充填置换。其直径一般为1.0～2.0 m,较二管法大,较单管法要大1～2倍。

5.3.4.3　浆液材料和施工机具

1. 浆液材料

高喷灌浆最常用的材料为水泥浆,在防渗工程中使用黏土(膨润土)水泥浆。化学浆液使用较少,国内仅在个别工程中应用过丙凝等浆液。

2. 机具和设备

高压喷射灌浆的施工机械由钻机或特种钻机、高压发生装置等组成。喷射方法不同,所使用的机械设备也不相同。

5.3.4.4 高压喷射灌浆的喷射形式

高压喷射灌浆的喷射形式有旋喷、摆喷和定喷三种。

高压喷射灌浆形成凝结体的形状与喷嘴移动方向和持续时间有密切关系。喷嘴喷射时,一面提升,一面进行旋喷则形成柱状体;一面提升,一面进行摆喷则形成哑铃体;当喷嘴一面喷射,一面提升,方向固定不变,进行定喷,则形成板状体。三种凝结体的形式如图5-14所示。上述三种喷射形式切割破碎土层的作用,以及被切割下来的土体与浆液搅拌混合,进而凝结、硬化和固结的机制基本相似,只是喷嘴运动方式的不同致使凝结体的形状和结构有所差异。

5.3.4.5 高压喷射灌浆的施工程序

高喷灌浆应分排分序进行,在坝、堤基或围堰中,由多排孔组成的高喷墙应先施工下游排孔,后施工上游排孔,最后施工中间排孔。在同一排内如采用钻、喷分别进行的程序施工时,应先施工Ⅰ序孔,后施工Ⅱ序孔。先导孔应最先施工。Ⅰ序孔和Ⅱ序孔可采用"焊"接或"切"入式连接。

施工程序为钻孔、下置喷射管、喷射提升、成桩(成板或成墙)等。图5-15为高压喷射灌浆施工流程示意图。

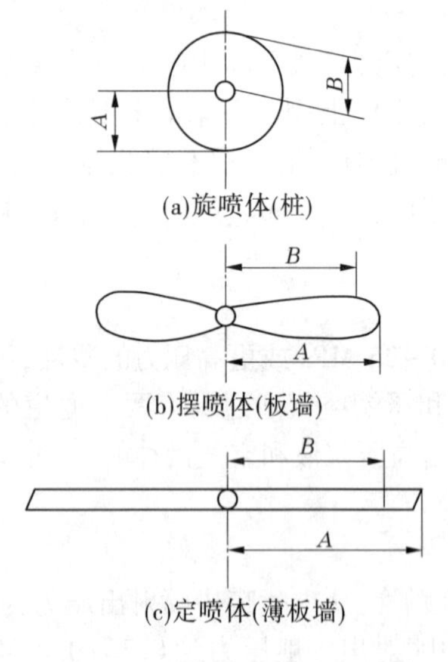

图5-14 高喷凝结体的形式

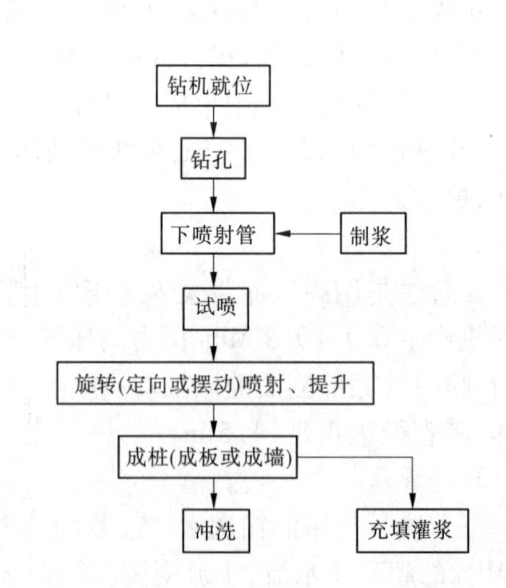

图5-15 高压喷射灌浆施工流程示意图

5.3.4.6 高压喷射灌浆的质量检验

检验内容包括:固结体的整体性、均匀性和垂直度;有效直径或加固长度、宽度;强度特性(包括轴向压力、水平推力、抗酸碱性、抗冻性和抗渗性等);溶蚀和耐久性能等几个方面。

质量检测方法有:开挖检查、室内试验、钻孔检查、载荷试验以及其他非破坏性试验方法等。

任务5.4 混凝土坝接缝灌浆

混凝土坝属大体积建筑物,考虑温控和施工要求,通常将坝体划分成许多浇筑块进行浇筑。在坝段间一般设置垂直于坝轴线的横缝,在坝段中设置平行于坝轴线的纵缝。

纵缝是一种临时性的浇筑缝,对于坝体的应力分布及稳定性不利,必须进行灌浆封填。

重力坝的横缝一般与伸缩沉陷缝结合而不需要接缝灌浆,拱坝和其他坝型有整体要求的横缝、纵缝需进行接缝灌浆。

根据规范要求,横缝间距一般为15~20 m,纵缝间距为15~30 m。实际工程中,接缝灌浆不是等所有的坝块浇筑结束后才进行,而是由于施工导流和提前发电等要求,坝块混凝土一边浇筑上升,一边对下部的接缝进行灌浆,如坝体提前挡水等。

一般混凝土坝接缝灌浆工艺流程主要程序为:灌浆系统布置、灌浆系统加工与安装、灌浆系统检查与维护、灌前准备、灌浆、工程质量检查。

5.4.1 灌浆系统布置

5.4.1.1 接缝灌浆分区原则

(1)坝体接缝应用止浆片分隔成若干灌区进行灌注,每个灌区的高度以9~12 m为宜,面积以200~300 m^2为宜。

(2)每个灌区应布置一套完整的灌浆系统,包括进浆管、回浆管、升浆和出浆设施、排气设施及止浆片等。

5.4.1.2 灌浆系统的布置原则

(1)浆液能自下而上均匀地灌注到整个灌区缝面。

(2)灌浆管路和出浆设施与缝面连通顺畅。

(3)灌浆管路顺直、弯头少。

(4)同一灌区的进浆管、回浆管和排气管管口集中,以便灌浆施工。

5.4.1.3 灌溉系统选用

选用灌溉系统时,升浆和出浆设施的形式,可采用塑料拔管方式、预埋管和出浆盒方式,也可采用出浆槽方式。排气方式可采用埋设排气槽、排气管或塑料拔管方式。结合工程应用,主要介绍以下几种。

1.灌浆系统

预埋灌浆系统由进、回浆干管和支管、出浆管、排气槽及排污槽组成,周围用止浆片封闭而形成独立的灌区。为了排除空气和灌注浆自下上升,干管的进出口应布置在每一灌区的下部,各灌区的进出口干管集中布置在廊道或孔洞内。一般干管平行于键槽,干管垂直于支管。一般采用两种(38 mm和19 mm)或三种(38 mm、32 mm和19 mm)管径的铁管埋设。外露管口的长度不宜小于15 cm。

管路系统有双回路、单回路布置。工程多用双回路布置，其在灌区两侧均布置进、回浆干管，优点为进、回浆管不易堵塞，若遇事故易处理，灌浆质量有保证。也有的工程将两侧进、回浆干管布置在坝块外部。

止浆片的作用是阻止接缝通水和灌浆时水、浆液漏逸，横缝上下游止浆片同时起止水作用。为防止浆片外侧的混凝土振捣密实，止浆片应距离坝块表面或分块浇筑高程30 cm为宜。止浆片可用镀锌铁皮或塑料止浆片。

出浆盒和支管相通，呈梅花形布置在浇块键槽面易于张开的一面。每盒负担的建筑面积5 m^2左右。

排气槽设计在灌区顶部，排污槽设计在灌区底部通过排污管与外面相通。特别指出施工中有时需要在高于接缝灌浆温度下进行灌浆或其他因素造成接缝灌浆质量达不到设计要求，须事先考虑从复灌浆系统。该系统与一次灌浆系统比较管路系统基本一样，其主要在于出浆盒（如外套橡皮的出浆盒）的构造。灌浆后用压力冲洗，以不将皮套顶开为度。若以灌的接缝重新张开，可再次灌浆。一次灌浆系统无法进行重复灌浆。若灌浆失败，须沿缝面钻孔另在外部安设管路系统进行灌浆。

2. 拔管灌浆系统

拔管灌浆系统进浆支管和排气管均由充气塑料管形成。灌浆系统的预埋件随坝块浇筑先后分两次预埋。先浇块的预埋件有止浆片、垂直与水平的半圆木条等。先浇块拆模后，拆除半圆木条就形成了垂直与水平的半圆槽。后浇块的预埋件有连通管、接头、塑料软管及短管等。浇筑时给塑料软管充气，浇筑一定时间如后浇块混凝土终凝后放气，拔出塑料软管，形成骑缝孔道。进、回浆干管装置在外部，通过插管与骑缝孔道相连。

采用塑料拔管系统时，升浆管的间距为1.5 m，升浆管顶部宜终止在排气槽以下0.5~1.0 m处。该系统简化了施工，省工、省料，整个灌区接缝可同时自下而上进浆，管路不宜堵塞。

5.4.2 灌浆系统加工与安装

灌浆管路和部件的加工要按设计图纸进行。止浆片、出浆盒及其盖板的材质、规格、加工、安装要符合设计要求。

5.4.2.1 预埋灌浆系统

采用预埋管和出浆盒方式时，应注意以下要求：

(1)灌浆管路、出浆盒、排气槽、止浆片等的安装，应在先浇块模板立好后进行，混凝土浇筑前完成。出浆盒和排气槽的周边要与模板紧贴，安装牢固。

(2)出浆盒盖板、排气槽盖板应在后浇块浇筑前安设。盒盖与盒、槽盖与盖要吻合。

5.4.2.2 拔管灌浆系统

升浆管路采用塑料拔管方式施工时，应使用软质塑料管，经充气24 h无漏气时方可使用，并注意以下要求：

(1)灌浆管路应全部埋设在后浇块中，在同一灌区内，浇筑块的先后次序不得改变。

(2)缝面模板上预设的竖向半圆模具，要在上下建筑层间保持连续，在同一直线上。

(3)浇筑前安设的塑料管应顺直的稳固在先浇块的半圆槽内,充气后与进浆管三通或升浆孔洞连接紧密。

灌浆管路连接完毕后应进行固定,为防止浇筑过程中管路位移、变形或损坏。

在混凝土坝体内应根据接缝灌浆的需要埋设一定数量的测温计和测缝计。

5.4.3 灌浆系统检查与维护

在每层混凝土浇筑前后要对灌浆系统进行检查。整个灌区形成后,应对灌浆系统通水进行整体检查并做好记录,外露管口和拔管孔口盖封严密,妥善保护。

在混凝土浇筑过程中,应对灌浆系统做好如下维护工作:

(1)灌浆系统不受损害,严禁任何人员攀爬、摇晃或改动管路,严防吊罐等重物碰撞管路。

(2)确保止浆片四周混凝土振捣密实,严防大骨料集中于止浆片附近,禁止入仓混凝土直接倒向止浆片。

(3)防止混凝土振捣时,出浆盒产生错位,或水泥砂浆流入,将出浆口堵塞。

(4)维护先浇块缝面洁净,防止浇筑过程中污水流入接缝中。

5.4.4 灌前准备工作

5.4.4.1 温度测定

对灌溉缝面两侧和上部坝块的混凝土温度进行测定。常用预埋仪器测温法、充水闷管测温法。

(1)预埋仪器测温法。在选定观测坝段上,布置埋入式铜电阻温度计。混凝土冷却中定期观测,灌浆前适当加密观测次数。

(2)充水闷管测温法。该法是国内普遍使用的方法,将水充进坝块预埋的冷却水管内,待一定时间(3~7 d)后放出测其水温作为坝块混凝土的温度。使用此法时应注意:

①充入冷却水管内的水温不宜低于5 ℃。

②坝块中应有多少层冷却水管的闷管测温资料,视灌区高度、冷却水管埋设情况而定,通常一个灌区可选2~4层的充水闷温资料(取平均值)。

③闷温水的放出和测温要迅速准确,尽量减少外界气温的影响。

5.4.4.2 接缝张开度测量

接缝张开度即纵缝或横缝接触面间缝隙的大小,是衡量接缝可灌性的主要指标,受相邻块高差、新老混凝土温差、键槽坡度等因素的影响。要求接缝张开度大于0.5 mm,以1~3 mm为宜。灌区内部的缝面张开度可使用测缝计量测,表面的缝面张开度可以使用孔探仪等量测。

5.4.4.3 通水检查

通水检查的主要目的是查明灌浆管路和缝面的通畅情况,以及灌区是否外漏和上下灌区串层,从而为灌浆前的事故处理方法提供依据。

(1)单开式通水检查。单开式通水检查是目前普遍采用的一种方法。分别从两进浆管进水,随即将其他管口关闭,依次有一次管口开放,在进水管口达到设计压力的情况下,测定各个管口的单开出水率，通常标准为单开出水率大于50 L/min。若管口出水率小于50 L/min，则应从该管口进水，测定其余管口出水量和关闭压力，以便查清管道和缝面情况。

(2)封闭式通水检查。从一通畅进浆管口进水，其他管口关闭，待排水管口达到设计压力(或设计压力80%)，测定各项漏水量，并观察外漏部位，灌区封闭标准为稳定漏水量宜小于15 L/min。

(3)缝面充水浸泡冲洗。每一接缝灌浆前应对缝面充水浸泡24 h，然后放净或通入洁净的压缩空气排除缝内积水，方可开始灌浆。

(4)灌浆前预灌性压水检查。采用灌浆压力压水检查，选择与缝面排气管较为通畅的进浆管与回浆管循环线路，核实接缝容积、各管口单开出水率与压力，以及漏水量等数值，同时检查灌浆机运行可靠性。

当灌浆管路发生堵塞时，应采取压力水冲洗或风水联合冲洗等措施疏通。若无效，可采用钻孔、掏孔、重新接管等方法修复管路系统；两个灌区相互串通时，应待互串区均具备灌浆条件后同时灌浆。

综上所述，为确保接缝灌浆工程质量，要求满足和符合下列条件：

(1)灌区两侧坝块混凝土的温度必须达到设计规定值(接缝灌浆温度)。

(2)灌区两侧坝块混凝土的龄期宜大于6个月，在采取了有效冷却措施情况下，也不宜小于4个月。

(3)除顶层外，灌区上部混凝土(压重)厚度不宜小于6 m，其温度应达到接缝灌浆温度。

(4)接缝的张开度不宜小于0.5 mm。一般小于0.5 mm的做细缝处理，可采用湿磨细水泥灌浆或化学灌浆。

(5)灌区止浆封闭良好，管路和缝面畅通。

此外，接缝灌浆时间，一般应安排在低温季节进行。纵缝在水库蓄水前灌注，未完灌区的接缝灌浆在库水位低于灌区底部高程时进行。

5.4.5 灌浆施工

5.4.5.1 接缝灌浆次序

在选择和控制灌浆次序时，要注意以下几方面：

(1)同一灌区，应自基础灌区开始，逐层向上灌注。上层灌区的灌浆，应待下层和下层相邻灌区灌好后才能进行。

(2)为了避免各坝块沿一个方向灌注形成累加变形，影响后灌接缝的张开度，横缝灌浆一般从大坝中部向两岸或两岸向中部会合，纵缝灌浆自下游向上游推进。

(3)同一坝段、同一高层的纵缝，或相邻坝段同一高层的横缝应尽可能同时灌浆。

(4)同一坝段或同一坝块有横缝灌浆、纵缝灌浆及接触灌浆时，一般应先接触灌浆，可提高坝块稳定性。

(5)对陡峭岩坡的接触灌浆，宜安排在相邻纵缝或横缝灌浆后进行，以利于接触灌浆时坝块的稳定性。

(6)横缝及纵缝灌浆的先后顺序,一般为先横缝后纵缝,但有的工程也采用先纵缝后横缝。

(7)靠近基础的接触灌区,如基础中有中、高压帷幕灌浆,一般接触灌浆安排在帷幕灌浆前进行。

(8)缝的下一层灌区灌浆结束10 d后,上一层灌区方可开始灌浆。若上、下层灌区均已具备灌条件,可采用连续灌浆方式,但上层灌区灌浆应在下层灌区灌浆结束后4 h以内进行,否则仍应间隔10 d后再进行灌浆。

5.4.5.2 灌浆压力控制

灌浆压力是影响灌浆质量的重要因素之一,合适的灌浆压力可使浆液流动顺畅,充分充填接缝间隙,获得良好的水泥结石。多数工程采用类比法结合具体情况确定设计灌浆压力,接缝灌浆压力主要以控制灌区层顶缝面压力为主。一般取0.2~0.3 MPa。在灌浆压力作用下,缝面的增开度允许值,纵缝不大于0.5 mm,横缝不大于0.3 mm。

施工中应注意:若灌浆压力尚未达到设计要求,而缝面增开度已达到设计规定值,应以缝面增开度为准限制灌浆压力。

5.4.5.3 浆液稠度变换

规范要求,坝体接缝灌浆所用水泥的强度等级须为42.5或以上,原则上由稀到浓逐级变换。浆液水灰比可采用2∶1、1∶1、0.6∶1(0.5∶1)三个比级。一般情况下,开始可灌注水灰比为2∶1的浆液,待排气管出浆后,浆液水灰比可改为1∶1(起过渡作用)。当排气管出浆水灰比接近1∶1,或水灰比为1∶1的浆液灌入量约等于灌区容积时,改用水灰比0.6∶1(0.5∶1)的浆液灌注,直至结束。

当缝面的张开度较大,管路畅通,两个排气管单开出水量均大于30 L/min时,开始就可灌注水灰比为1∶1或0.6∶1的浆液。

为尽快使浓浆充填缝面,开灌时排气管应全部打开放浆,其他管应间接打开放浆。测量放出浆液的密度和放浆量,以计算缝内实际注入的水泥量。

5.4.5.4 结束标准

当排气管排浆达到或接近最浓比级浆液,且管口压或缝面增开度达到规定设计值,注入率不大于0.4 L/min时,持续20 min灌浆即可结束。

若排气管出浆不畅通或被堵塞,应在缝面增开度限值内提高进浆压力,力争达到上述条件。若无效,应在顺灌结束后立即从两个排气管中进行倒灌。倒灌应使用最浓比级浆液,在设计规定压力下,缝面停止吸浆,持续10 min即可结束。

灌浆结束时,应先关闭各管口中阀门后再停机,闭浆时间不宜少于8 h。所谓闭浆,是指为防止孔段内浆液返流溢出。继续保持孔段封闭状态,即浆液在受压状态下凝固,以确保浆液质量。

5.4.5.5 特殊情况处理

(1)灌前发现管路堵塞,首选“冲”,即采取灌浆机送水或现场施工供水管分别向各管内通水(加压、浸泡)冲洗。必要时辅以掏(如管口附近)、凿(凿后输通)、钻(钻孔输通)等处理措施。

(2)灌前接缝张开度过小(小于0.5 mm)时,可采取如下处理措施:

①采用细水泥浆(干磨、湿磨和超细水泥制成浆液)。

②在增开度限值内提高灌浆压力。

③采用化学灌浆。

④取消或延缓灌浆。

(3)灌浆时发现浆液外漏,要从外部进行堵漏。若无效可用加浓浆液、降低压力等措施进行处理。

(4)灌浆过程中发现串浆现象,在串浆灌区已具备灌浆条件时,应同时灌浆。

(5)进浆管和备用进浆管发生堵塞,应先打开所有管口放浆,然后在缝面增开度限值内尽量提高进浆压力,疏通进浆管路。若无效可再用回浆管进行灌注等措施。

(6)灌浆因故中断,立即用清水冲洗管路和灌区,保持灌浆系统畅通。

5.4.6　工程质量检查

灌区的接缝灌浆质量检查,要以分析灌浆施工记录和成果资料为主,结合钻孔取芯、槽检等测试资料,选取有代表性的灌区进行综合评定。评定和检查项目有:

(1)灌浆时坝块混凝土的温度。

(2)灌浆管路通畅、缝面通畅及灌区密封情况。

(3)灌浆材料、接缝张开度变化和缝面注入量。

(4)灌浆过程中是否有中断、串浆、漏浆等。

(5)钻孔取芯、压水试验、槽检等成果资料。

任务 5.5　劈裂灌浆

5.5.1　水力劈裂原理

劈裂灌浆是利用水力劈裂原理,对存在隐患或质量不良的土坝在坝轴线上钻孔、加压灌注泥浆形成新的防渗墙体的加固方法,堤坝体沿坝轴线劈裂灌浆后,在泥浆自重和浆、坝互压的作用下,固结而成为与坝体牢固结合的防渗墙体,堵截渗漏;与劈裂缝贯通的原有裂隙及孔洞在灌浆中得到充填,可提高堤坝体的整体性;通过浆、坝互压和干松土体的湿陷作用,部分坝体得到压密,可改善坝体的应力状态,提高其变形稳定性。

对于土坝位于河槽段的均质土坝或黏土心墙坝,其横断面基本对称,当上游水位较低时,荷载也基本对称,施以灌浆压力,土体就会沿纵断面开裂。如能维持该压力,裂缝就会由于其尖端的拉应力集中作用而不断延伸(水力劈裂),从而形成一个相当大的劈裂缝。劈裂灌浆裂缝的扩展是多次灌浆形成的,因此浆脉也是逐次加厚的。一般单孔灌浆次数不少于 5 次,有时多达 10 次,每次劈裂宽度较小,可以确保坝体安全。

基于劈裂灌浆的原理,只要施加足够的灌浆压力,任何土坝都是可灌的,但只在下列情况下才考虑采用劈裂灌浆:①松堆土坝;②坝体浸润线过高;③坝体外部、内部有裂缝或大面积的弱应力区(拉应力区、低压应力区);④分期施工土坝的分层和接头处有软弱带和透水层;⑤土坝内有较多生物洞穴等。

5.5.2　浆液的选择

根据灌浆要求，坝型、土料隐患性质和隐患大小等因素，常用土料的物理力学性质指标和泥浆物理力学性质指标如表5-3和表5-4所示。

表5-3　土料的物理力学性质指标

名称	项目	指标(%)	说明
土料	流限	30左右	砂以细、中砂为主，并可用矿渣
	塑限	20左右	
	黏粒含量	25~35	
	粉粒含量	30~50	
	砂粒含量	20~30	
	有机质含量	<2	

表5-4　泥浆物理力学性质指标

名称	项目	指标
泥浆	密度(g/cm^3)	1.3~1.6
	黏度(s)	30~60
	稳定性(g/cm^3)	0.1~0.15
	胶体率(%)	>80
	失水量(cm^3/30 min)	10~30
	浆液干密度(g/cm^3)	>1.45
	浆体渗透系数(cm/s)	10^{-6}~10^{-3}

5.5.3　劈裂灌浆施工

劈裂灌浆属于纯压式灌浆，其工艺流程如图5-16所示。

劈裂灌浆施工的基本要求是：土坝分段，区别对待；单排布孔，分序钻灌；孔底注浆，全孔灌注；综合控制，少灌多复。

5.5.3.1　土坝分段，区别对待

土坝灌浆一般根据坝体质量、小主应力分布、裂缝及洞穴位置、地形等情况，将坝体区分为河槽段、岸坡段、曲线段及特殊坝段(裂缝集中、洞穴、塌陷和施工结合部位等)，提出不同的要求，采用不同的灌浆方法施灌。

河槽段属平面应变状态，小主应力面是过坝轴线的铅垂面，可采用较大孔距、较大压力进行劈裂灌浆。岸坡段由于坝底不规则，属于空间应力状态，坝轴线处的小主应力面可能是与坝轴线斜交或正交的铅直面，如灌浆导致贯穿上、下游的劈裂则是不利的，所以应压缩孔距，采用小于0.05 MPa的低压灌注，用较稠的浆液逐孔轮流慢速灌注，并在较大裂缝的两侧增加2~3排梅花形副孔，用充填法灌注。曲线坝段的小主应力面偏离坝轴线(切线方向)，应沿坝轴线弧线加密钻孔，逐孔轮流灌注，单孔每次灌浆量应小于5 m^3，控

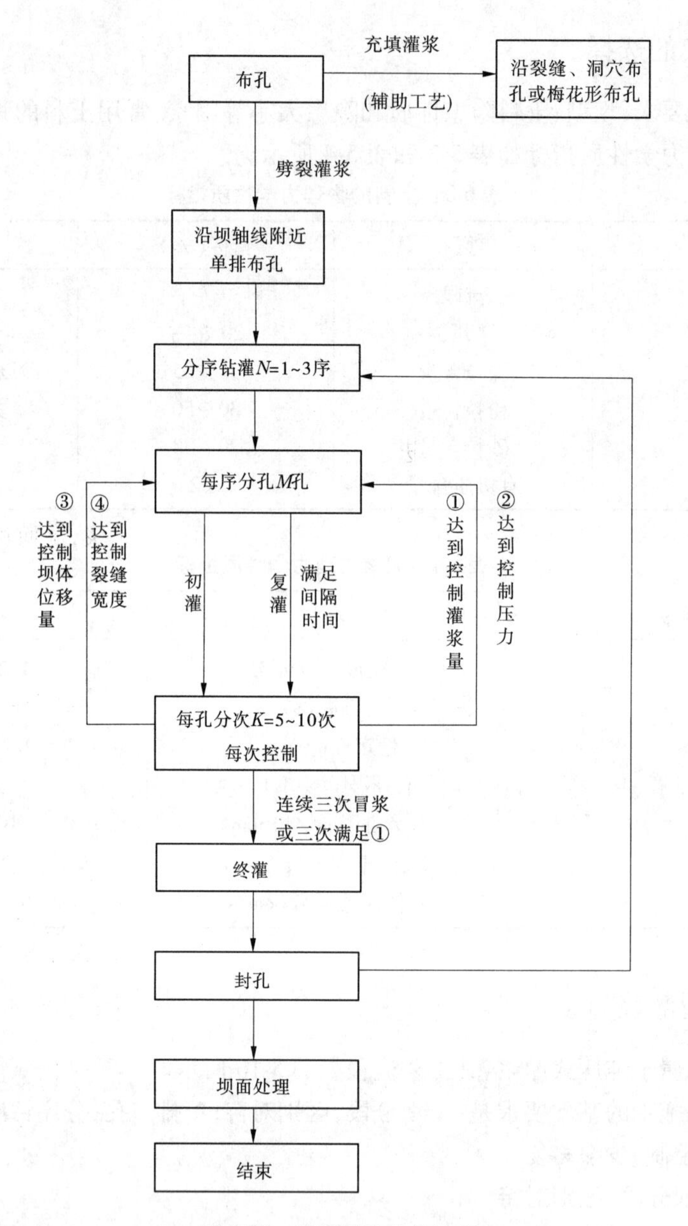

图 5-16　劈裂灌浆工艺流程

制孔口压力应不大于 0.05 MPa，轮灌几次后，每孔都发生沿切线的小劈裂缝，裂缝互相连通后，灌浆量才可逐渐加大，直至灌完，形成与弯曲坝轴线一致的泥浆防渗帷幕。

5.5.3.2　单排布孔，分序钻灌

单排布孔是劈裂灌浆特有的布孔方式。单排布孔可以在坝体内纵向劈裂，构造防渗帷幕，工程集中，简便有效。

钻孔遵循分序加密的原则，一般分为三序。第一次序孔的间距一般采用坝高的 2/3 左右。当土坝高、质量差、黏性低时，可用较大的间距；当定向劈裂无把握时，可采用一序密孔、多次轮灌的方法。

孔深应大于坝体隐患深度 2～3 m。如果坝体质量普遍较差,孔深可接近坝高,但坝基为透水性地层,孔深不得超过坝高的 2/3,以免劈裂贯通坝基,造成大量泥浆损失。孔径一般以 5～10 cm 为宜,太细则阻力大,易堵塞。钻孔采用干钻或少量注水的湿钻,应保证不出现初始裂缝,影响沿坝轴线劈裂。

5.5.3.3　孔底注浆,全孔灌注

应将注浆管底下至离孔底 0.5～1.0 m 处,不设阻浆塞,浆液从底口处压入坝体。泥浆劈裂作用自孔底开始,沿小主应力面向左右、上下发展。孔底注浆可以施加较大灌浆压力,使坝体内部劈裂,能把较多的泥浆压入坝体,更好地促进浆、坝互压,有利于提高坝体和浆脉的密度。孔底注浆控制适度,可以做到"内劈外不劈"。

浆液自管口涌出,在整个劈裂范围流动和充填,灌浆压力和注浆量虽大,但过程缓慢容易控制。全孔灌注是劈裂灌浆安全进行的重要保证。

5.5.3.4　综合控制,少灌多复

如土坝坝体同时全线劈裂或劈裂过长,短时间内灌入大量泥浆,会使坝肩位移和坝顶裂缝发展过快,坝体变形接近屈服,将危及坝体安全。灌浆施工中,应绝对避免上述情况出现。最好采用坝体内部分段分层劈裂法(内劈外不劈),孔口压力即使达到数百千帕(每平方厘米数千克),坝肩位移与坝顶裂缝也很少。

要达到确保安全的目的,对灌浆必须进行综合控制,即对最大灌浆压力、每次灌浆量、坝肩水平位移量、坝顶裂缝宽度及复灌间隔时间等均应予以控制。非劈裂的灌浆控制压力应小于钻孔起裂压力,无资料时,该值可用土柱重的 6/10～7/10。

第一次序孔灌浆量应占总灌浆量的 60% 以上,所需灌浆次数多一些。第二、三次序孔主要起均匀帷幕厚度的作用。因坝体质量不均,并且初灌时吃浆量大,以后吃浆渐少,故每次灌入量不能按平均值控制,一般最大为控制灌浆量的 2 倍。坝体灌浆将引起位移,对大坝稳定不利,一般坝肩的位移最明显,应控制在 3 cm 以内,以确保坝体安全。复灌多次后坝顶即将产生裂缝,长度应控制在第一次序孔间距内,宽度控制在 3 cm 内,以每次停灌后裂缝能回弹闭合为宜。

为安全起见,灌浆应安排在低水位时进行,库水位应低于主要隐患部位。无可见裂缝的中小型土坝,可以在浸润线以下灌浆。每次灌浆间隔时间,对于松堆土坝,浸润线以上干燥的坝体部分不宜少于 5 d,浸润线以下的坝体部分则不宜少于 10 d。

技能训练

一、填空题

1. 整个基坑的开挖程序,应按"________、________"的原则进行。
2. 岩基灌浆按目的不同,有________、________和________三类。
3. 帷幕灌浆中,钻孔必须严格控制________和________。
4. 多排帷幕灌浆应先灌________排,再灌________排,最后灌________排。
5. 灌浆过程中灌浆压力的控制基本上有________和________两种类型。

6. 灌浆过程中，浆液稠度的变换，我国多用________，控制标准一般采用________。

7. 国内帷幕灌浆工程中，大都规定结束灌浆的条件是在设计规定的压力下，灌浆孔段的单位吸浆量小于________，延续时间________，即可结束灌浆。

二、选择题

1. 岩基灌浆使用最广泛的是________。
   A. 水泥灌浆　　B. 水泥黏土灌浆　　C. 化学灌浆
2. 帷幕灌浆中，钻孔深度 40 m，钻孔的允许偏距为________。
   A. 0.2 m　　B. 0.8 m　　C. 1.2 m
3. 灌浆施工时的压水试验使用的压力通常为同段灌浆压力的________。
   A. 50% ~60%　　B. 70% ~80%　　C. >100%
4. 帷幕灌浆，表层孔段的灌浆压力不宜小于________倍帷幕的工作水头。
   A. 1~1.5　　B. 1.6~2.0　　C. 2~3
5. 浆液稠度变换的限量法控制标准一般采用________。
   A. 300 L　　B. 400 L　　C. 500 L
6. 砂砾石地基灌浆，要求浆液结石的 28 d 强度为________。
   A. $(4\sim5)\times10^5$ Pa　　B. $(6\sim7)\times10^5$ Pa　　C. $(8\sim9)\times10^5$ Pa
7. 预埋花管钻孔灌浆，花管与套管间的填料要待凝________d 左右。
   A. 5　　B. 7　　C. 10

三、问答题

1. 简述基岩灌浆的目的和种类。
2. 简述灌浆施工的主要工序与工艺要求。
3. 简述几种钻灌的方法与特点。
4. 何谓单孔冲洗和群孔冲洗。
5. 简述砂砾石地基灌浆方法。
6. 高压喷射灌浆有何特点？试举例说明。
7. 高压喷射灌浆法有几种方式？有哪些基本施工方法？
8. 接缝灌浆系统的布置应遵守哪些原则？
9. 劈裂灌浆有何特点？试举例加以说明。

项目 6 土石建筑物施工

任务 6.1 堤防工程施工技术

6.1.1 堤防分类

6.1.1.1 按其所在位置分类

按其所在位置,堤防可分为河(江)堤、海堤、湖堤、水库堤及渠(沟)堤五种,如表 6-1 所示。

表 6-1 堤防分类

类别	所在位置	主要作用
河(江)堤	江河沿岸	抵御洪水
海堤	海岸	抵御潮汐、海浪,围海造田
湖堤	湖泊四周	防湖水侵蚀,围垦
水库堤	水库周围	减少水库淹没面积
渠(沟)堤	灌溉渠道及排水沟道两侧	约束水流

6.1.1.2 按建筑材料分类

按建筑材料,堤防可分为土堤、砂堤、石堤以及混凝土堤四种。

(1)土堤:由黏土、壤土筑成,主要建在平原地区江河沿岸、海岸、湖泊四周、排灌沟渠沿岸及水库周边。

(2)砂堤:由砂土或砂砾石筑成,主要建在山区、丘陵区江河沿岸、水库周边、海岸。

(3)石堤:由块石或条石筑成,主要建在海岸、取土困难的江河沿岸及城区河段沿岸。

(4)混凝土堤:由混凝土或钢筋混凝土筑成,主要用于城区河段沿岸。

堤防工程的级别依据堤防工程的防洪标准确定,依据《堤防工程设计规范》(GB 50286—2013),堤防工程分为五级,如表 6-2 所示。

表 6-2 堤防工程级别

防洪标准(重现期(年))	≥100	<100 且≥50	<50 且≥30	<30 且≥20	<20 且≥10
堤防工程的级别	1	2	3	4	5

6.1.1.3 按堤身断面分类

按堤身断面形式不同,堤防分为斜坡式堤、直墙式堤或直斜复合式堤。

6.1.1.4 按防渗体分类

按防渗体不同,堤防分为均质土堤、斜墙式土堤、心墙式土堤、混凝土防渗墙式土堤。

堤防工程的形式选择根据因地制宜、就近取材的原则,结合堤防所在位置、重要程度、水流及风浪特性、施工条件、环境景观、工程造价等技术指标比较来综合确定。堤防施工主要包括堤料选择、堤基施工、堤身填筑等内容。

6.1.2 筑堤材料

根据设计要求,结合土质、天然含水率、运距、开采条件等因素合理选择取料区,一般按以下规定选取:

(1)土料:均质土堤宜选用亚黏土,黏粒含量宜为15%~30%,塑性指数宜为10~20,且不得含植物根茎、砖瓦垃圾等杂质;填筑土料含水率与最优含水率的允许偏差为±3%;铺盖、心墙、斜墙等防渗体宜选用黏性较大的土;堤后盖重宜选用砂性土。

(2)石料:抗风化性能好,冻融损失率小于1%;砌墙石块质量可采用50~150 kg,堤的护坡石块质量可采用30~50 kg;石料外形宜为有砌面的长方体,边长比宜小于4。

(3)砂砾料:耐风化、水稳定性好,含泥量宜小于5%。

(4)混凝土骨料应符合国家现行标准《水利水电工程天然建筑材料勘察规程》(SL 251—2015)的有关规定。

6.1.3 堤基施工

6.1.3.1 清基

(1)堤基基面清理范围包括两侧堤脚线以内堤身、格宾墙基面,其边界应在设计基面边线外30~50 cm。

(2)堤基表层不合格土、杂物等必须清除,堤基范围内的坑、槽、沟等,按堤身填筑要求进行回填处理。

(3)堤基开挖、清除的弃土、杂物、废渣等,均应运到指定的场地堆放。

(4)基面清理平整后,及时报验。

(5)基面验收后抓紧施工,若不能立即施工,做好基面保护,复工前再检验,必要时重新清理。

6.1.3.2 软土堤基处理

堤防工程,常用的软土地基处理方法有下列几种。

1.堤身自重挤淤法

堤身自重挤淤法就是通过逐步加高的堤身自重将处于流塑态的淤泥或淤泥质土外挤,并在堤身自重作用下使淤泥或淤泥质土中的孔隙水应力充分消散和有效应力增加,从而提高地基抗剪强度的方法。其优点是可节约投资;缺点是施工期长。此法适用地基呈流塑态的淤泥或淤泥质土,且工期不太紧的情况下采用。

2.抛石挤淤法

抛石挤淤法就是把一定量和粒径不小于30 cm块石抛在需进行处理的淤泥或淤泥质土地基中,将原基础处的淤泥或淤泥质土挤走,最后在上面铺设反滤层,从而达到加固地基的目的。这种方法施工技术简单，投资较省，常用于处理流塑态的淤泥或淤泥质土地基。

3.垫层法

垫层法就是把靠近堤防基底的不能满足设计要求的软土挖除，代以人工回填的砂、碎石、石渣等强度高、压缩性低、透水性好、易压实的材料作为持力层。可以就地取材，价格便宜，施工工艺较为简单，该法在软土埋深较浅、开挖方量不太大的场地较常采用。

6.1.3.3　岩石堤基处理

（1）强风化岩石层堤基，应按照设计要求清除松动岩石层，砌筑石堤或者混凝土堤时基面应铺层厚度大于30 cm的水泥砂浆；筑土堤基面应涂层厚为3 mm的黏土浆。

（2）裂隙或者裂缝比较密集的基岩，采用水泥固结灌浆或帷幕灌浆进行处理。

6.1.4　堤身施工

6.1.4.1　填筑作业面的要求

（1）地面起伏不平时，应按水平分层由低处开始逐层填筑，不得顺坡铺填；堤防横断面上的地面坡度陡于1∶5时，应将地面坡度削至缓于1∶5。

（2）分段作业面长度，机械施工时段长不应小于100 m，人工施工时段长可适当减短。

（3）作业面应分层统一铺土、统一碾压，严禁出现界沟，上、下层的分段接缝应错开。

（4）在软土堤基上筑堤时，如堤身两侧设有压载平台，两者应按设计断面同步分层填筑，严禁先筑堤身后压载。

（5）相邻施工段的作业面宜均衡上升，段间出现高差，应以斜坡面相接，结合坡度为1∶3~1∶5。

（6）已铺土料表面在压实前被晒干时，应洒水润湿。

（7）光面碾压的黏性土填料层，在新层铺料前，应做刨毛处理。

（8）出现“弹簧土”、层间光面、层间中空、松土层等质量问题应及时处理。

（9）施工过程中应保证观测设备的埋设安装和测量工作的正常进行，并保护观测设备和测量标志完好。

（10）在软土地基上筑堤，或用较高含水率土料填筑堤身时，应严格控制施工速度，必要时应在地基、坡面设置沉降和位移观测点，根据观测资料分析结果，指导安全施工。

（11）对占压堤身断面的上堤临时坡道做补缺口处理，应将已板结的老土刨松，与新铺土料统一按填筑要求分层压实。

（12）堤身全段面填筑完成后，应做整坡压实及削坡处理，并对堤防两侧护堤地面的坑洼处进行铺填平整。

6.1.4.2　铺料作业的要求

（1）应按设计要求将土料铺至规定部位，严禁将砂（砾）料或其他透水料与黏性土料混杂，上堤土料中的杂质应予清除。

（2）铺料要求均匀、平整。每层的铺料厚度和土块直径的限制尺寸应通过现场试验确定。

（3）土料或砾质土可采用进占法或后退法卸料，砂砾料宜用后退法卸料；砂砾料或砾质土卸料时，如发生颗粒分离现象，应将其拌和均匀。

(4)堤边线超填余量，机械施工宜为 30 cm，人工施工宜为 10 cm。

(5)土料铺填与压实工序应连续进行，以免土料含水率变化过大影响填筑质量。

6.1.4.3　压实作业要求

(1)施工前，先做碾压试验，确定机具、碾压遍数、铺土厚度、含水率、土块限制直径，以保证碾压质量达到设计要求。

(2)分段碾压，各段应设立标志，以防漏压、欠压、过压。

(3)碾压行走方向，应平行于堤轴线。

(4)分段、分片碾压，相邻作业面的搭接碾压宽度，平行堤轴线方向不应小于 0.5 m；垂直堤轴线方向不应小于 3 m。

(5)拖拉机带碾磙或振动碾压实作业，宜采用进退错距法，碾迹搭压宽度应大于 10 cm；铲运机兼作压实机械时，宜采用轮迹排压法，轮迹应搭压轮宽的 1/3。

(6)机械碾压应控制行走速度，平碾≤2 km/h，振动碾≤2 km/h，铲运机为 2 挡。

(7)碾压时必须严格控制土料含水率。土料含水率应控制在最优含水率±3%范围内。

(8)砂砾料压实时，洒水量宜为填筑方量的 20%～40%；中细砂压实的洒水量，宜按最优含水率控制；压实施工宜用履带式拖拉机带平碾、振动碾或气胎碾。

6.1.5　护岸护坡的施工

护岸护坡工程通常包括水上护坡和水下护脚两部分。水上与水下之分均对枯水施工期而言，如图 6-1 所示。护岸工程的施工原则是先护脚后护坡。

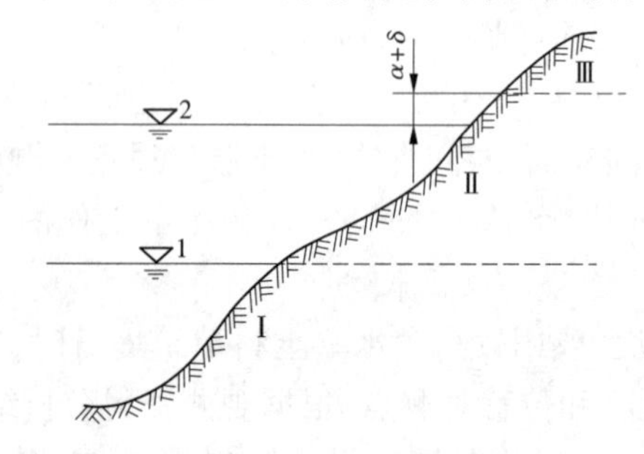

1—枯水位；2—洪水位；Ⅰ—下层；Ⅱ—中层；Ⅲ—上层

图 6-1　护岸护坡工程划分示意图

护岸护坡工程一般可分为坡式护岸（平顺护岸）、坝式护岸和墙式护岸等几种。

6.1.5.1　坡式护岸

岸坡及坡脚一定范围内覆盖抗冲材料，抵抗河道水流的冲刷，包括护脚、护坡、封顶三部分。这种护岸形式对河床边界条件改变和对近岸水流条件的影响均较小，是较常采用的形式。

护脚工程施工技术下层护脚为护岸工程的根基，其稳固与否决定着护岸工程的成败，实践中所强调的“护脚为先”就是对其重要性的经验总结。护脚工程及其建筑材料要求能抵御水流的冲刷及推移质的磨损，具有较好的整体性并能适应河床的变形，具有较好的水下防腐性能，便于水下施工并易于补充修复。经常采用的形式有抛石护脚、抛枕护脚、抛石笼护脚、沉排护脚等。

护坡工程施工技术护坡工程除受水流冲刷作用外，还要承受波浪的冲击及地下水外渗的侵蚀。其次，因处于河道水位变动区，时干时湿，这就要求其建筑材料坚硬，密实，能长期耐风化。目前，常见的护坡工程结构形式有砌石护坡，现浇混凝土护坡，预制混凝土板护坡和草袋混凝土护坡，植草皮、植防浪林护坡等。砌石护坡应按设计要求削坡，并铺好垫层或反滤层。砌石护坡包括干砌石护坡、浆砌石护坡和灌砌石护坡。

1.干砌石护坡

坡面较缓(1∶2.5~1∶3.0)、受水流冲刷较轻的坡面，采用干砌石护坡。干砌石护坡应由低向高逐步铺砌，要嵌紧、整平，铺砌厚度应达到设计要求；上下层砌石应错缝砌筑。坡面有涌水现象时，应在护坡层下铺设15 cm以上厚度的碎石、粗砂或砂砾作为反滤层。封顶用平整块石砌护。干砌石护坡的坡度，根据土体的结构性质而定，土质坚实的砌石坡度可陡些，反之则平缓些。一般坡度为1∶2.5~1∶3.0，个别可为1∶2。

2.浆砌石护坡

坡度为1∶1~1∶2，或坡面位于沟岸、河岸，下部可能遭受水流冲刷冲击力强的防护地段，宜采用浆砌石护坡。浆砌石护坡由面层和起反滤层作用的垫层组成。面层铺砌厚度为25~35 cm，垫层又分单层和双层两种，单层厚5~15 cm，双层厚20~25 cm。原坡面如为砂、砾、卵石，可不设垫层。对长度较大的浆砌石护坡，应沿纵向每隔10~15 m设置一道宽约2 cm的伸缩缝，并用沥青杉板条或聚苯乙烯挤塑板填塞。浆砌石护坡，应做好排水孔的施工。

3.灌砌石护坡

灌砌石护坡要确保混凝土的质量，并做好削坡和灌入振捣工作。

6.1.5.2　坝式护岸

坝式护岸是指修建丁坝、顺坝，将水流挑离堤岸，以防止水流、波浪或潮汐对堤岸边地的冲刷，这种形式多用于游荡性河流的护岸。坝式防护分为丁坝、顺坝、丁顺坝、潜坝四种形式，其坝体结构基本相同。

丁坝是一种间断性的、有重点的护岸形式，具有调整水流的作用。在河床宽阔、水浅流缓的河段，常采用这种护岸形式。

丁坝坝头底脚常有垂直漩涡发生，以致冲刷为深塘，故坝前应予保护或将坝头构筑坚固，丁坝坝根须埋入堤岸内。

6.1.5.3　墙式护岸

墙式护岸是指顺堤岸修筑竖直陡坡式挡墙，这种形式多用于城区河流或海岸防护。在河道狭窄，堤外无滩且易受水冲刷，受地形条件或已建建筑物限制的重要堤段，常采用墙式护岸。

墙式防护(防洪墙)分为重力式挡土墙、扶壁式挡土墙、悬臂式挡土墙等形式。墙式护岸一般临水侧采用直立式，在满足稳定要求的前提下，断面应尽量减小，以减少工程量和少占地为原则。墙体材料可采用钢筋混凝土、混凝土和浆砌石等。墙基应嵌入堤岸护脚一定深度,以满足墙体和堤岸整体抗滑稳定和抗冲刷的要求。如冲刷深度大,还需采取抛石等护脚固基措施,以减少基础埋深。

任务 6.2　河道整治工程施工技术

河道整治为为防洪、航运、供水、排水及河岸洲滩的合理利用,按河道演变的规律,因势利导,调整、稳定河道主流位置,以改善水流、泥沙运动和河床冲淤部位的工程措施。

河道整治分两大类:①山区河道整治。主要有渠化航道、炸礁、除障、改善流态与局部疏浚等。②平原河道整治(含河口段)。主要有控制和调整河势、裁弯取直、河道展宽及疏浚等。

6.2.1　河道疏浚

疏浚就是通过人力或机械,对河道进行挖宽、挖深,从而增强河道的通航能力、泄洪能力,属于河道治理,是水利工程。人工开挖适用于可断流施工的小河流。机械施工广泛使用各类挖泥船,有时也用索铲等施工机械。疏浚工程采用的挖泥船有吸扬式、链斗式、抓扬式和铲扬式等几种形式,吸扬式挖泥船又有耙吸式和绞吸式两种。下面主要介绍耙吸式挖泥船施工工艺。

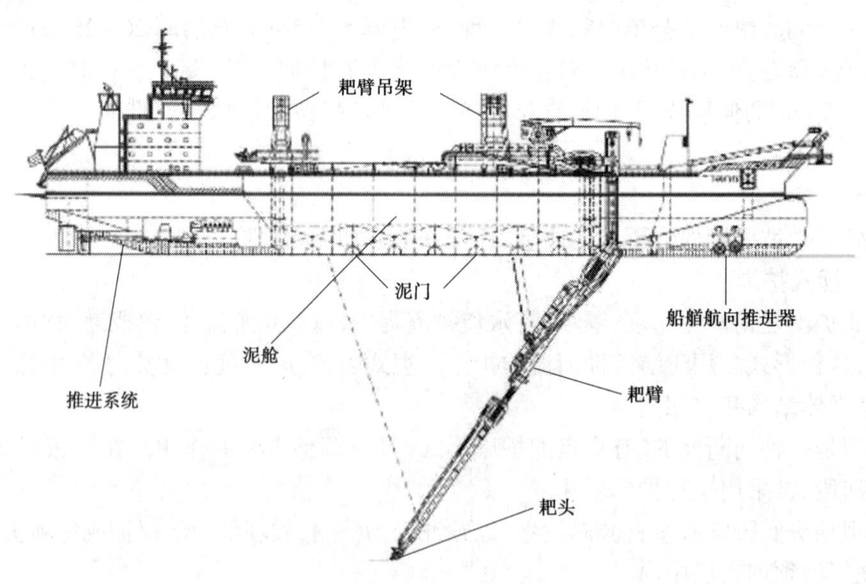

图 6-2　耙吸式挖泥船布置图

6.2.1.1　耙吸式挖泥船施工

耙吸式挖泥船是水力式挖泥船中自航、自载式挖泥船,耙吸式挖泥船装备有耙头挖掘机具和水力吸泥装置。在船体两舷或尾部安装有耙臂(吸泥管),在耙臂的后端装有用于挖掘水下土层的耙头,其前端以弯管与船上的泥泵吸入管相连接。耙臂可作上下升降运动,其后端能放入水下一定深度,使耙头与水下土层的疏浚工作面相接触。通过船上的推进装置,使该挖泥船在航行中拖曳耙头前移,对水下土层的泥沙进行耙松和挖掘。泥泵的抽吸作用从耙头的吸口吸入挖掘的泥沙,与水流的混合体(泥浆)经吸泥管道进入泥泵,最后经泥泵排出端装入挖泥船自身设置的泥舱中。当泥舱装满疏浚泥沙后,停止挖泥作业,提升耙臂和耙头出水,再航行至指定的抛泥区,通过泥舱底部所设置的泥门,自行将舱内泥沙卸空,或通过泥舱所设置的吸泥管,用船上的泥泵将其泥浆吸出,经甲板上的排泥管系于输泥浮管或岸管,将泥浆卸至指定区域或吹泥上岸。然后,驶返原挖泥作业区,继续进行下一次挖泥作业。

耙吸式挖泥船配置有压力表(含真空表、浓度计、流量计、产量计)、吃水装载监视仪、纵横倾斜指示仪、耙头深度位置指示仪、疏浚过程监视系统、无线电定位仪、电子图显示系统、差分全球卫星定位系统(DGPS)等仪器仪表,可自动记录疏浚土方的装载量。该装置利用安装在船底的多个压力传感器测量船舶吃水,通过转换器把压力信号转换成电流信号,由计算机经过处理、计算并记录挖泥船排水量和载泥量,实时显示装载过程。通过计算机进行航迹自动绘图,显示计划挖泥区段、计划航线、实时导航数据(航速、航向、偏航数据及坐标等),若与测深仪、水位、遥报仪、挖深自动控制系统相连接,还可显示挖深、水位、横断面图或水下三维立体图。

6.2.1.2　技术性能

耙吸式挖泥船技术性能的主要技术参数有舱容、挖深、航速、装机功率等。其在挖泥作业中的最大特点是各道工序都由挖泥船本身单独完成,不需要其他辅助船舶和设备来配合施工,具有良好的航海性能,在比较恶劣的海况下,仍然可以继续进行施工作业,具有自航、自挖、自载和自卸的能力,在施工作业中不需要拖轮、泥驳等船舶。另外,因船舶可以自航,调遣十分方便,自身能迅速转移至其他施工作业区。在进行挖泥作业中,不需要锚缆索具、绞车等船舶移位、定位等机具设备,而且在挖泥作业中处于船舶航行状态,不需要占用大量水域或封锁航道,施工中对在航道中的其他船舶的航行影响很少。

鉴于耙吸式挖泥船的以上优点,故而为世界各国疏浚河港广泛使用,其自航、自载性能使其特别适用水域开阔的海港和河口港较长距离的航道施工。耙吸式挖泥船最早多用于疏浚中挖掘淤泥和流砂等,近年来,由于疏浚技术的发展,耙吸式挖泥船的性能得到不断的改进,如安装各种新型耙头和各种不同形式的耙齿,以及运用高压冲水和潜水泵等,也能够挖掘水下的黏土、密实的细砂以及一定程度的硬质土和含有相当数量卵石、小石块的土层等。耙吸式挖泥船也存在一些不足之处,主要是在挖泥作业中,由于船舶是在航行和漂浮状态下作业的,所以挖掘后的土层平整度要差一些,超挖土方往往比其他类型的挖泥船要多一些。耙吸式挖泥船一般以其泥舱的容量来衡量挖泥船的大小,按舱容来进行标定公称规格,小型耙吸式挖泥船的舱容仅有几百立方米,而大型挖泥船舱容达到几千立方米至几万立方米,目前世界上最大的耙吸式挖泥船舱容已达 3.3 万 m^3,最大挖深已超过 100 m。

不同类型的挖泥船运转时间不同。耙吸式挖泥船的运转时间指挖泥、溢流、运泥、卸泥以及回挖泥地点的转头和上线时间。绞吸式挖泥船的运转时间指挖泥及其前后的吹水时间,即泥泵的运转时间;链斗、抓斗式挖泥船的运转时间指主机运转时间。影响挖泥船时间利用率的主要客观因素如下:

(1)强风及其风向情况。风的影响主要限于高速风引起的水面状况造成操作上的困难。

(2)风浪。当风浪波高超过挖泥船安全作业的波高时,应停止施工作业。

(3)浓雾。当能见度低,看不清施工导标或对航行安全不利时,应停止施工。

(4)水流。特别是横流流速较大时,对挖泥船施工会造成影响。

(5)冰凌。当冰层达到一定厚度时,挖泥船就不宜施工。

(6)潮汐。在高潮位时,挖泥船可能因其挖深不够需候潮;而当低潮位时,有可能使疏浚设备搁浅,也需候潮。

(7)施工干扰。如避让航行船舶等。

6.2.1.3 耙吸式挖泥船施工工艺

耙吸式挖泥船是边航行边挖泥的自航纵挖式挖泥船,施工作业不需要抛锚停泊,也不需要辅助船舶配套行动。一般只需在岸上设置具有相当灵敏度的导标,包括边界标、中线标、起点标、终点标等。近年来,随着 DGPS 的推广使用,疏浚作业的导航定位极为便利,不仅提高了定位精度,而且可以随时监测本船作业运行的轨迹。因此,目前疏浚已不再预设水陆疏浚标志,直接运用 DGPS 控制船位挖泥。

耙吸式挖泥船航行到接近起挖点前,应对好标志(航线),确定船位,降低航速,放耙入水,启动泥泵吸水,待耙头着底,适度增加挖泥船对地航速,吸上泥浆,按照预定的前进航向驶入挖槽,耙挖泥沙。

耙吸式挖泥船的主要施工方法有装舱(装舱溢流)施工法、旁通(边抛)施工法、吹填施工法。挖泥采用分段、分层等工艺施工。

1.装舱法施工

采用装舱法施工时,疏浚区、调头区和通往抛泥区的航道必须有足够的水深和水域,能满足挖泥船装载时航行和转头的需要,并有适宜的抛泥区可供抛泥。当挖泥船的泥舱设有几挡舱容或舱容可连续调节时,应根据疏浚土质选择合理的舱容,以达到最佳的装舱量。

当泥舱装满未达到挖泥船的载重量时,应继续挖泥装舱溢流,增加装舱土方量。最佳装舱时间应根据泥沙在泥舱内的沉淀情况、挖槽长短、航行到抛泥区的距离和航速综合确定,并使装舱量与每舱泥循环时间之比达到最大值。

装舱溢流施工时,应监视对已挖地区、附近航道、港池和其他水域回淤的影响;应符合环境保护的要求,注意溢流混浊度对附近养殖、取水口等的影响;疏浚污染物时不得溢流。当疏浚粉土、粉砂、流动性淤泥等不易在泥舱内沉淀的细颗粒土质时,在挖泥装舱之前,应将泥舱中的水抽干,并将开始挖泥下耙时和终止挖泥起耙时所挖吸的清水和稀泥浆排出舷外,以提高舱内泥浆浓度,增加装舱量。

2.旁通或边抛施工

旁通或边抛施工适用于当地水流有足够的流速,可将旁通的泥沙挟带至挖槽外,且疏浚增深的效果明显大于旁通泥沙对挖槽的回淤时;在紧急情况下,需要突击疏浚航道浅段,迅速增加水深时;或环保部门许可,对附近水域的回淤没有明显不利影响时。施工区水深较浅,不能满足挖泥船装舱的吃水要求时,可先用旁通法施工,待挖到满足挖泥船装载吃水的水深后，再进行装舱施工。

耙吸式挖泥船进行吹填施工时，如需系泊，应有牢固可靠的系泊设施。船上与排泥管的连接方式和结构应简便可靠，宜采用快速接头，便于接拆，并应充分考虑船体的升降、水位、风浪、流速和流向等因素的影响。

3.施工工艺要求

1)分段施工工艺要求

(1)当挖槽长度大于挖泥船挖满一舱泥所需的长度时，应分段施工。分段长度可根据挖满一舱泥的时间和挖泥船的航速确定，挖泥时间取决于挖泥船的性能、开挖土质的难易、在泥舱中的沉淀情况和泥层厚度。

(2)当挖泥船挖泥、航行、调头受水深限制时，可根据潮位情况进行分段施工，如高潮挖浅段，利用高潮航道边坡水深作为调头区进行分段等。

(3)当施工存在与航行的干扰时，应根据商定的避让办法，分段进行施工。

(4)挖槽尺度不一或工期要求不同时，可按平面形状及合同要求分段。

(5)分段施工时，宜采用 GPS 定位系统进行分段，便于挖泥船确定开挖起始位置，也可利用助航设施如浮标、岸标进行分段。

2)分层施工工艺要求

(1)当施工区泥层较厚时，应分层施工。

(2)当挖泥船最大挖深在高潮挖不到设计深度，或当地水深在低潮不足挖泥船装载吃水时，应利用潮水涨落进行分层施工，高潮挖上层，低潮挖下层。

(3)当工程需要分期达到设计深度时，应按分期的深度要求进行分层。

3)施工顺序要求

(1)当施工区浚前水深不足，挖泥船施工受限制时，应选挖浅段，由浅及深，逐步拓宽加深。

(2)当施工区泥层厚度较厚、工程量较大、工期较长并有一定自然回淤时，应先挖浅段，逐次加深，待挖槽各段水深基本相近后再逐步加深，以使深段的回淤在施工后期一并挖除。

(3)当水流为单向水流时，应从上游开始挖泥，逐渐向下游延伸，利用水流的作用冲刷挖泥扰动的泥沙，增加疏浚的效果。在落潮流占优势的潮汐河口和感潮河段，也可利用落潮流的作用由里向外开挖。

(4)当浚前断面的深度两侧较浅、中间较深时，应先开挖两侧。

(5)当一侧泥层较厚时，应先挖泥层较厚的一侧，在各侧深度基本相近后，再逐步加深，避免形成陡坡造成塌方。

(6)当疏浚前水下地形平坦，土质为硬黏性土时，应全槽逐层往下均匀挖泥，避免形成垄沟，使施工后期扫浅困难。

4)其他工艺要求

(1)当工程需要采用横流或斜流施工时，应注意挖泥耙管和航行的安全。

(2)当挖槽长度较短，不能满足挖泥船挖满一舱泥所需长度时，或只需要开挖局部浅段时，挖泥船应采用往返挖泥法施工。当挖槽终端水域受限制，挖泥船挖到终点后不能掉头时,应采用进退挖泥法施工。

(3)应根据开挖的土质选择合理的航速,对淤泥、淤泥质土和松散的砂,对地航速宜采用2~3 km/h;对黏土和中等密实度以上的砂土,对地航速宜采用3~4 km/h,也可通过试挖确定。

(4)应根据土质和挖深调节波浪补偿器的压力,以保持耙头对地有合适的压力。耙头对软土的地压力宜小一些,对密实土的宜大一些。

(5)在有横流和边坡较陡的地区施工时,应注意观察耙头位置,防止耙头钻入船底而造成耙头或船体损坏。耙头下在水底时,挖泥船不得急转弯。

6.2.1.4 耙头的选用

耙头是耙吸式挖泥船直接挖掘土的工具,是主要的疏浚设备,对挖泥船的生产效率有很大影响。耙头类型很多,各有其适应何种类型土的特点,所以疏浚施工应根据土的性质尽量选用合适的耙头。

耙吸式挖泥船常用的耙头主要有"安布罗斯"耙头、"加利福尼亚"耙头、"IHC"耙头、"文丘里"耙头、滚刀耙头等,各种耙头对不同土质的适应性见表6-3。

表6-3 各种耙头对不同土质的适应性

序号	耙头形式	适宜挖掘土质	N值	说明
1	"安布罗斯"耙头	松散砂土	1~5	适用范围较广
2	"加利福尼亚"耙头	松散和中等密实砂	5~15	加齿与加装高压冲水,破土力大
3	" IHC "耙头	淤泥	1~5	荷兰标准耙头
4	"文丘里"耙头	中等密实细砂	5~15	有高压冲水时效率比"IHC"耙头高1/3
5	滚刀耙头	砾黏土风化岩	15~30	

6.2.2 环保疏浚

环保疏浚的主要目的是清除水体中的污染底泥。污染底泥是水环境污染的潜在污染源,在水环境发生变化时,底泥中的营养盐会重新释放出来进入水体。尤其是对城市湖泊,长期以来累积于沉积物中的氮磷往往很高,在存在外来污染源时,氮磷营养盐只是在某个季节或时期会对富营养化发挥比较显著的作用,然而在切断全部湖泊外来污染源以后,底泥中的营养盐会逐渐释放出来,仍然会使湖泊发生富营养化。

一般情况下释放出的营养盐首先进入沉积物的间隙水中,逐步扩散到沉积物表面,进而向湖泊沉积物的上层水混合扩散,从而对湖泊水体的富营养化发生作用。

根据研究资料,江苏固城湖、大理洱海和杭州西湖沉积物中磷的释放速率分别为7.74~8.10 mg/(m^2·d)、2.2~5.6 mg/(m^2·d)和1.02 mg/(m^2·d)。西湖的研究计算表明,每年沉积物中磷的释放量可达1.3 t左右,相当于年入湖磷负荷量的41.5%;安徽巢湖的磷年释放量高达220.38 t,占全年入湖磷负荷量的20.90%;玄武湖的磷释放量占全年排入量的21.5%。从以上几个例子不难看出,沉积物中磷释放对水体磷浓度的补充是一个不可忽视的来源,尤其像杭州西湖采取了截污工程措施以后,这种来自沉积物中的磷,其重要性是不言而喻的。因此,国内外都采取多种方法对污染底泥采取工程措施,对城市附近污染底泥堆积深度很厚的局部浅水域,使用环保疏浚工程技术最为普遍,效果也最为明显。用环保疏浚设备将污染底泥从水下疏挖后输送到岸上,有管道输送和驳船输送两种方式。管道输送工作连续,生产效率高,当含泥率低时可长距离输送,当输泥距离超过挖泥船排距时,还可加设接力泵站。驳船为间断输送,将挖掘的泥装入驳船,运到岸边,再用抓斗或泵将泥排出,该种运泥方式工序繁杂、生产效率较低,一般用于含泥率高或输送距离过长的场合。

绞吸式挖泥船能够将挖掘、输送、排出等疏浚工序一次完成,在施工中连续作业,它通过船上离心式泥泵的作用产生一定真空,把挖掘的泥浆经吸泥管吸入、提升,再通过船上输泥管排到岸边堆泥场或底泥处理场,是一种效率较高的疏浚工艺流程。采用管道输送泥浆并加设接力泵的疏浚工艺流程见图 6-3。

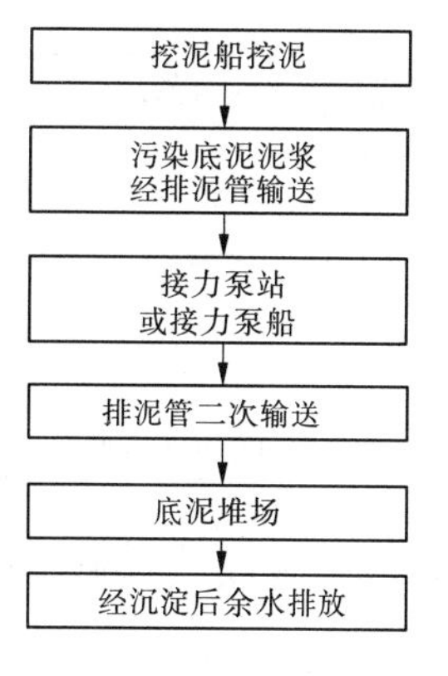

图 6-3　环保疏浚工艺流程

针对环保疏浚工程泥层厚度薄、施工精度要求高、疏浚过程二次污染小的特点,疏浚设备生产厂家对传统疏浚设备进行了必要的环保措施改造,并根据不同环保疏浚工程特点,开发了一些专用环保挖泥船。

任务 6.3　防渗墙施工

防渗墙是修建在挡水建筑物基础和透水地层中,防止渗透的地下连续墙,具有结构可靠、防渗效果好、修建深度较大、适应多种不同的地层条件、施工进度快等优点。

6.3.1　防渗墙的类型

水工混凝土防渗墙的类型可按墙体结构形式、墙体材料、成槽方法和布置方式分类。

6.3.1.1　按墙体结构形式分类

按墙体结构形式水工混凝土防渗墙分为槽孔形防渗墙、桩柱形防渗墙和混合形防渗墙三类(见图 6-4),其中槽孔形防渗墙应用更为广泛。

6.3.1.2　按墙体材料分类

按墙体材料水工混凝土防渗墙主要有普通混凝土防渗墙、钢筋混凝土防渗墙、黏土混凝土防渗墙、塑性混凝土防渗墙和灰浆防渗墙。

6.3.1.3　按成槽方法分类

按成槽方法水工混凝土防渗墙主要有钻挖成槽防渗墙、射水成槽防渗墙、链斗成槽防渗墙和锯槽防渗墙。

6.3.2　成槽机械

槽孔形防渗墙的施工程序包括平整场地、挖导槽、做导墙、安装挖槽机械设备、制备泥浆注入导槽、成槽、混凝土浇筑成墙等。成槽机械有钢绳冲击钻机、冲击式反循环钻机、回

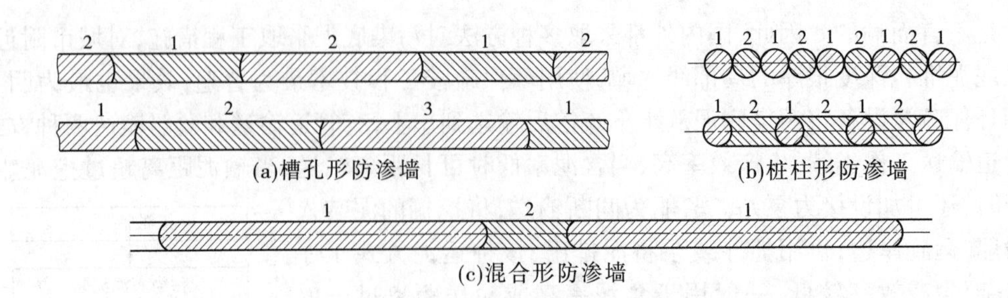

1、2、3—槽孔编号

图 6-4 混凝土防渗墙的结构形式

转式钻机、抓斗挖槽机、射水成槽机、锯槽机及链斗式挖槽机等。

6.3.3 混凝土防渗墙施工工艺

混凝土防渗墙的施工顺序一般可分为造孔前的准备、造孔、混凝土浇筑等。

6.3.3.1 造孔前的准备

造孔前应根据防渗墙的设计要求,做好定位、定向工作,同时要沿防渗墙轴线安设导向槽,用以防止孔口坍塌,并起导向作用。槽壁一般为混凝土。其槽孔净宽一般略大于防渗墙的设计厚度,深度一般约 2.0 m;松软地层导向槽的深度宜大些。为防止地表水倒流和便于自流排浆,其顶部高程应高于地面高程。

6.3.3.2 造孔

在造孔过程中,需要用泥浆固壁,因泥浆比重大、有黏性,造孔多用钻机进行。常用的钻机有冲击钻和回转钻两种。

圆孔形防渗墙是由互相搭接的混凝土柱组成的。施工时,先建单号孔柱,再建双号孔柱,搭接成为一道连续墙(见图 6-5)。这种墙由于接缝多,有效厚度相对难以保证,孔斜要求较高,施工进度较慢,成本较高,已逐渐被槽孔形取代。

槽孔形防渗墙由一段厚度均匀的墙壁搭接而成。施工时先建单号墙,再建双号墙,搭接成一道连续墙(见图 6-6)。这种墙的接缝减少,有效厚度加大,孔斜的控制只在套接部位要求较高,施工进度较快,成本较低。下面以槽孔形防渗墙为例加以介绍。

为了保证防渗墙的整体性,应尽量减少槽孔间的接头,尽可能采用较长的槽孔。但槽孔过长,可能影响混凝土墙的上升速度(一般要求不小于 2 m/h),导致产生质量事故。为此要提高拌和与运输能力,增加设备容量,所以槽孔长度必须满足下述条件,即

$$L \leqslant \frac{Q}{kBv} \tag{6-1}$$

式中 L——槽孔长度,m;

Q——混凝土生产能力,m^3/h;

B——防渗墙厚度,m;

v——槽孔混凝土上升速度,m/h;

k——墙厚扩大系数,可取 1.2~1.3。

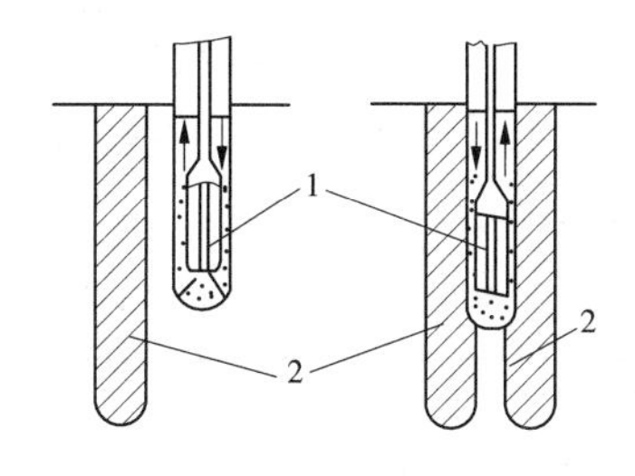

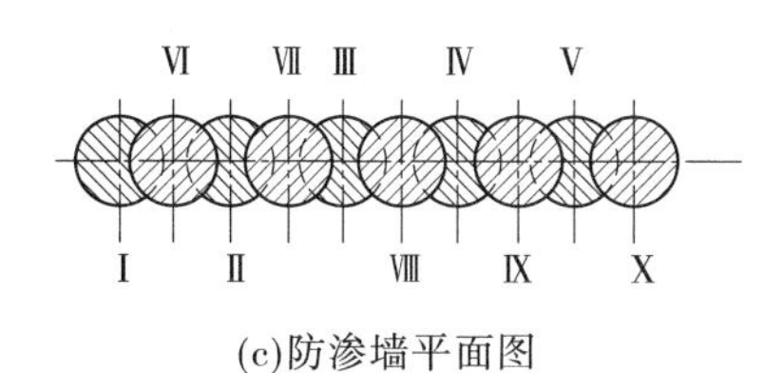

1—钻头;2—已完成的混凝土柱;

Ⅰ、Ⅱ、Ⅲ…—施工顺序

图6-5 圆孔形防渗墙施工程序

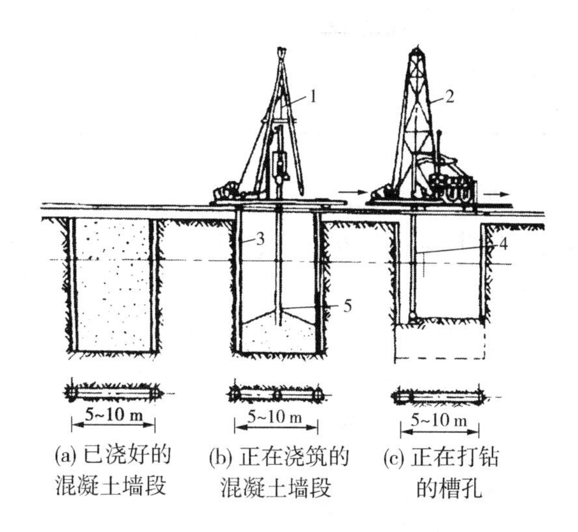

1—混凝土浇筑设备;2—钻机;

3—钻孔后放入的钢管4—钻杆;5—导管

图6-6 槽孔形防渗墙施工程序

槽孔长度应综合分析地层特性、槽孔深浅、造孔机具性能、工期要求和混凝土生产能力等因素确定,一般为5~9 m,深槽段、槽壁易塌段宜取小值。

根据土质不同,槽孔法又可分为钻劈法和平打法两种。钻劈法适用于砂卵石或土粒松散的土层。施工时先在槽孔两端钻孔,称为主孔。当主孔打到一定深度后,在主孔内放入提砂筒,然后劈打邻近的副孔,把砂石挤落在提砂筒内取出。副孔打至距主孔底1 m处停止,再继续钻主孔。如此交替进行,直至设计深度。图6-7为主、副孔划分示意图。

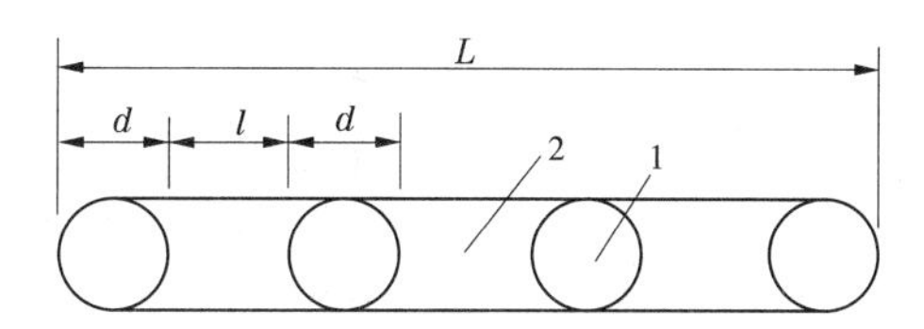

1—主孔;2—副孔;L—槽孔长;d—主孔长;l—副孔长

图6-7 主、副孔划分示意图

平打法适用于细砂层或胶结的土层。施工时也是先在槽孔两端打主孔,主孔较一般孔深1 m以上,其他部分每次平打20~30 cm。

为了保证造孔质量,在施工过程中要控制泥浆黏度、比重、含砂量等指标在允许范围内,严格按操作规程施工;保持槽壁平直,保证孔斜、孔位、孔宽、搭接长度、嵌入基岩深度等满足设计要求,防止漏钻、漏挖和欠钻、欠挖。

造孔结束后,要做好终孔验收,其要求项目可参考表6-4。

表 6-4 终孔验收项目和要求

验收项目	验收要求	验收项目	验收要求
孔位允许偏差	±3 cm	槽孔搭接部位孔底偏差	≤1/3 设计墙厚
孔宽	≥设计墙厚	槽孔横断面	没有梅花孔、小墙
孔斜	≤0.4%	槽孔嵌入基岩深度	满足设计要求

造孔完毕后,孔内泥浆,特别是孔底泥浆,常含有过量的土石渣,影响混凝土与基岩的连接。因此,必须清孔换浆、清除石渣,保证混凝土浇筑的质量。清孔换浆 1 h 后,标准要求:

(1)孔底淤积厚度不大于 10 cm。

(2)孔底泥浆比重不大于 1.3,黏度不大于 30 s,含砂量不大于 10%。一般要求清孔换浆以后 4 h 内开始浇筑混凝土,否则应采取措施。

6.3.3.3 **混凝土浇筑**

防渗墙的混凝土浇筑和一般的混凝土浇筑不同,是在泥浆液面下进行的,所以浇筑要求和一般混凝土浇筑不同。其主要特点如下:

(1)不允许泥浆和混凝土掺成泥浆夹层。

(2)确保混凝土与基础及一、二期混凝土间的结合。

在泥浆下浇筑混凝土多采用导管提升法,施工时按一定间距沿槽孔轴线方向布置若干组导管。每组导管由若干节直径为 20~25 cm 的钢管组成。除底部一节稍长外,其余每节长 1~2 m。导管顶部为受料斗,整个导管悬挂在导向槽上,并通过提升设备升降。导管安设时,要求管底与孔底距离为 10~25 cm,以便浇筑混凝土时将管内泥浆排出管外。

导管的布置如图 6-8 所示。导管的间距取决于混凝土的扩散半径。间距太大,易在相邻导管所浇混凝土间形成泥浆夹层;间距太小,易影响现场布置和施工操作。由于防渗墙混凝土坍落度一般为 18~22 cm,其扩散半径为 1.5~2.0 m,故导管间距不宜大于 3.5 m。一期槽孔端部混凝土,由于要套打切去,所以端部导管与孔端间距采用 1.0~1.5 m。为了保证二期槽孔端部混凝土与一期混凝土结合好,二期槽孔的导管与孔端间距可采用 0.5~1.0 m。此外,还应考虑孔底地形变化,当地形突变且高差大于 0.5 m 时,可增设导管,并布置在较低的部位。小浪底工程防渗墙墙段接头采用低强度混凝土包裹接头法,即用横向接头槽孔并浇筑低强度混凝土包裹在槽段接缝两端,对接缝起着保护作用,此法施工速度快,接缝质量可靠。

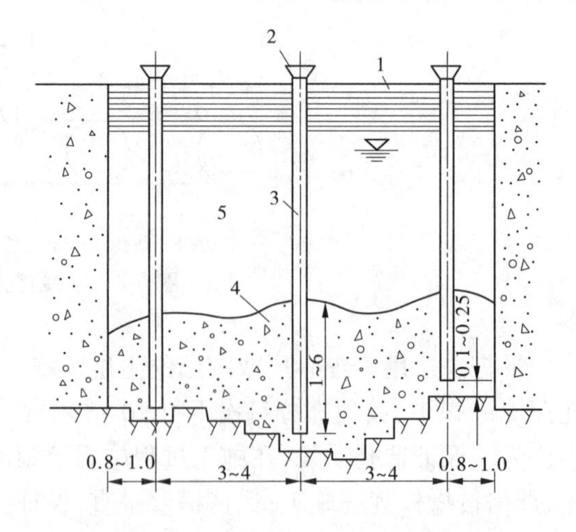

1—导向槽;2—受料斗;3—导管;4—混凝土;5—泥浆

图 6-8 导管布置图 (单位:m)

浇筑前应仔细检查导管形状、接头、焊缝等是否有不能使用的,然后进行试组装并编号。导管安装好后,开始浇筑前要在导管内放入一个直径较导管内径略小的导注塞(木或橡胶球),并用绳(绳长等于导管长)系住导注塞,再将受料斗充满水泥砂浆,水泥砂浆的重量将导注塞压至导管底部,将管内泥浆挤出管外,然后剪断绳子。及时连续加供混凝土,使导注塞被挤出后,能一举将导管底端埋住。导管埋入混凝土的深度不得小于1.0 m,不宜超过6 m。此后,在管内混凝土自重的作用下,不断地将管内的混凝土向上挤升,从而使槽孔内的混凝土仅表层与泥浆接触,而其他部分不与泥浆混掺。在浇筑过程中,要不间断供料,以保证混凝土均匀上升。浇筑一般从孔深较大的导管开始。当混凝土面上升到邻近导管的孔底高程时,用同样方法开始浇筑第二组导管,直到全槽混凝土面浇平后,再使全槽均衡上升。

当混凝土面上升到距槽口4~5 m时,由于混凝土柱压力减小,槽内泥浆浓度增大,混凝土扩散能力相对减弱,易发生堵管和夹泥等事故,这时可采取加强排浆、稀释泥浆、抬高漏斗、增加起拔次数和控制混凝土坍落度等措施来解决。

总之,槽孔混凝土的浇筑,必须保持均衡、连续上升,直到全槽成墙。

6.3.4 防渗墙检测方法

(1)开挖检验。测量墙体中桩的垂直度偏差、桩位偏差、桩顶标高,观察桩与桩之间的搭接状态、搅拌的均匀度、渗透水情况、裂缝、缺损等。

(2)取芯试验。在墙体中取得水泥土芯样,室内养护到28 d,做无侧限抗压强度和渗透试验,取得抗压强度、渗透系数和渗透破坏比降等指标,试验点数不少于3点。

(3)注水试验。在水泥土凝固前,于指定的防渗墙位置贴接加厚一个单元墙,待凝固28 d后,在两墙中间钻孔,进行现场注水试验,试验孔布置方法如图6-9所示。试验点数不少于3点。本试验可直观地测得设计防渗墙厚度处的渗透系数。

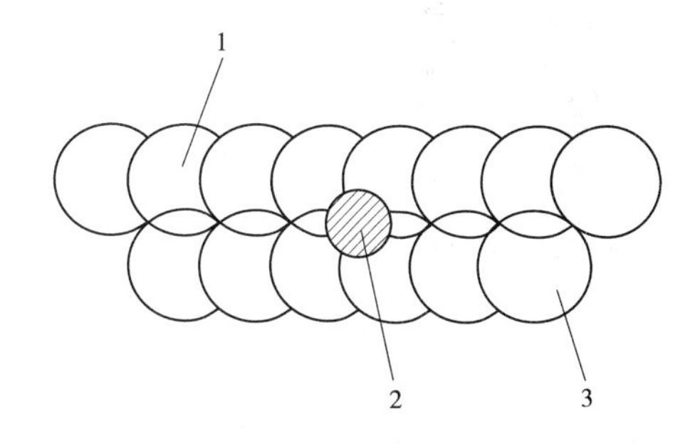

1—工程防渗墙;2—注水试验孔;3—试验贴接防渗墙段

图6-9 注水试验孔布置示意图

(4)无损检测。为探测墙体的完整性、连续性以及判别是否存在墙体缺陷,可采用地质雷达检测等方法,沿中心线布测线,全程检测。

任务6.4 桩基础施工

桩基础是由若干个沉入土中的单桩组成的一种深基础。在各个单桩的顶部再用承台或梁连系起来,以承受上部建筑物的重量。桩基础的作用就是将上部建筑物的重量传到地基深处承载力较大的土层中,或将软弱土挤密实以提高地基的承载能力。在软弱土层上建造建筑物或上部结构荷载很大、天然地基的承载能力不满足时,采用桩基础可以取得较好的经济效果。

按桩的传力和作用性质的不同，桩可分端承桩和摩擦桩两种，如图 6-10 所示。

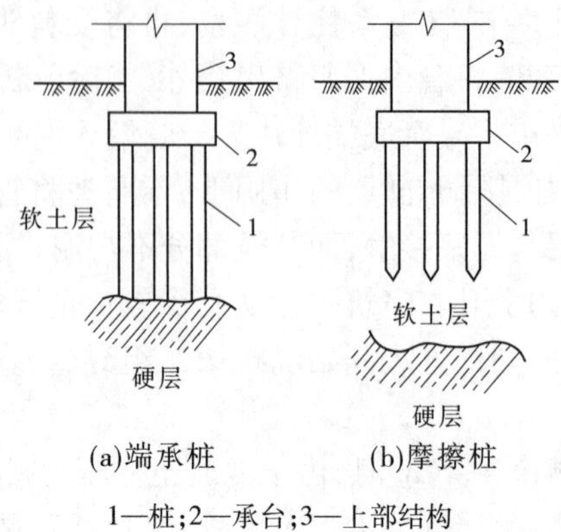

1—桩；2—承台；3—上部结构

图 6-10 端承桩和摩擦桩

端承桩就是穿过软弱土层并将建筑物的荷载直接传递给坚硬土层的桩。摩擦桩是沉至软弱土层一定深度，将软弱土层挤密实，提高了土层的密实度和承载能力，上部结构的荷载主要由桩身侧面与土之间的摩擦力承受，桩尖阻力也承受少量的荷载作用的桩。

按桩的施工方法桩分为预制桩和灌注桩两类。

预制桩是在工厂或施工现场用不同的建筑材料制成的各种形状的桩（如钢筋混凝土桩、钢桩、木桩，桩的形状有方形、圆形等），然后用打桩设备将预制好的桩沉入地基土中。沉桩的方法有锤击打入、静力压桩、振动沉桩等。

灌注桩是在设计桩位先成孔，然后放入钢筋骨架，再浇筑混凝土而成的桩。灌注桩按其成孔方法的不同，可分为泥浆护壁成孔灌注桩、干作业成孔灌注桩、套管成孔灌注桩、爆扩成孔灌注桩、人工挖孔护壁灌注桩等。

6.4.1 钢筋混凝土预制桩施工

钢筋混凝土预制桩是目前工程上应用最广的一种桩。钢筋混凝土预制桩有管桩和实心桩两种。管桩为空心桩，由预制厂用离心法生产，管桩的混凝土强度较高，可达 C30～C40 级，管桩截面有外径为 400～500 mm 等数种。较短的实心桩一般在预制厂制作，较长的实心桩大多在现场预制。为了便于制作，实心桩大多为方形截面，截面尺寸有 200 mm×200 mm ～550 mm×550 mm 几种。现场预制桩的单根桩长取决于桩架高度，一般不超过 27 m，必要时可达 30 m。但一般情况下，为便于桩的制作、起吊、运输等，如桩长超过 30 m，应将桩分段预制，在打桩过程中再接长。

钢筋混凝土预制桩施工包括制作、起吊、运输、堆放、打桩、接桩、截桩等过程。

6.4.2 混凝土及钢筋混凝土灌注桩施工

灌注桩按成孔方法分为泥浆护壁成孔灌注桩、干作业成孔灌注桩、套管成孔灌注桩等，其适用范围见表 6-5。

表 6-5 灌注桩适用范围

<table>
<tr><th colspan="2">成孔方法及机械</th><th>适用范围</th></tr>
<tr><td rowspan="4">泥浆护壁成孔</td><td>冲抓</td><td rowspan="3">碎石土、砂土、黏性土及风化岩</td></tr>
<tr><td>冲击</td></tr>
<tr><td>回转钻</td></tr>
<tr><td>潜水钻</td><td>黏性土、淤泥质土及砂土</td></tr>
<tr><td rowspan="3">干作业成孔</td><td>螺旋钻</td><td>地下水位以上的黏性土、砂土及人工填土</td></tr>
<tr><td>钻孔扩底</td><td>地下水位以上的坚硬、硬塑的黏性土及中密以上的砂土</td></tr>
<tr><td>机动(人工洛阳铲)</td><td>地下水位以上的黏性土、黄土及人工填土</td></tr>
<tr><td>套管成孔</td><td>锤击振动</td><td>可塑、软塑、流塑的黏性土,稍密及松散的砂土</td></tr>
<tr><td colspan="2">人工挖孔</td><td>地下水位以上的黏性土、黄土、坚密砂土</td></tr>
</table>

6.4.2.1 **泥浆护壁成孔灌注桩施工**

泥浆护壁成孔灌注桩的施工先由钻孔设备进行钻孔,待孔深达到设计要求后即行清孔,放入钢筋笼,然后进行水下浇筑混凝土而成桩。为防止在钻孔过程中塌孔,在孔中注入具有一定浓度要求的泥浆进行护壁。其施工过程如图 6-11 所示。

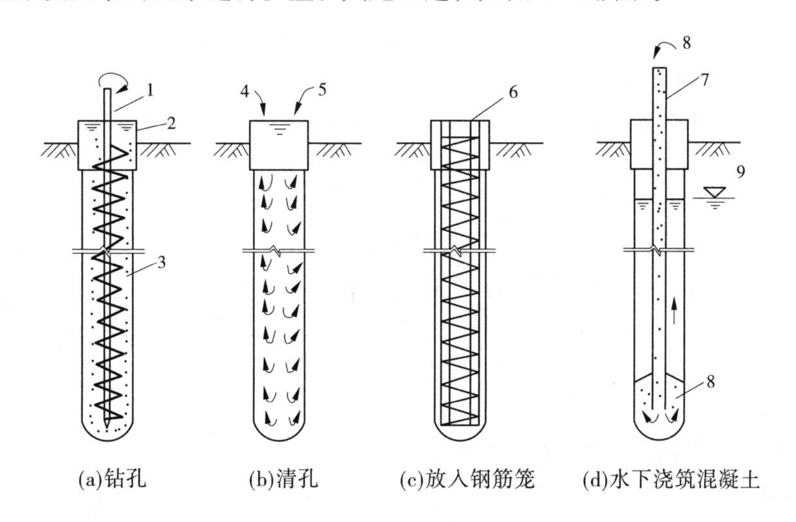

1—钻机;2—护筒;3—泥浆护壁;4—压缩空气;5—清水;6—钢筋笼;7—导管;8—混凝土;9—地下水位

图 6-11 泥浆护壁成孔灌注桩施工过程

6.4.2.2　干作业成孔灌注桩施工

干作业成孔灌注桩施工工艺如图 6-12 所示。与泥浆护壁成孔灌注桩施工类似,适用于在地下水位以上的干土层中施工。

图 6-13 所示为用于干作业成孔的全叶螺旋钻机示意图。该钻机适用于地下水位以上的一般黏性土、硬土或人工填土地基的成孔。成孔直径一般为 300~500 mm,最大可达 800 mm,钻孔深度为 8~12 m。

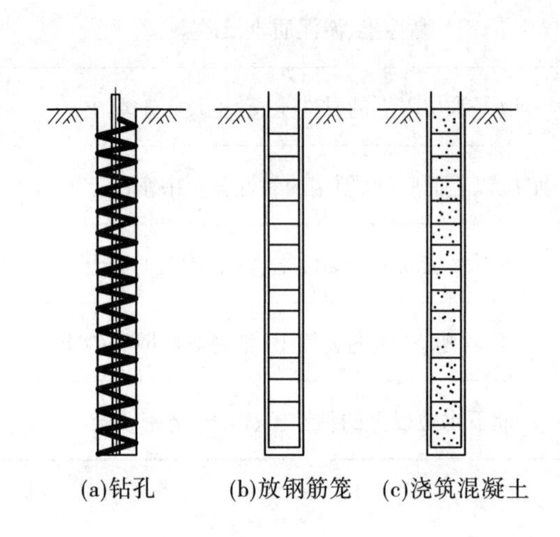
(a)钻孔　(b)放钢筋笼　(c)浇筑混凝土

图 6-12　干作业成孔灌注桩施工工艺

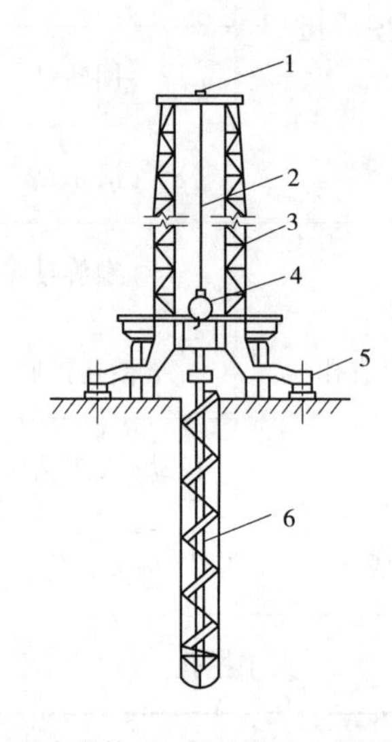

1—导向滑轮;2—钢丝绳;3—龙门导架;
4—动力箱;5—千斤顶支腿;6—螺旋钻杆

图 6-13　全叶螺旋钻机示意图

当在软塑土层中,含水率较大时,可用叶片螺距较大的钻杆钻机。当在可塑或硬塑的土层或含水率较小的砂土中时,应用螺距较小的钻杆,以便缓慢、均匀、平稳地钻孔。

钻孔至设计深度后,应先在原处空转清孔,然后停转,提升钻杆。如孔底虚土超过允许厚度,应掏土或二次投钻清孔,然后保护好孔口。

清孔后应及时放入钢筋笼,浇筑混凝土,随浇随振,每次浇筑高不大于 1.5 m。混凝土最后标高应超出设计高度,以保证在凿除浮浆后与设计标高符合。

6.4.2.3　套管成孔灌注桩施工

套管成孔灌注桩有振动沉管灌注桩和锤击沉管灌注桩两种。施工时,将带有预制钢筋混凝土桩靴(见图 6-14(a))或活瓣桩靴(见图 6-14(b))的钢管沉入土中。待钢桩管达到要求的贯入度或标高后,即在管内浇筑混凝土或放入钢筋笼后浇筑混凝土,再将钢桩管拔出即成。

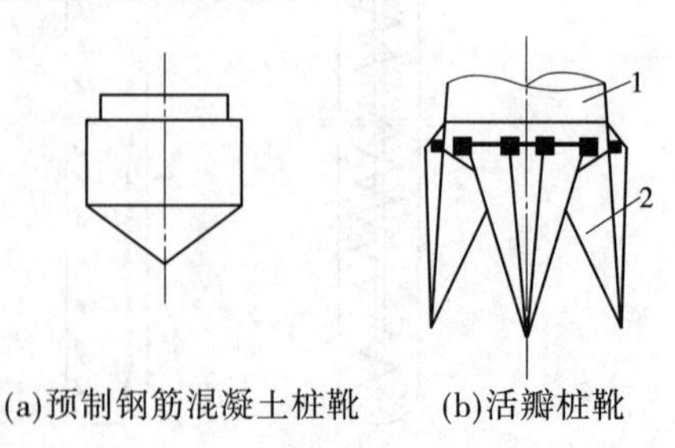

(a)预制钢筋混凝土桩靴　(b)活瓣桩靴

1—桩管;2—活瓣

图 6-14　桩靴示意图

6.4.2.4　人工挖孔灌注桩施工

人工挖孔灌注桩是指在桩位用人工挖

孔,每挖一段即施工一段支护结构,如此反复向下挖至设计标高,然后放下钢筋笼,浇筑混凝土而成桩。

人工挖孔灌注桩的优点是设备简单;对施工现场周围的原有建筑物影响小;在挖孔时,可直接观察土层变化情况;清除沉渣彻底;如需加快施工进度,可同时开挖若干个桩孔;施工成本低等。特别在施工现场狭窄的市区修建高层建筑时,更显示其优越性。人工挖孔灌注桩构造示意图如图6-15所示。

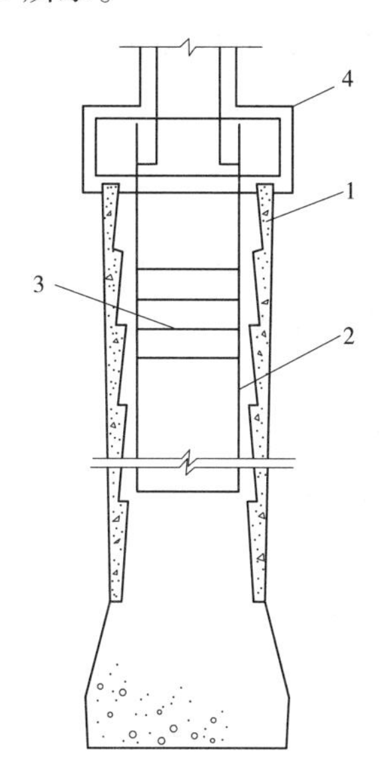

1—现浇混凝土护壁;2—主筋;3—箍筋;4—桩帽

图6-15 人工挖孔灌注桩构造示意图

技能训练

一、填空题

1.堤防工程按其位置可以分为______、______、______、______和______五种。

2.选择筑堤材料,应结合______、______、______、______等因素综合考虑。

3.常用于大型河道疏浚的挖泥船有______、______、______、______等形式。

4.防渗墙的施工过程主要包括______、______、______。

5.桩基础按不同的施工方法可以分为______、______等。

二、选择题

1.在堤防工程的堤身填筑施工中,碾压行走方向,应(　　)。

A.平行于堤轴线　　B.垂直于堤轴线　　C.平行于堤脚线　　D.垂直于堤脚线

2.堤防横断面上的地面坡度陡于(　　)时,应将地面坡度削至缓于(　　)。

A.1∶2;1∶2　　B.1∶3;1∶3　　C.1∶4;1∶4　　D.1∶5;1∶5

3.在堤防工程中,中细砂压实的洒水量,宜(　　)。

A.为填筑方量的 10%~20%　　B.为填筑方量的 20%~30%

C.为填筑方量的 30%~40%　　D.按最优含水率控制

4.堤身碾压时必须严格控制土料含水率。土料含水率应控制在最优含水率(　　)范围内。

A.±1%　　B.±2%　　C.±3%　　D.±5%

5.用提升导管法浇筑混凝土,要求导管埋入混凝土的深度不小于(　　)。

A.0.5 m　　B.1.0 m　　C.1.2 m　　D.1.5 m

三、问答题

1.按照筑堤材料不同,堤防工程可以分为哪几类?

2.护岸护坡有哪些形式? 各适用哪种情况?

3.挖泥船施工应注意哪些问题?

4.简述用直升导管法浇筑混凝土的施工方法。

5.预制桩有哪几种不同的沉桩方法?

项目 7　渠道及渠系建筑物施工

在灌区利用灌溉渠道输水及利用排水沟道排水的过程中，为满足控制水流、分配水量、上下游连接和水流交叉等要求而修建的各种水工建筑物，统称为渠系建筑物。渠系建筑物的特点是单个工程的规模一般不大，但数量多，总工程量往往是渠首工程的若干倍。渠系建筑物主要包括渠道、水闸、渡槽、倒虹吸管、水工隧洞、跌水与陡坡等。本项目主要介绍渠道、水闸、渡槽及水工隧洞的施工方法。

任务 7.1　渠道施工

渠道作为输水建筑物，横断面形式有梯形、矩形、U 形及复式断面等，如图 7-1 所示。渠道施工包括渠道开挖、渠堤填筑和渠道衬砌，其特点是工程量大，施工线路长，场地分散，施工工作面宽，可同时组织较多劳力施工，但工种单一，技术要求较低，适合流水作业施工。

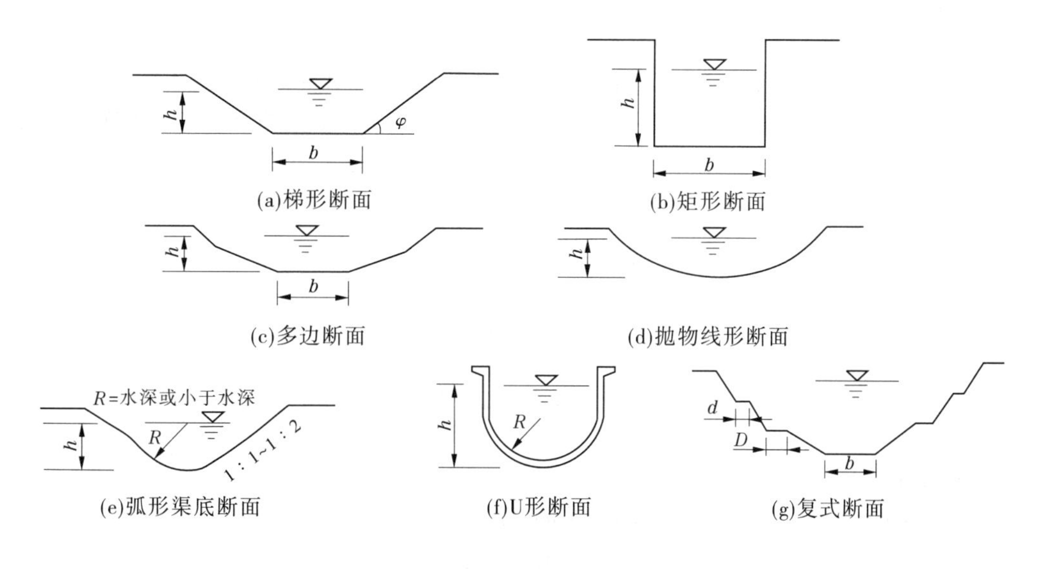

图 7-1 渠道横断面形式

7.1.1　渠道开挖

渠道开挖的施工方法有人工开挖、机械开挖和爆破开挖等。选择哪种开挖方法，主要取决于技术条件、土壤种类、渠道纵横断面尺寸、地下水位等因素。渠道开挖的土方多堆在渠道两侧用作渠堤。对于岩基渠道和盘山渠道，宜采用爆破开挖法，一般先挖平台再挖槽。这里只介绍人工开挖和机械开挖渠道施工。

7.1.1.1　人工开挖

在干地上开挖渠道时，应自中心向外，分层下挖，边坡处可按边坡比挖成台阶状，待挖至设计深度时，再进行削坡。必须弃土时做到远挖近倒、近挖远倒、先平后高。受地下水影响的渠道应设排水沟。渠道开挖方式有一次到底法和分层下挖法。

当开挖土质较好且开挖深度较浅时，可选择一次到底法，如图 7-2 所示。如开挖深度较深，一次开挖到底有困难，则可结合施工条件分层开挖，如图 7-3 所示。

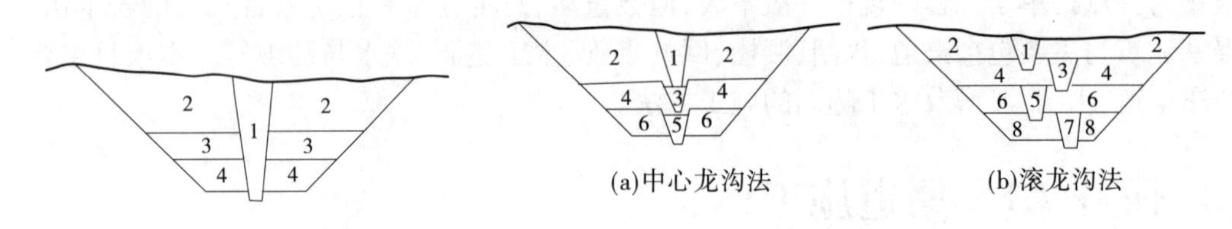

(a)中心龙沟法　(b)滚龙沟法

1—排水沟；2~4—开挖顺序

图 7-2　龙沟一次到底法

1,3,5,7—排水沟；2,4,6,8—开挖顺序

图 7-3　分层开挖龙沟

7.1.1.2　机械开挖

机械开挖主要有推土机开挖、铲运机开挖、反向铲挖掘机开挖等。

1.推土机开挖渠道

采用推土机开挖渠道，其深度一般不宜超过 1.5~2.0 m，填筑渠道高度不宜超过 2.0~3.0 m，其边坡不宜陡于 1∶2，如图 7-4 所示。在渠道施工中，推土机还可以平整渠底，清除植土层，修整边坡，压实渠道等。

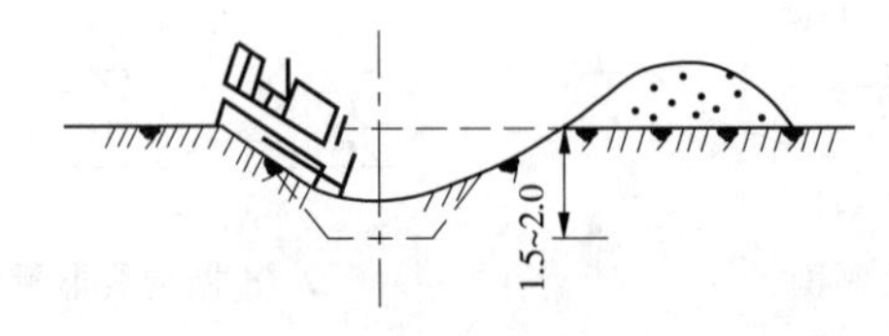

图 7-4　推土机开挖渠道　（单位：m）

2.铲运机开挖渠道

半挖半填渠道或全挖方渠道就近弃土时，采用铲运机开挖最为有利。需要在纵向调配土方的渠道，如运距不远，也可用铲运机开挖。铲运机开挖渠道的开行方式有两种：环形开行和“8”字形开行。

(1)环形开行：当渠道开挖宽度大于铲土长度，而填土或弃土宽度又大于卸土长度时，可采用横向环形开行，如图 7-5(a)所示。反之，采用纵向环形开行，如图 7-5(b)所示。铲土和填土位置可逐渐错动，以完成所需断面。

(2)“8”字形开行：当工作前线较长，而填挖高差较大时，应采用“8”字形开行方式，如图 7-5(c)所示。其进口坡道与挖方轴线间的夹角以 40°~60°为宜，夹角过大则转弯不便，夹角过小则加大运距。

采用铲运机工作时，应本着挖近填远、挖远填近的原则施工，即铲土时先从填土区最近的一端开始，先近后远；填土则从铲土区最远的一端开始，先远后近，依次进行。这样不仅创造下坡铲土的有利条件，还可以在填土区内保持一定长度的自然地面，以便铲运机能高速行驶。

3.反向铲挖掘机开挖渠道

当渠道开挖较深时，采用反向铲挖掘机，开挖具有方便快捷、生产率高的特点，在生产实践中应用相当广泛，其布置方式有沟端开挖和沟侧开挖两种，如图 7-6 所示。

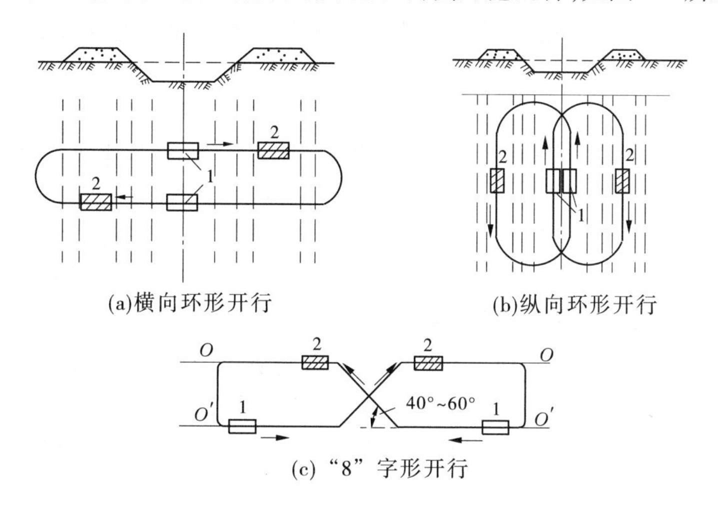

(a)横向环形开行　(b)纵向环形开行

(c)"8"字形开行

1—铲土；2—填土；O—O—填方轴线；O'—O'—挖方轴线

图 7-5　铲运机的开行路线

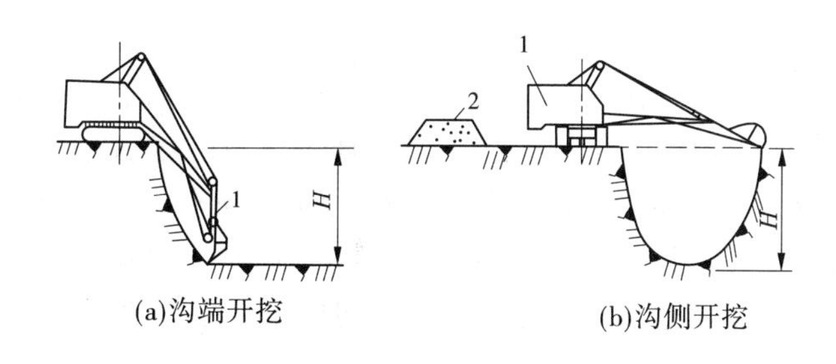

(a)沟端开挖　(b)沟侧开挖

1—挖掘机；2—弃土堆

图 7-6　反向铲挖掘机开挖方式示意图

7.1.2　渠堤填筑

筑堤用的土料不得掺有杂质，以黏土略含砂质为宜。如果用几种透水性不一样的土料，应将透水性小的填筑在迎水坡，透水性大的填筑在背水坡。

新建填方渠道，填筑前应清除填筑范围内的草皮、树根、淤泥、腐殖土和污物，刨松基土表面,适当洒水湿润,然后摊铺选定的土料,分层压实。每层铺土厚度一般为:机械压实时,不应大于 30 cm;人工夯实时,不应大于 20 cm。填方渠道的取土坑与堤脚应保持一定距离,挖土深度不宜超过 2 m,且中间应留有土埂。取土宜先远后近,并留有斜坡道以便于运土。半填半挖渠道应尽量利用挖方筑堤,只有在土料不足或土质不适用时,才在取土坑取土。

铺土前应先行清基,并将基面略加平整然后进行刨毛,堤顶应做成坡度为 2%~5%的坡面,以利于排水。填筑高度应考虑沉陷,一般可预加 5%的沉陷量。填筑完成后,可对渠堤进行夯实。对于机械不能填筑到的部位和小型渠道土堤夯实,宜采用人力夯或蛙式打夯机。对于砂卵石填堤,可选用轮胎碾或振动碾,在水源充沛地方可用水力夯实。

7.1.3　渠道衬砌

渠道衬砌的目的是防止渗漏,保护渠基不风化,减小糙率,美化建筑物。目前,渠道衬砌的材料有灰土、三合土、四合土、水泥土、砌石、混凝土、沥青材料和膜料等。在选择衬砌类型时,应考虑就地取材、防渗效果、渠道输水能力和抗冲能力、管理与养护等因素。

7.1.3.1　灰土衬砌

由石灰和土料混合而成,衬砌的灰与土的配合比一般为 1∶9~1∶3。一般厚度控制在 10~20 cm。灰土施工时,先将过筛后的细土和石灰粉干拌均匀,再加水拌和,然后堆放一段时间,使石灰粉熟化,稍干后即可分层铺筑夯实,拍打坡面消除裂缝,灰土夯实后养护一段时间再通水。灰土护面的抗冲能力较强,但抗冻性差,多用于气候温和地区。

7.1.3.2　水泥土衬砌

水泥土主要原材料为壤土、砂壤土、水泥等,配合比应通过试验确定。一般无冻融作用地区,水泥土配合比为 1∶9~1∶7;有冻融作用地区,配合比为 1∶6~1∶5。水泥土防渗结构的厚度,宜采用 8~10 cm,小型渠道不能小于 5 cm。拌和水泥土时,宜先干拌,再湿拌均匀。

铺筑塑性水泥土前,应先洒水润湿渠基,安设伸缩缝模板,然后按先渠坡后渠底的顺序铺筑。水泥土料应摊铺均匀,浇捣拍实。初步抹平后,宜在表面撒一层厚度为 1~2 mm 的水泥,随即揉压抹光。应连续铺筑,每次拌和料从加水至铺筑宜在 1.5 h 内完成。

考虑预制时,将水泥土料装入模具中,压实后拆模,放在阴凉处静置 24 h 后,洒水养护。在渠基修整后,按设计要求铺砌预制板,板间用水泥砂浆挤压、填平,并及时勾缝与养护。

7.1.3.3　砌石衬砌

在砂砾石地区,坡度大、渗漏性强的渠道,采用浆砌卵石衬护,有利于就地取材,是一种经济的抗冲防渗措施,同时还具有较高的抗磨能力和抗冻性,一般可减少渗漏量 80%~90%。施工时应先按设计要求铺设垫层,然后砌卵石。砌卵石的基本要求是使卵石的长边垂直于边坡,并砌紧、砌平、错缝,坐落在垫层上,如图 7-7 所示。

为了防止砌面被局部冲毁而扩大,每隔 10~20 m 距离用较大的卵石砌一道隔墙。渠坡隔墙可砌成平直形,渠底隔墙可砌成拱形,其拱顶迎向水流方向,以加强抗冲能力。隔墙深度可根据渠道可能冲刷深度确定。渠底卵石的砌缝最好垂直于水流方向,这样抗冲

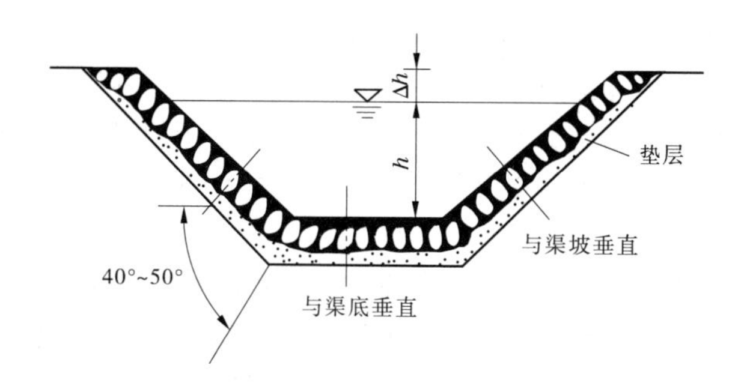

图 7-7 浆砌卵石渠道衬砌示意图

效果较好。不论是渠底还是渠坡,砌石缝面必须用水泥砂浆压缝,以保证施工质量。

7.1.3.4 混凝土衬砌

混凝土衬砌防渗效果好,一般能减少 90%以上渗漏量,耐久性强,糙率小,强度强,便于管理,适应性强,因而被广泛采用。

工程中多采用板型结构,素混凝土板常用于水文地质条件较好的渠段,厚度控制在 6~12 cm;钢筋混凝土板则用于地质条件较差和防渗要求较高的重要渠道,厚度控制在 6~10 cm。钢筋混凝土板按其截面形状的不同,又有矩形板、楔形板、肋梁板等不同形式。矩形板适用于无冻胀地区的各种渠道。楔形、肋形板多用于冻胀地区的各种渠道。

大型渠道的混凝土衬砌多为就地浇筑,渠道在开挖和压实处理以后,先设置排水,铺设垫层,然后浇筑混凝土。渠底采用跳仓法浇筑,但也有依次连续浇筑的。渠坡分块浇筑时,先立两侧模板,然后随混凝土的升高,边浇筑边安设表面模板。如渠坡较缓,用表面振动器捣实混凝土,则不安设表面模板。在浇筑中间块时,应按伸缩缝宽度设立两边的缝子板。缝子板在混凝土凝固以后拆除,以便灌注沥青油毡等填缝材料。

装配式混凝土衬砌是在预制厂制作混凝土板,运至现场安装和灌注填缝材料。预制板的尺寸应与起吊运输设备的能力相适应,装配式衬砌预制板的施工受气候条件影响较小,在已运用的渠道上施工可减少施工与放水间的矛盾。但装配式衬砌的接缝较多,防渗、抗冻性能差,一般在中小型渠道中采用。

7.1.3.5 沥青材料衬砌

沥青材料具有良好的不透水性,一般可减少渗漏量 90%以上,并具有抗碱类腐蚀能力,其抗冲能力则随覆盖层材料而定。沥青材料渠道衬砌有沥青薄膜与沥青混凝土两类。

沥青薄膜类防渗按施工方法可分为现场浇筑和装配式两种。现场浇筑又可分为喷洒沥青和沥青砂浆两种。

(1)现场喷洒沥青薄膜施工,首先要将渠床整平、压实,并洒水少许,然后将温度为 200 ℃的软化沥青用喷洒机具,在 354 kPa 压力下均匀地喷洒在渠床上,形成厚 6~7 mm 的防渗薄膜。各层间需结合良好。喷洒沥青薄膜后,应及时进行质量检查和修补工作,最后在薄膜表面铺设保护层。一般素土保护层的厚度,小型渠道多用 10~30 cm,大型渠道多用 30~50 cm。渠道内坡以不陡于 1∶1.75 为宜,以免保护层产生滑动。

(2)沥青砂浆防渗多用于渠底。施工时先将沥青和砂分别加热,然后进行拌和,拌好后保持在160~180 ℃,即可进行现场摊铺,然后用大方铣反复烫压,直至出油,再做保护层。

沥青混凝土衬护分现场铺筑和预制安装两种施工方法。现场铺筑与沥青混凝土面板施工相似。预制安装多采用矩形预制板。施工时为保证运用过程中不被折断,可设垫层,并将表面进行平整。安装时应将接缝错开,顺水流方向,不应留有通缝,并将接缝处理好。

7.1.3.6　塑料薄膜衬砌

塑料薄膜具有造价低、运输量小、施工简单、效果好和适用性强等优点。铺设方式多采用埋藏式,可用于铺设梯形、复式梯形、矩形、锯齿形等断面。铺设范围有全铺式、半铺式、底铺式。半铺式和底铺式可用于宽浅渠道,或渠坡有树木的改建渠道。为了施工方便,一般多采用梯形边坡,保护层可用素土夯实或加铺防冲材料,其厚度应不小于30 cm。在寒冷冻深较大的地区,保护层厚度常采用冻深的1/3~1/2。塑料薄膜防渗的关键是要铺好保护层,以延长使用年限。

膜料(如土工膜、复合土工膜等)可在现场边铺边连接。一般按先下游后上游的顺序,上游幅压下游幅,接缝垂直于水流方向铺设膜层。膜层不要拉得太紧,并平贴渠底,膜下空气应完全排出。填筑过渡层或保护层的施工速度应与铺膜速度相配合,避免膜层裸露时间过长。填筑保护层的土料,不得含石块、树根、草根等杂物。采用压实法填筑保护层时,禁止使用羊脚碾。施工中要注意检查并粘补已铺膜层的破孔。粘补膜应超出破孔周边10~20 cm。

任务7.2　水闸施工

水闸是一种低水头建筑物,可完成灌溉、排涝、防洪、给水等多种任务。一般由上游连接段、闸室段和下游连接段三部分组成(见图7-8)。其施工内容主要有地基开挖与处理、闸室施工(如底板、闸墩等)、上下游连接段施工(如护坦、海漫等)。

7.2.1　概述

7.2.1.1　水闸的施工特点

平原地区水闸一般有以下施工特点:

(1)施工场地较开阔,便于施工场地布置。

(2)地基多为软土地基,开挖时施工排水较困难,地基处理较复杂。

(3)拦河闸施工导流较困难,常常需要一个枯水期完成主要工作量,施工强度高。

(4)砂石料需要外运,运输费用高。

(5)由于水闸多为薄而小结构,施工工作面较小。

7.2.1.2　水闸的施工内容

水闸施工一般包括以下内容:

(1)“四通一平”与临时设施的建设。

(2)施工导流、基坑排水。

(3)地基的开挖、处理及防渗排水设施的施工。

(4)闸室工程的底板、闸墩、胸墙、工作桥、公路桥等的施工。

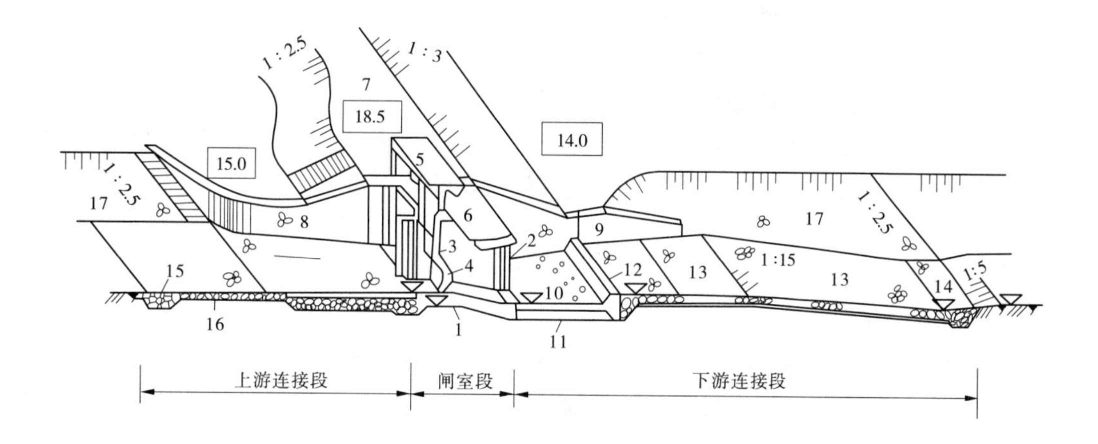

1—闸室底板;2—闸墩;3—胸墙;4—闸门;5—工作桥;6—交通桥;7—堤顶;
8—上游翼墙;9—下游翼墙;10—护坦;11—排水孔;12—消力坎;13—海漫;
14—下游防冲槽;15—上游防冲槽;16—上游护底;17—上、下游护坡

图 7-8 水闸组成

(5)上、下游连接段工程的铺盖、护坦、海漫、防冲槽的施工。

(6)两岸工程的上下游翼墙、刺墙、上下游护坡等的施工。

(7)闸门及启闭设备的安装。

7.2.2 浇筑块划分与浇筑顺序

7.2.2.1 浇筑块划分

混凝土水闸常由沉降缝、温度缝分为许多结构块,施工时应尽量利用永久性分缝进行浇筑块的划分。当永久缝间距过大,划分浇筑块面积太大,混凝土拌和运输能力或浇筑能力难以满足要求时,可设置一些施工缝,将浇筑块划分得小些。浇筑块的大小,可根据施工条件,在体积、面积、高度三个方面进行控制。

(1)浇筑块体积控制:当不能采用三班连续浇筑时,浇筑块的体积不应大于拌和站相应时间的生产量。浇筑块的体积为

$$V \leqslant Q_c m \tag{7-1}$$

式中 V——浇筑块的体积,m^3;

Q_c——拌和站的实用生产率,m^3/h;

m——按一班制或二班制施工时,拌和站连续生产的时间,h。

(2)浇筑块面积控制:浇筑块面积应保证混凝土浇筑中不出现冷缝。浇筑块的面积为

$$A \leqslant \frac{Q_c k(t_2 - t_1)}{h} \tag{7-2}$$

式中 A——浇筑块的面积,m^2;

k——时间利用系数,可取 0.80~0.85;

t_2——混凝土的初凝时间,h;

t_1——混凝土的运输、浇筑所占的时间,h;

h ——混凝土铺料厚度,m。

(3)浇筑块高度控制:可视建筑物结构尺寸特点,冬季施工时下层混凝土强度发展慢对上负荷的限制,架立模板的难易程度而定。浇筑块的高度为

$$H \leqslant \frac{Q_c m}{A} \tag{7-3}$$

式中 H——浇筑块的高度,m。

在满足上述条件的前提下,水闸混凝土浇筑块划分的数目应尽可能少些。这样可以减少施工缝,确保混凝土的质量,加快施工速度。

7.2.2.2 浇筑顺序

施工中应根据工序先后、模板周转、供料强度及上下层、相邻块间施工影响等因素,确定各浇筑块的浇筑方式、浇筑次序、浇筑日期,以便合理安排混凝土施工进度。安排浇筑进度时,应考虑以下几点:

(1)先深后浅。基坑开挖后应尽快完成底板浇筑。为防止地基扰动或破坏,应优先浇深基础,后浇浅基础,再浇筑上部结构。

(2)先重后轻。荷重较大的部位优先浇筑,使其完成部分沉陷后,再浇相邻荷重较小的部位,从而减小两部分之间的不均匀沉陷。

(3)先主后次。优先浇筑上部结构复杂、工序时间长、对工程整体影响大的部位或浇筑块。同时注意新筑块浇筑时,其模板已架立,钢筋、预埋件已安设,且已浇筑块应达一定强度。

7.2.3 闸底板施工

水闸底板有平底板和反拱板两种,目前平底板较为常用。

7.2.3.1 平底板施工

1.底板模板与脚手架安装

在基坑内距模板1.5~2 m处埋设地龙木,在外侧用木桩固定,作为模板斜撑。沿底板样桩拉出的铅丝线位置立上模板,随即安放底脚围图,并用搭头板将每块模板临时固定。经检查校正模板位置水平、垂直无误后,用平撑固定底脚围图,再立第二层模板。在两层模板的接缝处外侧安设横围图,再沿横围图撑上斜撑,一端与地龙木固定。斜撑与地面夹角要小于45°。经仔细校正底部模板的平面位置和高程无误后,最后固定斜撑。对横围图与模板结合不紧密处,可用木楔塞紧,防止模板走动,如图7-9所示。

若采用满堂红脚手架,在搭设脚手架前,应根据需要预制混凝土柱(断面约为15 cm×15 cm的方形),表面凿毛。搭设脚手架时,先在浇筑块的模板范围内竖立混凝土柱,然后在柱顶上安设立柱、斜撑、横梁等。混凝土柱间距视脚手架横梁的跨度而定,一般可为2~3 m,柱顶高程应低于闸底板表面,如图7-9所示,当底板浇筑接近完成时,可将脚手架拆除,并立即把混凝土表面抹平,混凝土柱则埋入浇筑块内。

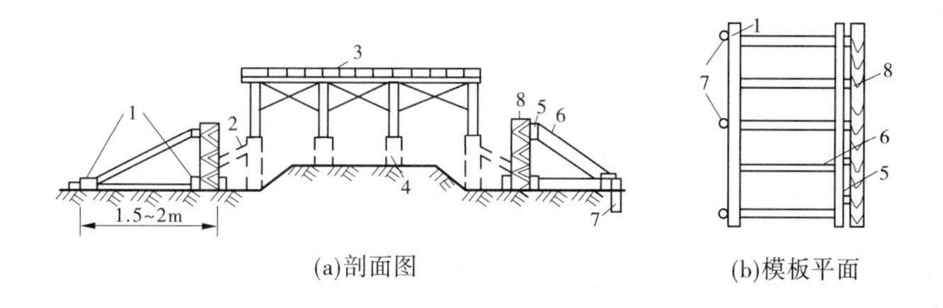

(a)剖面图 (b)模板平面

1—地龙木;2—内撑;3—仓面脚手;4—混凝土柱;5—横围图;6—斜撑;7—木桩;8—模板

图7-9 底板立模与仓面脚手

2.底板混凝土浇筑

对于平原地基上的水闸,在基坑开挖以后,一般要进行垫层铺筑,以方便在其上浇筑混凝土。浇筑底板时,运送混凝土入仓的方法较多,可以用吊罐入仓,此法不需在仓面搭设脚手架。采用满堂红脚手架,可以通过架子车或翻斗车等运输工具运送混凝土入仓。

当底板厚度不大、拌和站的生产能力受到限制时,亦可采用斜层浇筑法。一般均先浇上、下游齿墙,然后从一端向另一端浇筑。

当底板混凝土方量较大,且底板顺水流长度在12 m以内时,可安排两个作业组分层浇筑。首先两组同时浇筑下游齿墙,待齿墙浇平后,将第二组调至上游浇齿墙,第一组则从下游向上游浇第一坯混凝土,当浇到底板中间时,第二组将上游齿墙基本浇平,并立即自下游向上游浇筑第二坯混凝土,当第一组浇到上游底板边缘时,第二组将第二坯浇到底板中间,此时第一组再转入第三坯,如此连续进行。这样可缩短每坯时间间隔,从而避免了冷缝的发生,提高混凝土质量,加快了施工进度。

为了节省水泥,在底板混凝土中可埋入大块石,但应注意勿砸弯钢筋或使钢筋错位。所以抛块石时,最好在一定部位临时抽掉一些面层钢筋,采取固定位置抛块石,为了使块石埋入一定部位,可用滚动的办法就位。混凝土浇至接近面层钢筋位置时,应将原钢筋按设计要求复位。

7.2.3.2 反拱底板施工

1.施工顺序

由于反拱底板对地基的不均匀沉降反应敏感,必须注意其施工程序。

(1)先浇闸墩及岸墙,后浇反拱底板。为了减少水闸各部分在自重作用下的不均匀沉降,可将自重较大的闸墩、岸墙等先行浇筑,并在控制基底不致产生塑性开展的条件下,尽快均衡上升到顶。对于岸墙还应考虑尽量将墙后还土夯填到顶,这样使闸墩岸墙预压沉实,然后浇反拱底板,从而底板的受力状态得到改善。此法目前采用较多,对于黏性土或砂性土均可采用。

(2)反拱底板与闸墩岸墙底板同时浇筑。此法适用于地基条件较好的水闸,对于反拱底板的受力状态较为不利,但保证了建筑物的整体性,同时减少了施工工序,便于施工安排。对于缺少有效排水措施的砂性土地基,采用此法较好。

2.施工要点

(1)由于反拱底板采用土模,因此必须做好排水工作。尤其是砂土地基,不做好排水工作,拱模控制将很困难。

(2)挖模前必须将基土夯实,放样时应严格控制曲线。土模挖出后,应先铺一层 10 cm 厚的砂浆,待其具有一定强度后加盖保护,以待浇筑混凝土。

(3)采用先浇闸墩及岸墙,后浇反拱底板。在浇筑岸、墩墙底板时,应将接缝钢筋一头埋在岸、墩墙底板之内,另一头伸入土模中,以备下一阶段浇入反拱底板。岸、墩墙浇筑完毕后,应尽量推迟底板的浇筑,以便岸、墩墙基础有更多的时间沉降。为了减少混凝土的温度收缩应力,底板混凝土浇筑应尽量选择在低温季节进行,并注意施工缝的处理。

(4)采用反拱底板与闸墩岸墙底板同时浇筑。为了减少不均匀沉降对整体浇筑的反拱底板的不利影响,可在拱脚处预留一缝,缝底设临时铁皮止水,缝顶设"假铰",待大部分上部结构荷载施加以后,便在低温期用二期混凝土封堵。

(5)在拱腔内浇筑门槛时,需在底板留槽浇筑二期混凝土,且不应使两者成为一个整体。

7.2.4　闸墩施工

闸墩的特点是高度大、厚度小、门槽处钢筋密、预埋件多、闸墩相对位置要求严格,所以闸墩的立模与混凝土浇筑是施工中的主要问题。

7.2.4.1　闸墩模板安装

为使闸墩混凝土一次浇筑达到设计高程,闸墩模板不仅要有足够的强度,而且要有足够的刚度,所以闸墩模板安装常采用"对销螺栓、铁板螺栓、对拉撑木"支模法。近年来,模板施工技术日趋成熟,闸墩混凝土浇筑逐渐采用滑模施工。

(1)"对销螺栓、铁板螺栓、对拉撑木"支模法。立模前,应准备好两种固定模板的对销螺栓:一种是两端都绞丝的圆钢,直径可选用 12 mm、16 mm 或 19 mm,长度大于闸墩厚度并视实际安装需要确定;另一种是一端绞丝,另一端焊接一块 5 mm×40 mm×400 mm 扁铁的螺栓,扁铁上钻两个圆孔,以便固定在对拉撑木上,还要准备好等于墩墙厚度的毛竹管或预制空心的混凝土撑头。

闸墩立模时,其两侧模板要同时相对进行。先立平直模板,次立墩头模板。在闸底板上架立第一层模板时,上口必须保持水平。在闸墩两侧模板上,每隔 1 m 左右钻与螺栓直径相应的圆孔,并于模板内侧对准圆孔撑以毛竹管或混凝土撑头,然后将螺栓穿入,且端头穿出横向双夹围囹和竖直围囹木,然后用螺帽拧紧在竖直围囹木上。铁板螺栓带扁铁的一端与水平对拉撑木相接,与两端均绞丝的螺栓要相间布置。在对拉撑木与竖直围囹木之间要留有 10 cm 空隙,以便用木楔校正对拉撑本的松紧度。对拉撑木是为了防止每孔闸墩模板的歪斜与变形。若闸墩不高,可每隔两根对销螺栓放一根铁板螺栓。具体安装见图 7-10 和图 7-11。

闸墩两端的圆头部分,待模板立好后,在其外侧自下而上,相隔适当距离,箍以半圆形粗钢筋铁环,两端焊以扁铁并钻孔,钻孔尺寸与对销螺栓相同,并将它固定在双夹围囹上,如图 7-12 所示。

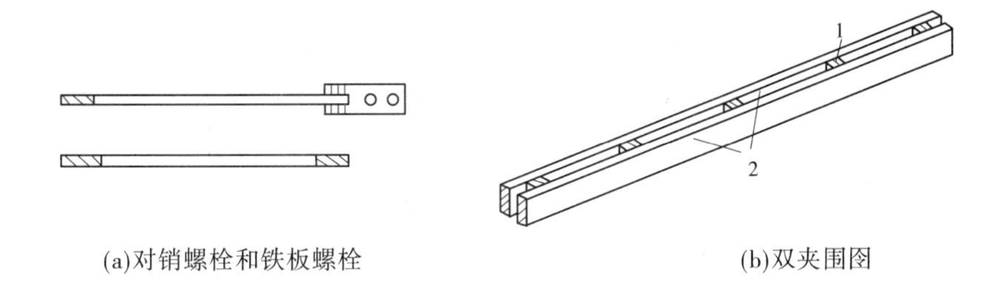

(a)对销螺栓和铁板螺栓　　(b)双夹围囹

1—每隔1 m一块的2.5 cm小木块;2—两块5 cm×15 cm的木板

图7-10　对销螺栓及双夹围囹

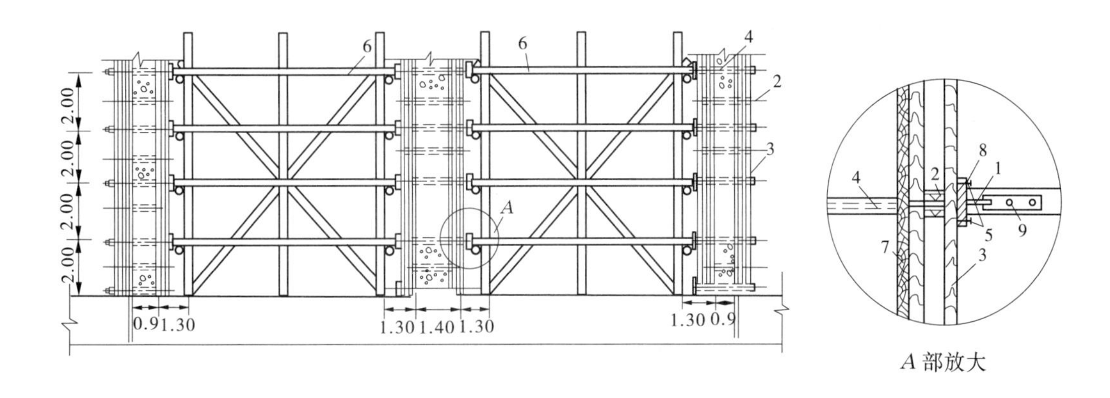

1—铁板螺栓;2—双夹围囹;3—纵向围囹;4—毛竹管;5—马钉;6—对拉撑木;7—模板;8—木楔块;9—螺栓孔

图7-11　铁板螺栓对拉撑木支撑的闸墩模板　(单位:m)

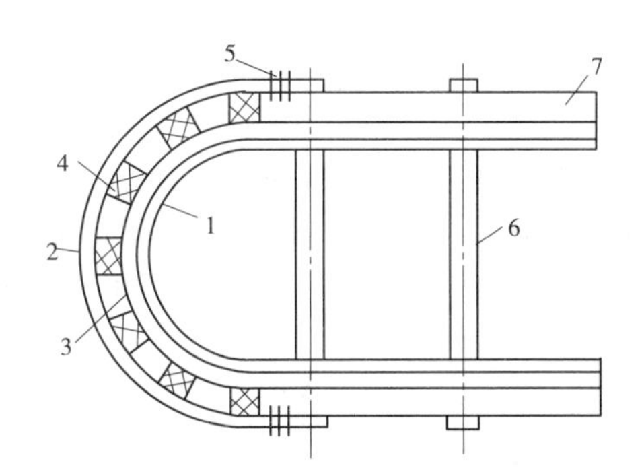

1—模板;2—半圆钢筋环;3—板墙筋;4—竖直围囹;

5—扁铁;6—毛竹管;7—双夹围囹

图7-12　闸墩圆头立模

当水闸为三孔一联整体底板时,中孔可不予支撑。在双孔底板的闸墩上,则宜将两孔同时支撑,这样可使三个闸墩同时浇筑。

(2)钢组合模板翻模施工法。由于钢模板的广泛应用,施工人员依据滑模的施工特点,发展形成了适用闸墩施工的翻模施工法。立模时一次至少立 3 层,当第二层模板内混凝土浇至腰箍下缘时,第一层模板内腰箍以下部分的混凝土须达到脱模强度(以 98 kPa 为宜),这样便可拆掉第一层,去架立第四层模板,并绑扎钢筋。依此类推,保持混凝土浇筑的连续性,以避免产生冷缝。如江苏省高邮船闸,仅用了两套共 630 m^2组合钢模,就代替了原计划四套共 2 460 m^2的木模,节约木材 200 多 m^2,具体组装见图 7-13。

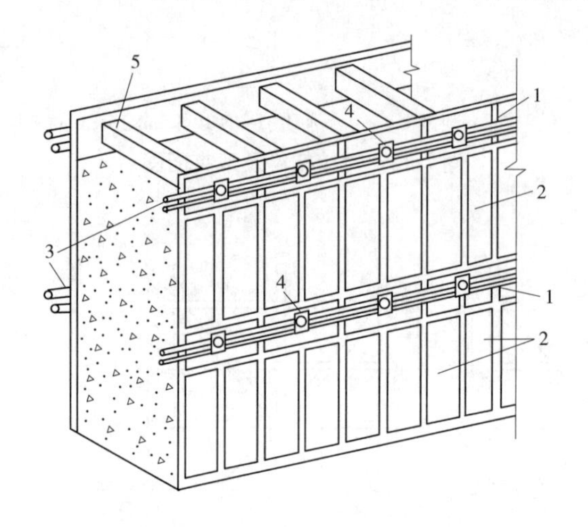

1—腰箍模板;2—定型钢模;3—双夹围囹(钢管);4—对销螺栓;5—水泥撑木

图 7-13　翻模组装图

7.2.4.2　闸墩混凝土浇筑

闸墩模板立好后,随即进行清仓工作。用压力水冲洗模板内侧和闸墩底面,污水由底层模板上的预留孔排出。清仓完毕堵塞小孔后,即可进行混凝土浇筑。

闸墩混凝土的浇筑主要是解决好两个问题:一是每块底板上闸墩混凝土的均衡上升;二是流态混凝土的入仓及仓内混凝土的铺筑。闸墩混凝土一般采用溜管运输,溜管间距为 2~4 m,溜管底距混凝土面的高度应不大于 2 m。

由于仓内工作面窄,浇捣人员走动困难,可把仓内浇筑面分划成几个区段,每区段内固定浇捣工人,这样可提高工效。每坯混凝土厚度可控制在 30 cm 左右。

7.2.5　胸墙施工

胸墙施工在闸墩浇筑后工作桥浇筑前进行,全部重量由底梁及下面的顶撑承受。下梁下面立两排排架式立柱,以顶托底板。立好下梁底板并固定后立圆角板,再立下游面板,然后吊线控制垂直度。接着安放围囹及撑木,临时固定在下游立柱上,待下梁及墙身扎铁后再由下而上地立上游面模板,再立下游面模板及顶梁。模板用围囹和对销螺栓与支撑脚手相连接。

胸墙多属板梁式简支薄壁构件,故在闸墩立胸墙槽模板时,首先要做好接缝的沥青填料,使胸墙与闸墩分开,保持简支。其次在立模时,先立外侧模板,等钢筋安装后再立内侧模板,而梁的面层模板应留有浇筑混凝土的洞口,当梁浇好后再封闭。最后,要注意胸墙与闸门顶止水设备安装。

7.2.6　止水设施施工

为了适应地基的不均匀沉降和伸缩变形,在水闸设计中均设置温度缝与沉降缝,并常用沉降缝兼作温度缝使用。缝有垂直和水平两种,缝宽一般为1.0~2.5 cm。缝中填料及止水设施,在施工中应按设计要求确保质量。

7.2.6.1　沉降缝填料的施工

沉降缝的填充材料常用的有沥青油毛毡、沥青杉木板及沥青芦席等多种。其安装方法有以下两种:一是先装填料法,即将填充材料用铁钉固定在模板内侧,铁钉不能完全钉入,至少要留有1/3,再浇混凝土,拆模后填充材料即可贴在混凝土上;二是后装填料法,即先在缝的一侧立模浇混凝土,并在模板内侧预先钉好安装填充材料的铁钉数排,并使铁钉的1/3留在混凝土外面,然后安装填料、敲弯钉尖,使填料固定在混凝土面上。缝墩处的填缝材料,可借固定模板用的预制混凝土块和对销螺栓夹紧,使填充材料竖立平直。

7.2.6.2　止水施工

凡是位于防渗范围内的缝,都有止水设施。止水设施分垂直止水和水平止水两种。水平止水大都采用塑料止水带(见图7-14),其安装与沉降缝填料的安装方法一样,也有两种,具体布置可见图7-15。

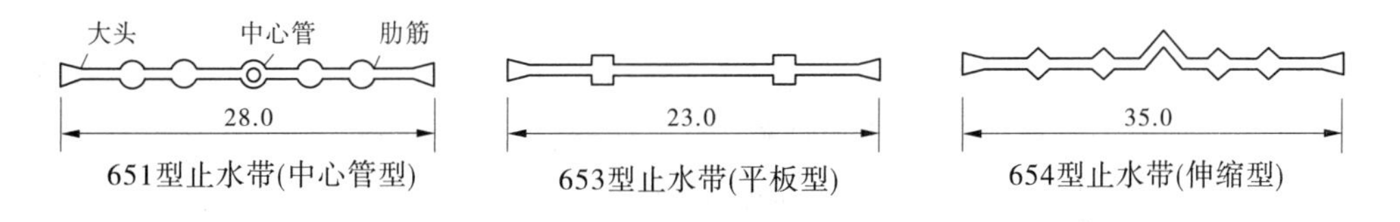

图7-14　塑料止水带　(单位:cm)

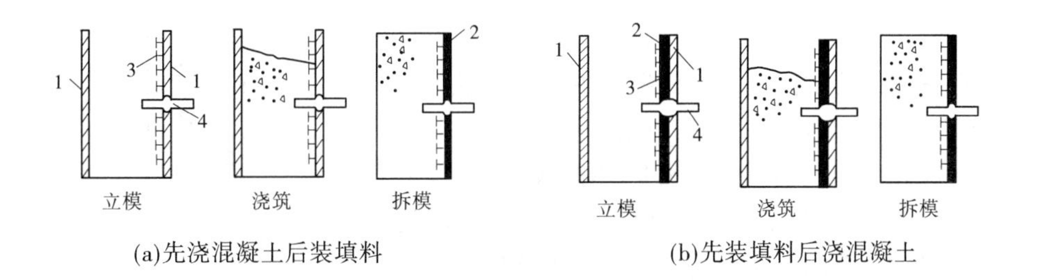

1—模板;2—填料;3—铁钉;4—止水带

图7-15　水平止水安装示意图

浇筑混凝土时,水平止水片的下部往往是薄弱环节,应注意铺料并加强振捣,以防形成空洞。垂直止水可以用止水带或金属止水片,常用沥青井加止水片的形式,其施工方法如图7-16和图7-17所示。

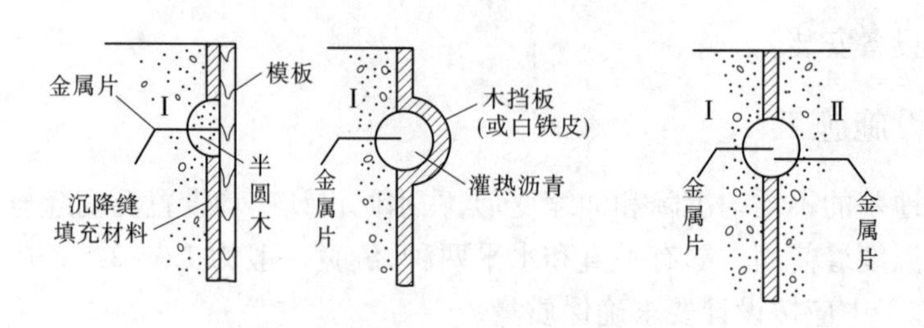

图 7-16　垂直止水施工方法(一)

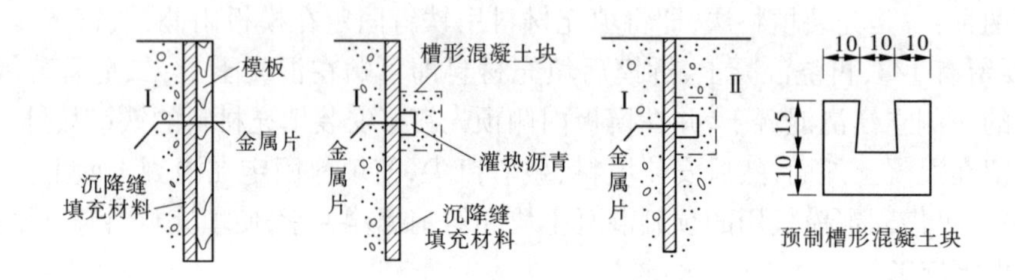

图 7-17　垂直止水施工方法(二)　(单位:cm)

7.2.7　闸门槽施工

采用平面闸门的中小型水闸,在闸墩部位都设有门槽。为了减小启闭力及闸门封水,门槽部分的混凝土中需要埋设导轨等铁件,如滑动导轨、主轮、侧轮及反轮导轨、止水座等。这些铁件的埋设可采用预埋和留槽后浇两种方法。

小型水闸的导轨铁件较小,可在闸墩立模时将其预先固定在模板的内侧,如图 7-18 所示。闸墩混凝土浇筑时,导轨等铁件即浇入混凝土中。

由于大、中型水闸导轨较大、较重,在模板上固定较为困难,宜采用预留槽浇筑二期混凝土的施工方法。

在浇筑第一期混凝土时,在门槽位置留出一个比门槽宽的槽位,并在槽内预埋一些开脚螺栓或插筋,作为安装导轨的固定埋件,如图 7-19 所示。一期混凝土达到一定强度后,需用凿毛的方法对施工缝认真处理,以确保二期混凝土与一期混凝土的结合。

安装直升闸门的导轨之前,要对基础螺栓进行校正,再将导轨初步固定在预埋螺栓或钢筋上,然后利用垂球逐点校正,使其竖直无误,最终固定并安装模板。模板安装应随混凝土浇筑逐步进行。

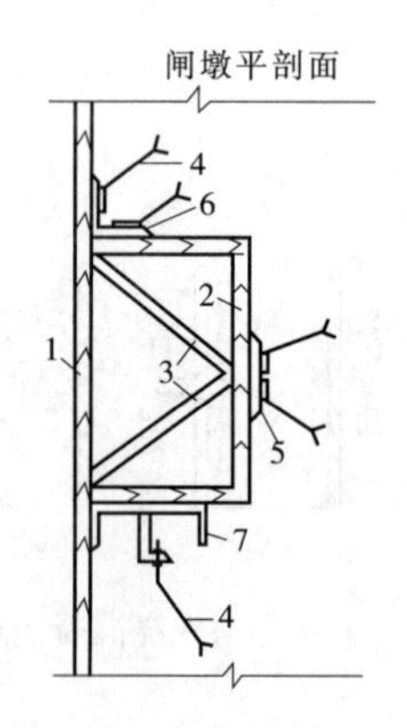

1—闸墩模板;2—门槽模板;
3—撑头;4—开脚螺栓;5—侧导轨;
6—门槽角铁;7—滚轮导航

图 7-18　导轨预先埋设方式

弧形闸门的导轨安装,需在预留槽两侧,先设立垂直闸墩侧面并能控制导轨安装垂直度的若干对称控制点。再将校正好的导轨分段与预埋的钢筋临时点焊接数点,待按设计坐标位置逐一校正无误，并根据垂直平面控制点，用样尺检验调整导轨垂直度以后，再电焊牢固，如图 7-20 所示。

导轨就位后即可立模浇筑二期混凝土。浇筑二期混凝土时，应采用较细骨料混凝土，并细心捣固，不要振动已安装好的金属构件。门槽较高时，不要直接从高处下料，可以分段安装和浇筑。二期混凝土拆模后，应对埋件进行复测，并做好记录，同时检查混凝土表面尺寸，清除遗留的杂物、钢筋头，以免影响闸门启闭。

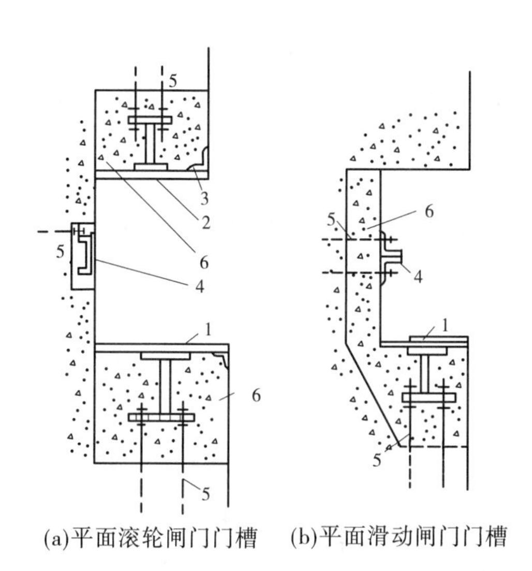

1—主轮或滑动导轨；2—反轮导轨；3—侧水封座；
4—侧导轨；5—预埋螺栓；6—二期混凝土

图 7-19　平面闸门槽的二期混凝土

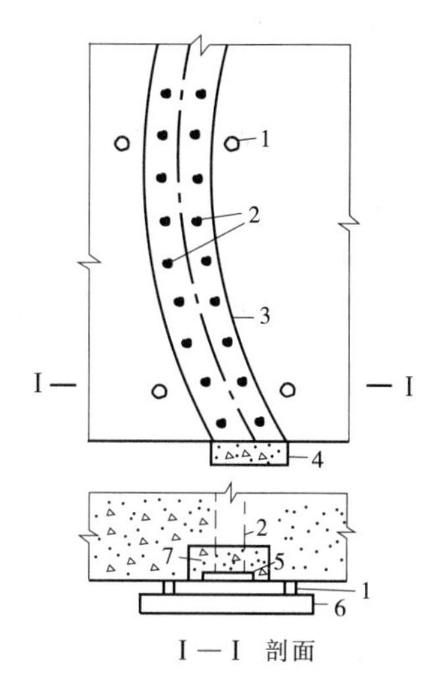

1—垂直平面控制点；2—预埋钢筋；
3—预留槽；4—底槛；5—侧轨；
6—样尺；7—二期混凝土

图 7-20　弧形闸门侧轨安装

任务 7.3　渡槽施工

渡槽，指输送渠道水流跨越河渠、溪谷、洼地和道路的架空水槽。普遍用于灌溉输水，也用于排洪、排沙等，大型渡槽还可以通航。渡槽主要用砌石、混凝土及钢筋混凝土等材料建成。渡槽按施工方法分为现浇渡槽和装配式渡槽两种类型，装配式渡槽具有简化施工、缩短工期、提高质量、减轻劳动强度、节约钢木材料、降低工程造价的特点，被广泛采用。本书主要讲解装配式渡槽施工，主要包括预制和吊装两个施工过程。

7.3.1　构件的预制

7.3.1.1　槽架的预制

槽架是渡槽的支承构件，为了便于吊装，一般选择靠近槽址的场地预制。制作的方式有地面立模和砖土胎模两种。

(1)地面立模。在平坦夯实的地面上用 1 : 3 : 8 的水泥、黏土、砂浆抹面，厚度约 1

cm，压抹光滑作为底模，立上侧模后就地浇制，拆模后，当强度达到 70%时，即可移出存放，以便重复利用场地。

(2)砖土胎模。其底模和侧模均采用砌砖或夯实土做成，与构件的接触面用水泥黏土砂浆抹面，并涂上脱模剂即可。使用土模应做好四周的排水工作。

高度在 15 m 以上的排架，如受起重设备能力的限制，可以分段预制。吊装时，分段定位，用焊接固定接头，待槽身就位后，再浇二期混凝土。

7.3.1.2　槽身的预制

为了便于预制后直接吊装，整体槽身预制宜在两排架之间或排架一侧进行。槽身的方向可以垂直或平行于渡槽的纵向轴线，根据吊装设备和方法而定。要避免因预制位置选择不当，而在起吊时发生摆动或冲击现象。

U 形薄壳梁式槽身的预制，有正置和反置两种浇筑方式。正置浇筑是槽口向上，优点是内模板拆除方便，吊装时不需翻身，但底部混凝土不易捣实，适用于大型渡槽或槽身不便翻身的工地。反置浇筑是槽口向下，优点是捣实较易，质量容易保证，且拆模快、用料少等，缺点是增加了翻身的工序。

矩形槽身的预制，可以整体预制也可以分块预制。中小型工程，槽身预制可采用砖土材料制模，如图 7-21 所示。反置浇筑钢丝网水泥渡槽槽身木内模的结构如图 7-22 所示。

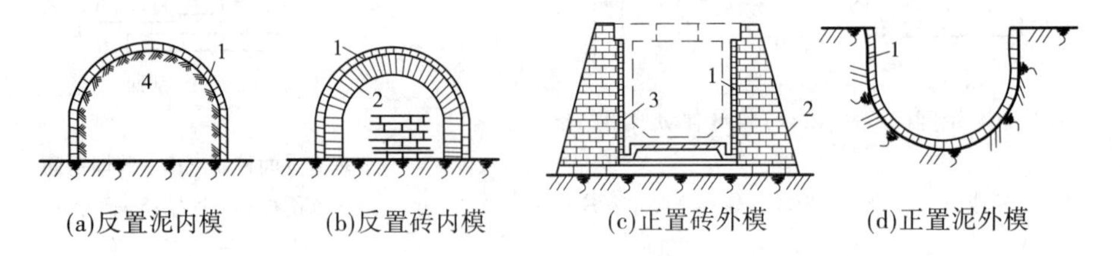

(a)反置泥内模　(b)反置砖内模　(c)正置砖外模　(d)正置泥外模

1—1∶4 水泥砂浆层，3～5 mm 厚；2—砖砌体；3—渡槽；4—填土

图 7-21　砖土材料内外模

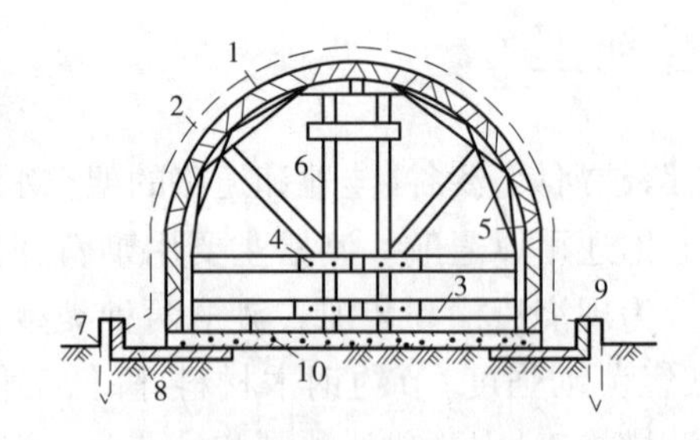

1—木内膜；2—待浇槽身；3—活动横撑；
4—活动销；5—内龙骨，6—内支架；7—木桩；
8—底模；9—侧模；10—预制横拉梁

图 7-22　反置浇筑钢丝网水泥渡槽槽身木内模结构

7.3.2　梁式渡槽的吊装

装配式渡槽的吊装工作是渡槽施工中的主要环节，必须根据渡槽的形式、尺寸、构件重量、吊装设备能力、地形和自然条件、施工队伍的素质以及进度要求等因素，进行具体分析比较，选定快速简便、经济合理和安全可靠的吊装方案。

7.3.2.1　槽架的吊装

槽架下部结构有支柱、横梁和整体排架等。支柱和排架的吊装通常有垂直起吊插装和就地转起立装两种。垂直起吊插装是用起重设备将构件垂直吊离地面后，插入杯形基础，先用木楔（或钢楔）临时固定，校正标高和平面位置后，再填充混凝土作永久固定。就地转起立装法，与扒杆的竖立法相同。两支柱间的横梁，仍用起重设备吊装。吊装次序由下而上，将横梁先放置在临时固定于支柱上的三角撑铁上。位置校正无误后，即焊接梁与柱联系钢筋，并浇二期混凝土，使支柱与横梁成为整体。待混凝土达到一定强度后，再将三角撑铁拆除。

7.3.2.2　槽身的吊装

装配式渡槽槽身的吊装，基本上可分为两类，即起重设备架立于地面上吊装及起重设备架立于槽墩或槽身上吊装。起重设备架立在地面上吊装槽身的方法如图 7-23 所示。

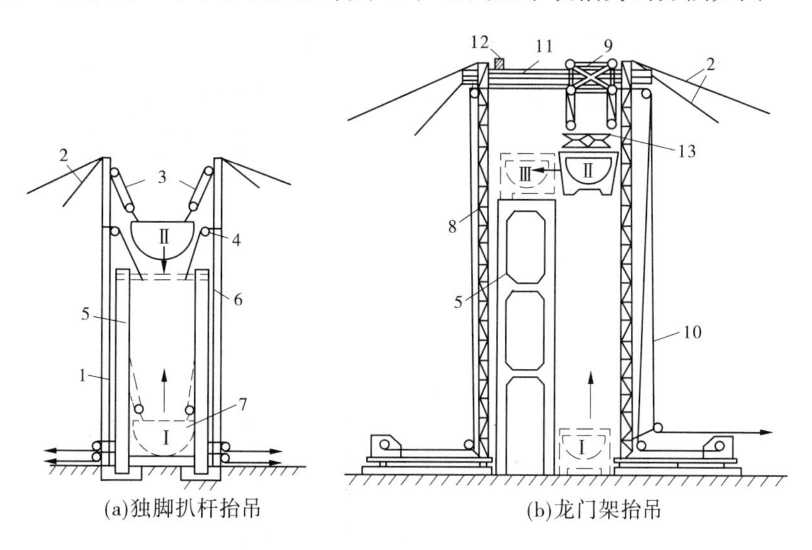

1—扒杆；2—缆风；3—主滑车组；4—副滑车组；5—排架；6—枕头木；7—预制槽身位置；
8—龙门架；9—行车；10—行车控制索；11—横梁；12—行车止动块；13—蝴蝶铰

图 7-23　地面吊装槽身示意图

槽身重量和起吊高度不大时，采用两台或四台独脚扒杆抬吊，如图 7-23（a）所示。当槽身起吊到空中后，用副滑车组将枕头梁吊装在排架顶上。这种方法起重扒杆移行费时，吊装速度较慢。

龙门架抬吊的顶部设有横梁和轨道，并装有行车，如图 7-23（b）所示。操作上使四台卷扬机提升速度相同，并用带蝴蝶铰的吊具，使槽身四吊点受力均匀，槽身平稳上升。横梁轨道顶面要有一定坡度，以便行车在自重作用下能顺坡下滑，从而使槽身平移在排架顶上降落就位。采用此法吊装渡槽者较多。

起重设备架立在槽身或槽墩上吊装槽身的方法如图 7-24 所示。

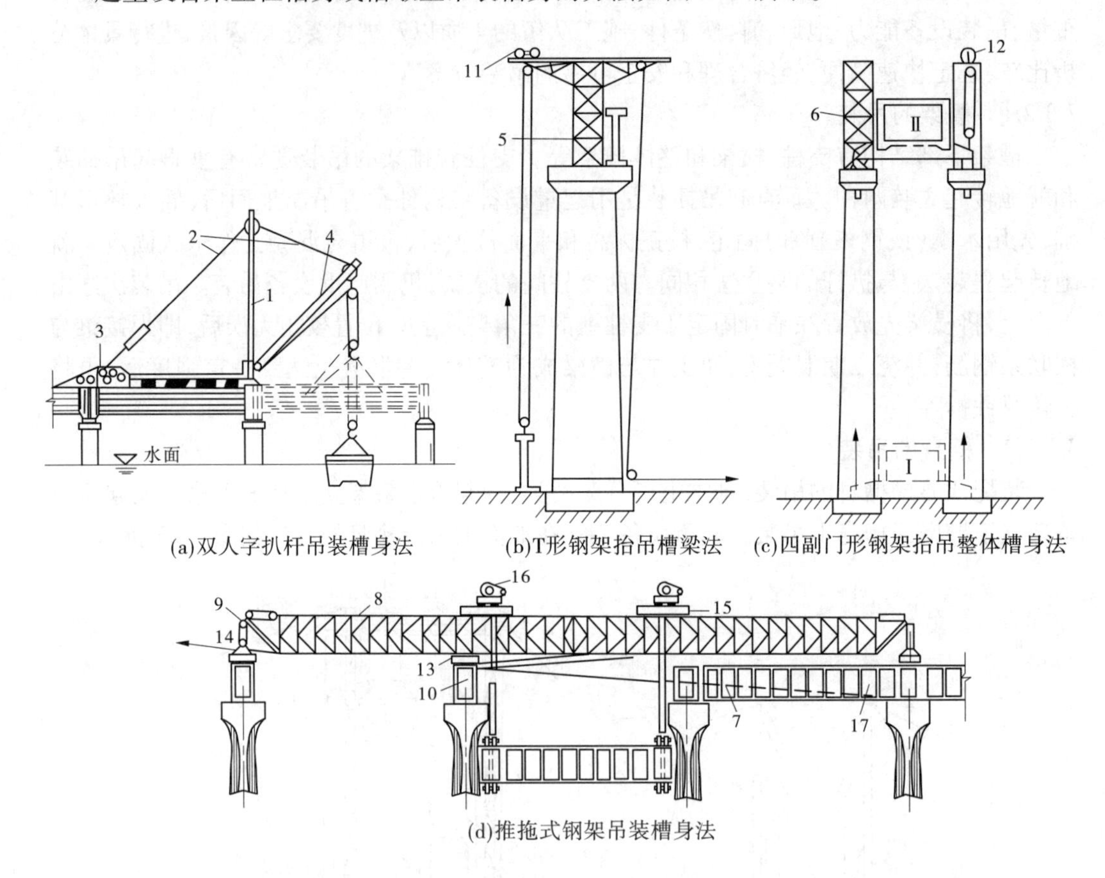

1—钢管人字架；2—钢拉杆；3—起重卷扬机；4—人字形起重臂；5—T 形钢架；6—门形钢架；7—推托索；8—钢架；9—扒杆；10—现浇短槽身；11—推拖定滑车；12—承重工字架；13—滚轮托架；14—牵引绳；15—平移装置底盘；16—平移小车；17—卷扬机

图 7-24　在槽身或槽墩上吊装槽身方法示意图

双人字扒杆吊装槽身法如图 7-24(a)所示。此法不设侧向缆风，起重杆为人字形，以增加吊装的稳定性。

图 7-24(b)所示为 T 形钢架抬吊槽梁法，为了使槽梁能平移就位，在钢架顶部设置横梁和平移小车。图 7-24(c)所示为用四副门形钢架抬吊整体槽身。钢架用螺栓连接，以便重复使用。图 7-24(d)所示为湖北排子河采用的推拖式钢架吊装槽身法，渡槽跨度 25 m，质量 200 t。此桁架包括前端导架、中段起重架和后端平衡架三部分。桁架首尾的摇臂扒杆用来安装和拆除行走用的滚轮托架。为了使槽身在起吊时能错开牛腿，槽身的预制位置偏离渡槽中心线一个距离，并在槽底两端各留一缺口。当槽身上升高出牛腿后，再由平行装置移动到支承位置，平移装置由安装在底盘上的胶木滑道和螺杆驱动装置所组成。钢架是沿临时安放在现浇短槽身顶部的滚轮托架向前移动的，在钢架首部用牵引绳拉紧

并控制前进方向,同时收紧推拖索,钢架便向前移动。

任务 7.4　水工隧洞施工

水工隧洞施工主要是开挖、衬砌和灌浆。由于多在岩石中开凿,开挖掘进方法有钻孔爆破法和掘进机开挖。钻孔爆破法开挖的施工过程为测量放线、钻孔、装药、爆破、通风散烟、安全检查与处理、装渣运输、洞室临时支护、洞室衬砌或支护、灌浆及质量检查等。衬砌和支护的形式,常用现浇钢筋混凝土衬砌及喷锚支护。

7.4.1　隧洞的开挖

隧洞的开挖方式有全断面开挖法和导洞开挖法两种。开挖方式的选择主要取决于隧洞围岩的类别、断面尺寸、施工机械化程度和施工水平。

7.4.1.1　全断面开挖法

全断面开挖是指整个开挖断面一次钻爆开挖成型,在隧洞断面不大(不超过 16 m^2)或断面尺寸虽较大,但地质条件好,山岩压力不大,不需要支撑或只需要局部简单支撑,而机械设备又比较完善时,均可采用。

全断面开挖的施工程序是全断面一次开挖成洞,后面紧跟衬砌作业。其施工特点是净空面积大,各工序相互干扰小,有利于机械化作业,施工组织较简单,掘进速度快。但这种方式受到机械设备、地质条件和断面尺寸的限制。

全断面开挖又分为垂直掌子面掘进和台阶掌子面掘进两种(见图 7-25)。

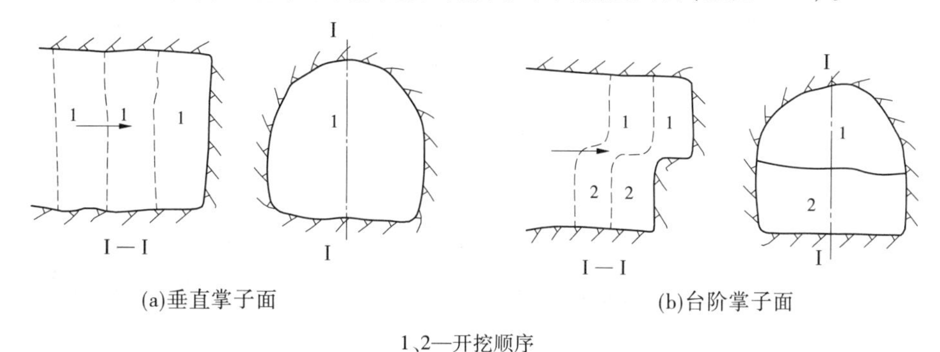

1、2—开挖顺序

图 7-25　全断面开挖的基本方式

(1)垂直掌子面掘进能使用多台钻机或钻孔台车,因而适宜大型机械设备施工。图 7-26为全断面垂直掌子面开挖掘进机械化施工示意图。它采用钻孔台车钻孔、装渣机向电瓶机车牵引的斗车装渣,衬砌采用钢模台车立模,由混凝土泵及其导管运输混凝土进行浇筑。

(2)台阶掌子面掘进是将整个断面分为上、下两层,上层超前 2~3.5 m,上下层同时爆破。通风散烟后,迅速清理好台阶上的石渣,就可以在台阶上钻孔,使下层出渣与上层钻孔同时作业。下层爆破由于增加了临空面,可以少用炸药。这种方式适用于断面较大,围岩稳定性好,但又缺乏钻孔台车等大型机械设备的情况。在掘进过程中要求上、下两层同时爆破，掘进深度应大致相同。

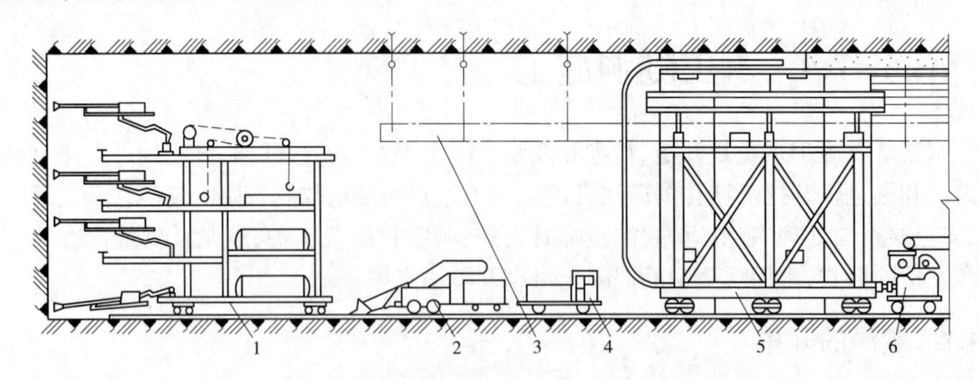

1—钻孔台车；2—装渣机；3—通风管；4—电瓶车；5—钢模台车；6—混凝土泵

图 7-26　全断面垂直掌子面开挖掘进机械化施工示意图

7.4.1.2　导洞开挖法

在待开挖的隧洞中先开挖一个小断面的洞作为先导，称为导洞，等导洞贯通后再扩大开挖出设计断面。隧洞较长时，也可在导洞开挖一定距离后，接着进行断面扩大，使导洞开挖与断面扩大相隔 10～15 m 的距离同时并进。

根据导洞在横断面位置的不同，有下导洞、上导洞、中导洞、双导洞等。

(1)下导洞开挖法。导洞布置在断面的下部，又称漏斗棚架法，其施工顺序如图 7-27 所示。下导洞开挖适用于岩石稳定、地下水较多的情况。它的优点是下部出渣线路不必转移，运输方便，上部扩大，可利用岩石自重提高爆破效果，排水容易，开挖与衬砌施工干扰小，施工速度较快。缺点是顶部钻孔比较困难，遇岩石破碎时，施工不够安全。

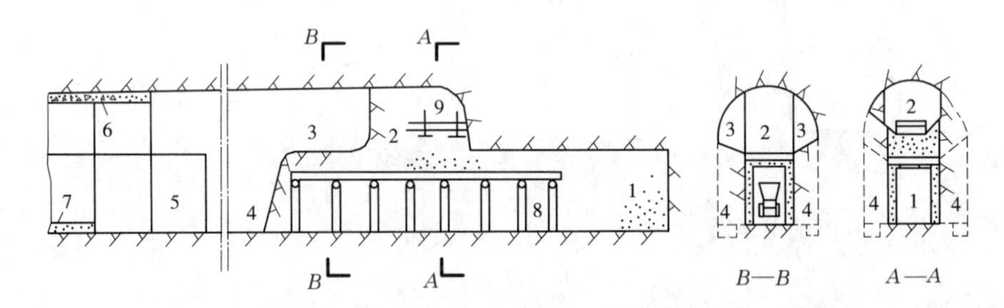

1—下导洞；2—顶部扩大；3—上部扩大；4—下部扩大；5—边墙衬砌；
6—顶拱衬砌；7—底板衬砌；8—漏斗棚架；9—脚手架

图 7-27　下导洞开挖法施工顺序

(2)上导洞开挖法。导洞布置在断面顶拱中央，开挖后由两侧向下扩大。其施工顺序是，先开挖顶拱中部，再向两侧扩拱，及时衬砌顶拱，然后转向下部开挖衬砌。紧水滩水电站导流隧洞开挖如图 7-28 所示。

此法优点是先开挖顶拱，可及时做好顶拱衬砌，下部施工在拱圈保护下进行，比较安全；缺点是需要重复铺设风、水管道及出渣线路，排水困难，施工干扰大，衬砌整体性差，尤

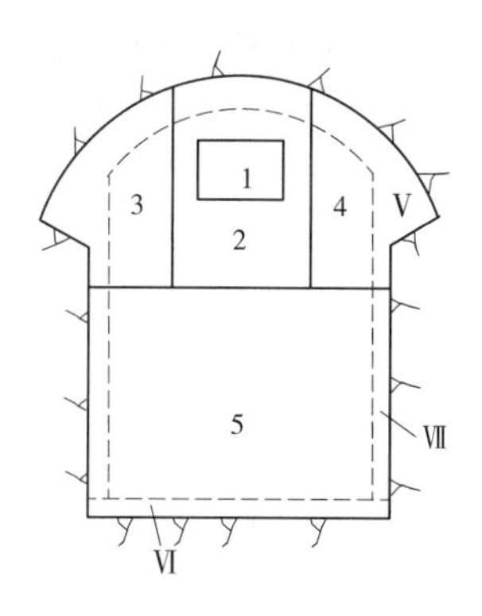

1,2,3,4,5—上导洞开挖顺序;
Ⅴ,Ⅵ,Ⅶ—衬砌顺序

图7-28　紧水滩水电站导流隧洞开挖

其是下部开挖时影响拱圈稳定。

(3)中导洞开挖法。中导洞开挖法是导洞布置在断面中央,导洞全线贯通后向四周辐射钻孔开挖。此法适用于围岩基本稳定,不需临时支护,且具有柱架式钻机的大中断面的平洞。其优点是:利用柱架式钻机,可以一次钻完四周辐射炮孔,钻孔和出渣可平行作业。缺点是:导洞和扩大部分并进时,导洞部分出渣很不方便,所以一般待导洞贯通后再扩大开挖。

(4)双导洞开挖法。双导洞开挖法有上下导洞开挖法和双侧导洞开挖法两种。上下导洞开挖法适用于围岩稳定性好,但缺少大型开挖设备的较大断面平洞。下导洞出渣和排水,上导洞扩大并对顶拱衬砌。为了便于施工,上下导洞用斜洞或竖井连通。双侧导洞开挖法适用于围岩稳定性差、地下水较严重、断面较大需要边开挖边支护的平洞。

7.4.2　钻孔爆破法开挖

隧洞开挖广泛采用钻孔爆破法,应根据设计要求、地质情况、爆破材料及钻孔设备等条件,做好炮孔布置,确定装药量,选择爆破方法等工作。

7.4.2.1　炮孔分类与布置

炮孔按所起作用不同分为掏槽炮孔、崩落炮孔和周边炮孔三种,如图7-29所示。

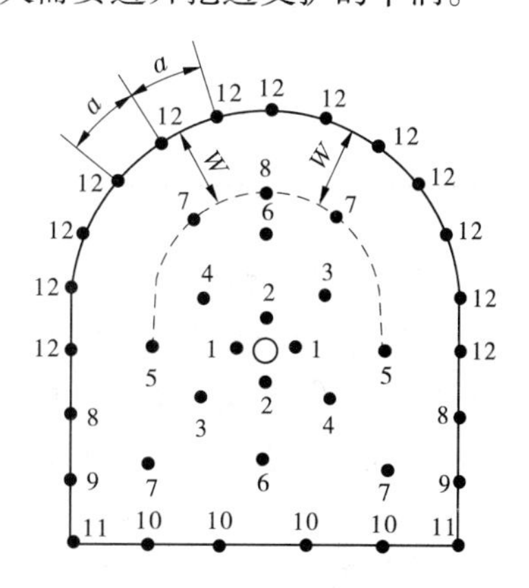

1,2—掏槽炮孔;3~8—崩落炮孔;
9~12—周边炮孔

图7-29　光面爆破炮孔布置图

(1)掏槽炮孔。掏槽炮孔的作用是增加爆破的临空面,其布置简图及适用条件见表7-1。为保证一次掘进的深度及掏槽效果,掏槽炮孔要比其他炮孔略深15~20 cm,装药量比崩落孔多20%左右。

表 7-1　常见掏槽炮孔布置简图和适用条件

掏槽形式	布置简图	适用条件
楔形掏槽	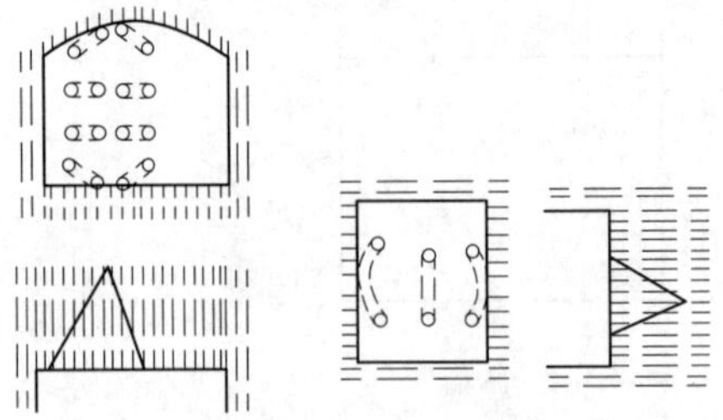 (a)垂直楔形掏槽炮孔　(b)水平楔形掏槽炮孔	适用于中等硬度的岩层。有水平层理时，采用水平楔形掏槽，有垂直层理时，采用垂直楔形掏槽，断面上有软弱带时，炮孔孔底宜沿软弱带布置。开挖断面的宽度或高度要保证斜孔能顺利钻进
锥形掏槽	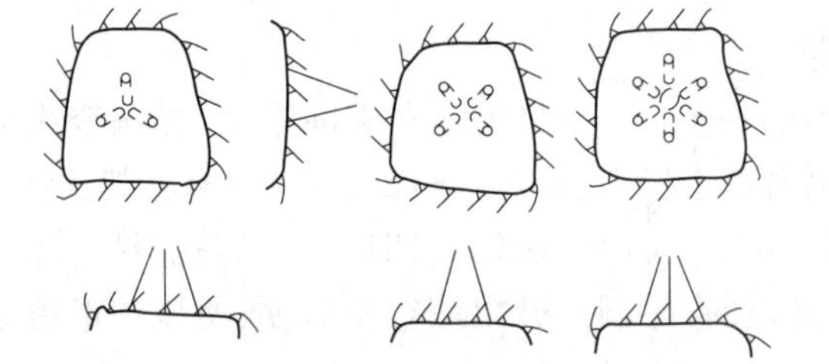 (a)三角锥形掏槽炮孔 (b)四角锥形掏槽炮孔 (c)圆锥掏槽炮孔	适用于紧密的均质岩体。开挖断面的高度和宽度相差不大，并能保证斜孔顺利钻进
垂直掏槽	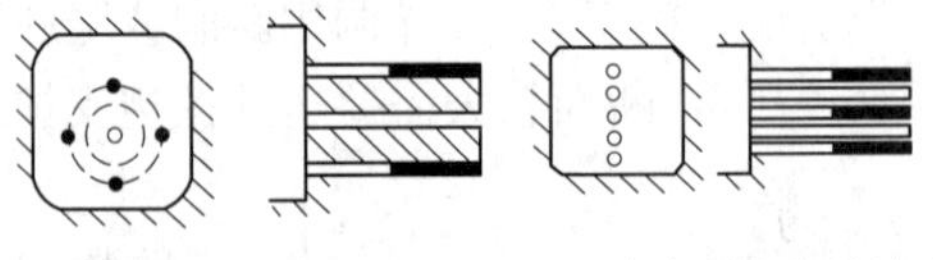 (a)角柱掏槽炮孔　(b)支线裂缝掏槽炮孔	适用于致密的均质岩体。不同尺寸的开挖断面或斜孔钻进困难的场合

（2）崩落炮孔。崩落炮孔的主要作用是爆落岩体，大致均匀地分布在掏槽孔外围，通常崩落孔与开挖断面垂直，孔底应落在同一平面上。

（3）周边炮孔。周边炮孔的主要作用是控制开挖轮廓，布置在开挖断面四周，每个角上须布置角孔。周边炮孔的孔口应离边界线 10～20 cm，以利钻孔。上述周边炮孔爆破后，开挖面高低不平，超欠挖量很大，围岩爆破裂隙亦多。

7.4.2.2　装药量

隧洞爆破中，炸药用量多少直接影响开挖断面的轮廓、掘进速度、围岩稳定和爆破安全。此外，爆落石块的大小还影响装渣运输。

由于岩石性质和岩层的构造差别大，断面大小、爆落块度及炸药性质也不完全相同，因此装药量必须经过现场试验确定。开工前可按下式估算：

$$Q = KSL \tag{7-4}$$

式中 Q——一次掘进中的炸药用量,kg;

K——单位炸药消耗量,kg/m³,可参考表7-2;

S——开挖断面面积,m²;

L——崩落孔炮孔深度,m。

表7-2 隧洞开挖单位炸药(2号硝铵炸药)消耗量 (单位:kg/m³)

工程项目		岩石类别			
		软石 (f<4)	中硬石 (f=4~10)	坚硬石 (f=10~16)	特硬石 (f>16)
导洞	面积4~6 m²	1.50	1.80	2.30	2.30
	面积7~9 m²	1.30	1.60	2.00	2.50
	面积10~12 m²	1.20	1.50	1.80	2.25
扩大		0.60	0.74	0.95	1.20
挖底		0.52	0.62	0.79	1.00

各种炮孔的装药深度和药卷直径有所不同,通常掏槽孔的装药深度为孔深的60%~67%,药卷直径为孔径的3/4;崩落孔和周边孔为孔深的40%~55%,而药卷直径崩落孔为孔径的3/4,周边孔为1/2。炮孔其余长度用1∶3黏土与砂的混合物堵塞。爆破顺序一般是由内向外逐层进行,即按掏槽孔、崩落孔、周边孔的顺序进行。起爆应采用电爆法,用延期或毫秒电雷管控制爆破顺序。隧洞爆破应采用光面爆破或预裂爆破技术,以保证开挖面光滑平整。

7.4.2.3 钻孔爆破循环作业

用钻孔爆破法开挖隧洞包括钻孔、装药、爆破、散烟、安全检查、出渣、临时支撑和铺轨等工序。从第一次钻孔到第二次钻孔,构成一个"循环"。为便于交接班,应使一昼夜中的循环次数为整数,常用的循环时间为4 h、6 h、8 h、12 h等。为确保掘进速度,常采用流水作业法组织各工序进行开挖掘进工作。在一个循环时间内,各工序的起止时间和进度安排,常用循环作业图表示。

1.钻孔作业

钻孔作业在掘进循环时间中占有很大的比重。在隧洞断面不大或机械化程度不高的情况下,常用风钻钻孔。为了提高钻孔速度,应使用多台风钻同时工作,但应保证每台风钻有2~4 m²的工作面。当隧洞断面较大时,可采用钻孔台车或多臂钻来提高钻孔速度。

2.装渣与运输

出渣是隧洞开挖中最繁重的工作,费力费时,所花时间约占一次爆破开挖循环时间的50%,是决定掘进速度的关键工序。出渣的方式有以下几种:

(1)人工出渣。常用架子车或窄轨斗车运渣,适用于小型工地。为提高出渣效率,常借助工作台车或堆渣棚架在装渣点放置钢板,使爆落石渣堆落在钢板上以便铲渣。

(2)装岩机装渣。窄轨机车牵引斗车或矿车出渣。适用于小断面隧洞或大断面分部开挖的隧洞。出渣设备有电动或风动翻斗式装岩机、电动扒斗式装岩机、窄轨电力机车等。运输线路应铺双线,并在适当位置铺设岔道,以满足装车及调度需要。如用单线,则应多设错车道。

(3)装载机或短臂正向铲挖掘机装渣,以及自卸汽车出渣,适用于大断面隧洞全断面开挖。洞内宜设双车道,如用单车道时,每隔 200~300 m 应设错车道。

3.临时支护

临时支护在开挖爆破后,为防止破碎岩层坍塌和个别石块跌落,以确保施工安全,必须进行临时支护。临时支护的形式很多,根据所使用的材料不同,有以下几种:

(1)木支撑。具有重量轻、加工架立方便,损坏前有显著变形等特点。门框形支撑形式简单,构件数目少,通常适用于断面不大的导洞或临时旁洞。拱形支撑构件承压能力大,其断面小、用料省、支撑下面空间大,适用于较坚硬的岩石中,可作隧洞扩大后的支撑。

(2)钢支撑。在岩层十分破碎不稳定的地层中,山岩压力很大,木支撑难以承受或支撑不能拆除必须留在衬砌层内时,往往采用钢支撑。它占空间小,但耗钢量大。

(3)预制混凝土及钢筋混凝土支撑。适用于岩石软弱、山岩压力大、支撑必须留在衬砌层内、跨度不大的断面中。其特点是刚性大,耐久性好,可作为永久性支护的一部分留在衬砌中。但重量大,安装运输不便。

4.辅助作业

隧洞开挖的辅助作业有通风、防尘、防有害气体、供水、排水、供电、照明等。很明显,这些辅助工作是改善洞内劳动条件和工程顺利进行的必要保证。

(1)通风与防尘。通风与防尘的目的是排除因钻孔、爆破等原因而产生的有害气体和岩尘,保证供给工人必要的新鲜空气,并改善洞内温度、湿度和气流速度。

通风方式有自然通风和机械通风两种。自然通风只有在掘进长度不超过 40 m 时,才允许单独采用,其他情况都必须有专门的机械通风设备。机械通风的布置方式有压入式、吸出式和混合式三种,如图 7-30(a)、(b)、(c)所示。

压入式通风是将新鲜空气沿风管直接送到工作面,浑浊空气由洞身排至洞外,其优点是工作面很快获得新鲜空气,缺点是浑浊空气容易扩散至整个洞室。吸出式通风是将污浊空气由风管排出,但新鲜空气流入缓慢。混合式通风是在爆破后进行排烟时用吸出式,经常性通风时用压入式,充分发挥上述两种方式的优点。

有时为了充分发挥风机放能,加快换气速度,施工中常利用帆布、塑料布或麻袋等制成帘幕,防止炮烟扩散,使排除污浊气体的范围缩小。帘幕没在靠近工作面处,但要有一定的防爆距离,一般为 12~15 m。有条件时也可以设置水幕或压气水幕来替代帆布一类的帘幕,如图 7-30(d)所示。

(2)排水与供水。洞内渗水及施工废水需及时排出,当隧洞开挖是向上坡进行、水量不大时,可沿洞底设置排水沟,使水顺沟排出。当隧洞开挖是向下坡进行或洞底是水平时,应将隧洞沿纵向分成数段,每段设置排水沟和集水井,用水泵排出洞外。

(3)供电与照明。洞内供电线路一般采用三相四线制。动力线电压为 380 V,成洞段照明用 220 V,工作段照明用 24 V 或 36 V。在工作面较大的地段,也可采用 220 V 的投光灯照明。由于洞内空间小、潮湿,所有线路、灯具、电气设备都必须注意绝缘、防水、防爆、防止安全事故的发生。开挖区的电力起爆主线,必须单独设置,与一般供电线路分两侧架设,以示区别。

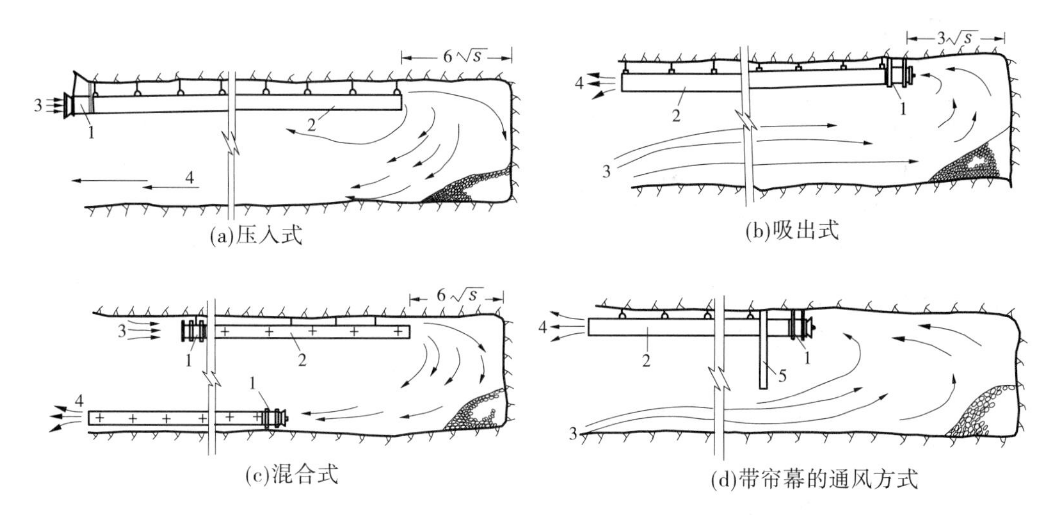

1—风机;2—风筒;3—新鲜空气;4—污浊气体;5—帘幕

图7-30　隧洞机械通风方式

7.4.3　隧洞衬砌

混凝土和钢筋混凝土衬砌的施工有现浇、预填骨料压浆和预制安装等方法。现仅介绍现浇混凝土的衬砌方法。

7.4.3.1　衬砌分缝分块

在隧洞洞轴线上设有永久性结构缝时,可按结构缝分段施工,若结构缝间距过大或无永久性结构缝,则设施工缝分段浇筑。一般分段长度以6~18 m为宜,视地质条件、隧洞断面大小、施工方法及浇筑能力等因素而定。

分段浇筑的顺序有跳仓浇筑、分段流水浇筑、分段留空当浇筑等三种方式,如图7-31所示。衬砌施工在横断面上分块进行,一般分成底拱、边拱和顶拱三块,如图7-32所示,其浇筑顺序一般是先底拱,后边拱,再顶拱。其中边拱和顶拱可以按分块浇筑,也可以连续浇筑,视模板形式和浇筑能力而定。

7.4.3.2　模板架立

对于底拱,如果中心角不大,只需架立两端模板,待混凝土浇筑后,用弧形样板将表面制成弧形即可。当中心角较大时,一般采用底拱模板。先立端部板,再立弧形模板桁架,然后随混凝土浇筑,逐渐从中间向两旁安装悬吊式模板。边拱和顶拱可用桁架式模板。通常是在洞外先将桁架拼装好,运入洞内安装就位后再安设面板。

在大中型隧洞衬砌时,可用移动式钢模台车(见图7-33)。它可沿专用轨道移动,上面装有垂直和水平千斤顶及调节螺杆,用来撑开、收拢模板支架和调整模板就位。

7.4.3.3　衬砌的浇筑和封拱

在中小型隧洞施工中,运送混凝土常用手推车和斗车。当浇筑底拱时,可在其脚手架上运送混凝土直接倾倒入仓。浇筑边拱时,混凝土可由模板上预留的几层窗口进料。浇

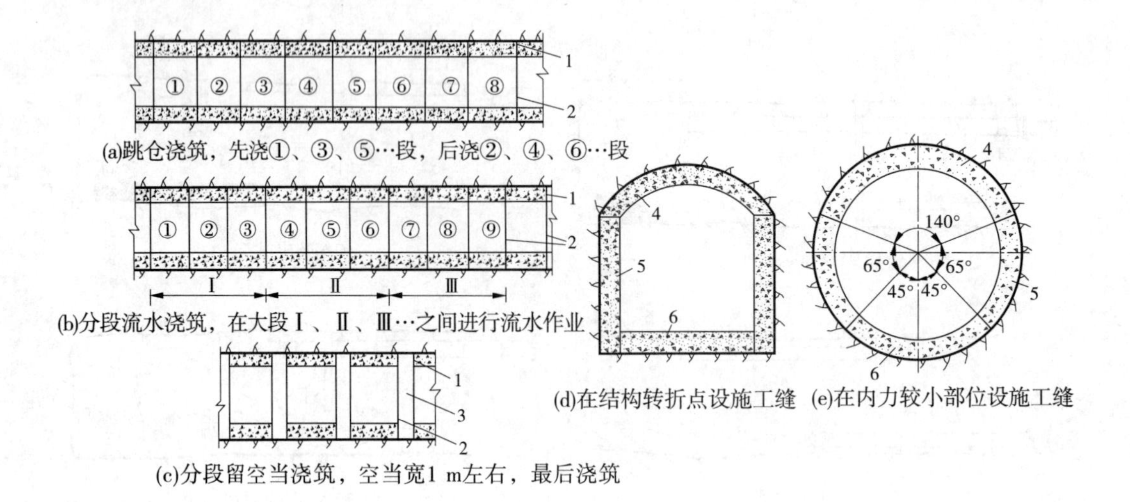

①、③、…、⑨—分段序号；Ⅰ、Ⅱ、Ⅲ—流水段号；

1—止水；2—分缝；3—空当；4—顶拱；5—边拱（边墙）；6—底拱（底板）

图 7-31　平洞衬砌分段分块

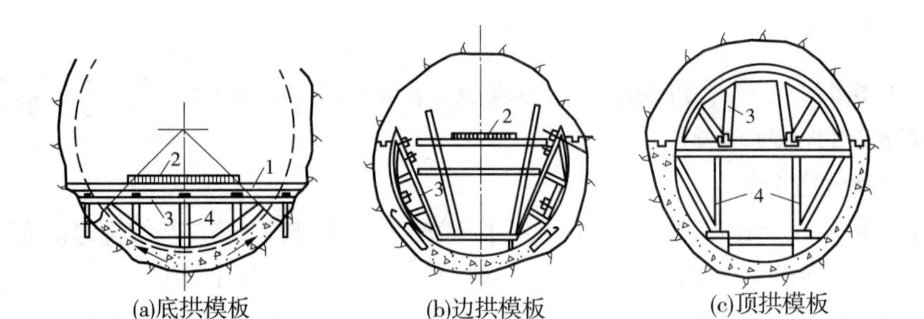

1—脚手架；2—路面板；3—模板桁架；4—桁架立柱

图 7-32　平洞断面分块

筑顶拱时，混凝土在模板顶部预留的几个窗口进料，顺洞轴线方向退到端部，最后由端部挡板上预留的小窗口进料直到浇完。如浇筑段两端的相邻段都浇好，只能在顶拱的最后一个窗口封拱。常采用封拱盒进行封拱（见图 7-34）。

用混凝土泵浇筑边拱和底拱，既可解决在狭窄隧洞内的运输问题，又可提高混凝土的浇筑质量。封拱时在导管末端接上冲天尾管伸入仓内。为了排除仓内空气和检查顶拱的混凝土填满程度，可在仓内最高处设通气管。

7.4.3.4　隧洞灌浆

隧洞灌浆有回填灌浆和固结灌浆两种。前者是填塞岩石与衬砌之间的空隙，以弥补混凝土浇筑质量的不足，所以只限于拱顶一定范围内；后者是加固围岩，提高围岩的整体性和强度，其范围包括断面四周的围岩。

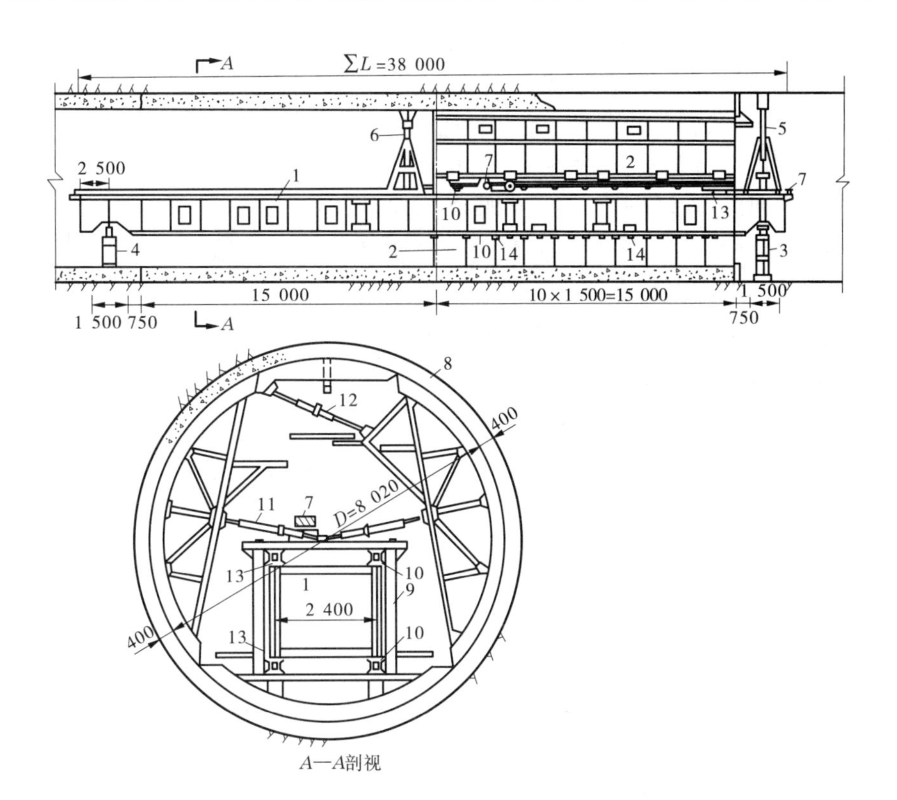

1—针梁;2—钢模;3—前支座液压千斤顶;4—后支座液压千斤顶;5—前抗浮液压千斤顶平台;
6—后抗浮液压千斤顶平台;7—行走装置系统;8—混凝土衬砌;9—针梁的梁框;
10—装在梁框上的轮子,供钢模行走用;11—手动螺栓千斤顶,供伸缩边模用;
12—手动螺栓千斤顶,供伸缩顶模用;13—针梁上下共 4 条钢轨,供有轨行走用;14—千斤顶定位螺栓

图 7-33 针梁式钢模台车示意图 (单位:mm)

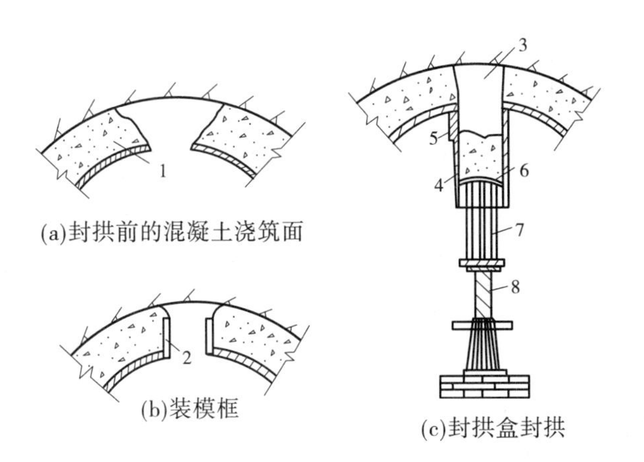

1—已浇筑的混凝土;2—模框;3—封拱部分;4—封拱盒;
5—进料盒门;6—活动封拱板;7—顶架;8—千斤顶

图 7-34 采用封拱盒封拱

为了节省钻孔工作量，两种灌浆都需要在衬砌时预留直径为38~50 mm的灌浆钢管，并固定在模板上。图7-35为隧洞两种灌浆管孔的布置。灌浆管孔沿洞轴线2~4 m布置一排，各排孔位交叉排列。此外，还需要布置一些检查孔，用以检查灌浆质量。灌浆必须在衬砌混凝土达到一定强度后才能进行，并先进行回填灌浆，隔一个星期后再进行固结灌浆。灌浆时应先用压缩空气清孔，然后用压力水冲洗。灌浆在断面上应自下而上进行，并利用上部管孔排气。在洞轴线方向采用隔排灌注、逐步加密的方法。为了保证灌浆质量和防止衬砌结构的破坏，必须严格控制灌浆压力。

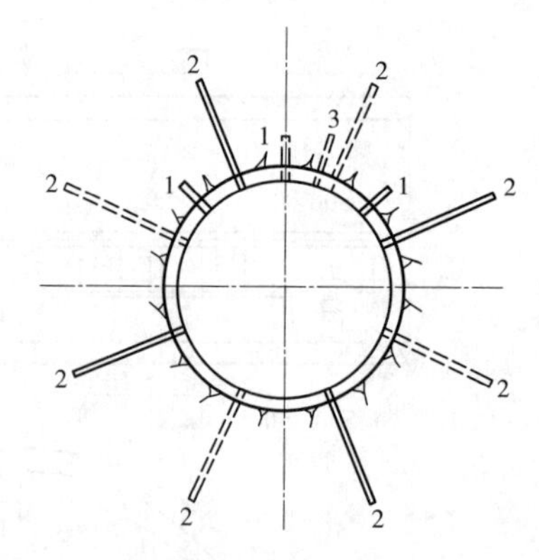

1—回填灌浆孔；2—固结灌浆孔；3—检查孔

图7-35　隧洞两种灌浆管孔的布置

7.4.4　喷锚支护

喷锚支护是利用喷射混凝土和锚杆加固围岩，阻止围岩变形，防止岩块松动，使支护结构与围岩形成共同工作的整体，以增强围岩的自身稳定能力。

喷锚支护的类型有四种：一是锚杆支护，在临时支护中多用楔缝式锚杆，永久支护多用砂浆锚杆；二是喷混凝土支护；三是砂浆锚杆和喷混凝土联合支护，多用于稳定性较差的围岩；四是砂浆锚杆、钢筋网和喷混凝土联合支护，多用于软弱岩体和破碎带的支护。

7.4.4.1　**锚杆支护**

锚杆是锚固在岩体中的杆件，锚杆插入岩体后，与围岩共同工作，提高围岩的自稳能力。在水工隧洞中常用的锚固方式有机械性锚固和胶结型锚固。前者常用楔缝式锚杆和胀壳式锚杆。后者常用砂浆锚杆，有普通砂浆锚杆（由Φ16~25螺纹钢筋制成）和楔缝式注浆锚杆等。锚杆的类型如图7-36所示。

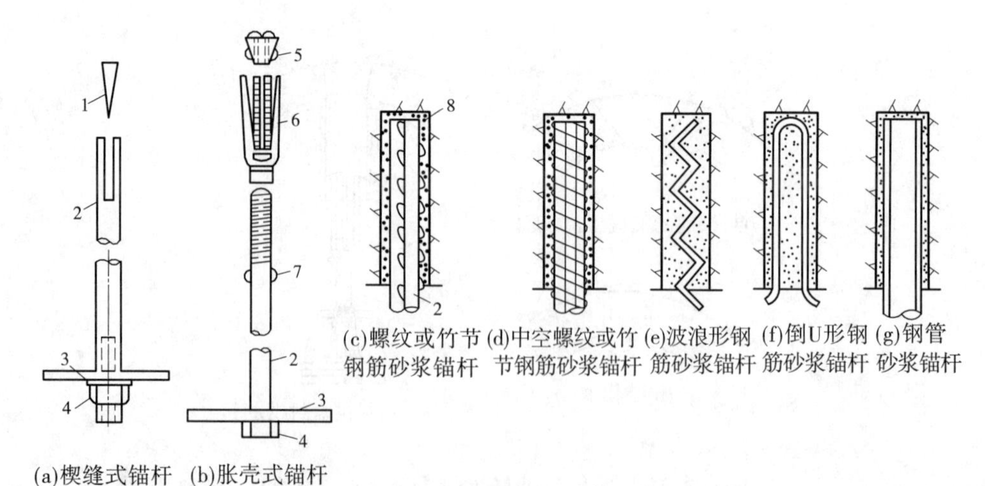

1—楔块；2—锚杆；3—垫块；4—螺帽；5—锥形螺帽；6—胀圈；7—突头；8—水泥砂浆或树脂

图7-36　锚杆的类型

1.楔缝式锚杆施工

楔缝式锚杆施工的顺序是先按设计孔位钻孔,将楔块放入锚杆楔缝内,把带楔块的锚杆插入钻孔,使楔块与孔底接触,用铁锤或风镐对锚杆冲击,使楔块插入缝内,迫使锚头张开,楔紧在眼底孔壁,最后安上垫板,拧紧螺帽。

2.砂浆锚杆施工

施工程序是钻孔、钻孔清洗、压注砂浆和安设锚杆。压注砂浆用风动锚孔灌浆机进行。灌浆时先将砂浆装入罐内,打开进气阀使压缩空气进入罐内,砂浆即沿管道进入孔内。锚杆徐徐插至孔底后,即在孔口楔紧,待砂浆凝固后再拆除楔块。

先设锚杆后注砂浆的施工工艺,用真空压力法注浆。注浆时先启动真空泵,通过端部的抽气管抽气,然后由灰浆泵将砂浆压入孔内,一边抽气一边压浆,砂浆注满后,停灰浆泵,而真空泵继续工作几分钟,以保证注浆质量。适用于楔缝式锚杆等。

7.4.4.2 喷混凝土施工

喷混凝土是将水泥、砂、石子和速凝剂等材料,按一定比例混合后,装入喷射机中,用压缩空气将混合料压送到喷嘴处与水混合(干喷)或直接拌和成混凝土(湿喷),然后喷到岩石表面及裂缝中,使之起到支护作用。喷混凝土的配合比,可按类比法选择后再通过试验确定,水泥与砂石的重量比为 1∶4~1∶5,砂率为 50%~60%,水灰比为 0.4~0.5。

图 7-37 为喷射混凝土的工艺流程。为保证喷混凝土的质量,必须合理控制有关施工参数,主要有以下内容:

(1)风压。是指正常作业时喷射机工作室的风压。风压过大,混凝土回弹量大;风压过小,喷射速度低,混凝土不易密实。一般控制在 0.2 MPa 左右。

(2)水压。喷头处水压必须大于该处风压 0.1~0.15 MPa,以保证混合料充分润湿均匀。

(3)喷射方向和距离。喷头与受喷面应垂直,偏角宜控制在 20°以内,并稍微向刚喷射的部位倾斜。最佳喷射距离为 1 m 左右,过远或过近都会增加回弹量。

(4)喷射分层和间歇时间。分层喷射的间歇时间与水泥品种、速凝剂型号及掺量、施工温度等因素有关。一般应掌握在前层混凝土终凝后,并有一定强度时,再喷后一层为好。当喷混凝土设计厚度大于 10 cm 时,应分层喷射。当掺有速凝剂时,一次喷射顶拱厚度 5~7 cm,边拱厚度 7~10 cm。不掺速凝剂时应薄些。

(5)喷射区段与顺序。喷射作业应分区段进行,区段长一般为 4~6 m。喷射时,通常是先墙后拱,自下而上进行。喷头的运动呈螺旋形划圈,划圈直径为 30 cm 左右,并以每次套半圈地前进,如图 7-38 所示。

(6)养护。喷后 2~4 h 开始洒水养护。洒水次数以保持混凝土表面充分润湿为宜。养护历时不少于 14 d。

此外,一些工程应用喷射钢纤维混凝土来进行边坡维护、建筑结构及建筑物补强加固等,取得了满意的效果。因增加了钢纤维,明显改善了喷混凝土的物理力学性能。有关资料表面,钢纤维掺入率显著影响复合材料的各项物理力学指标。一般掺入率为 1%~3%。

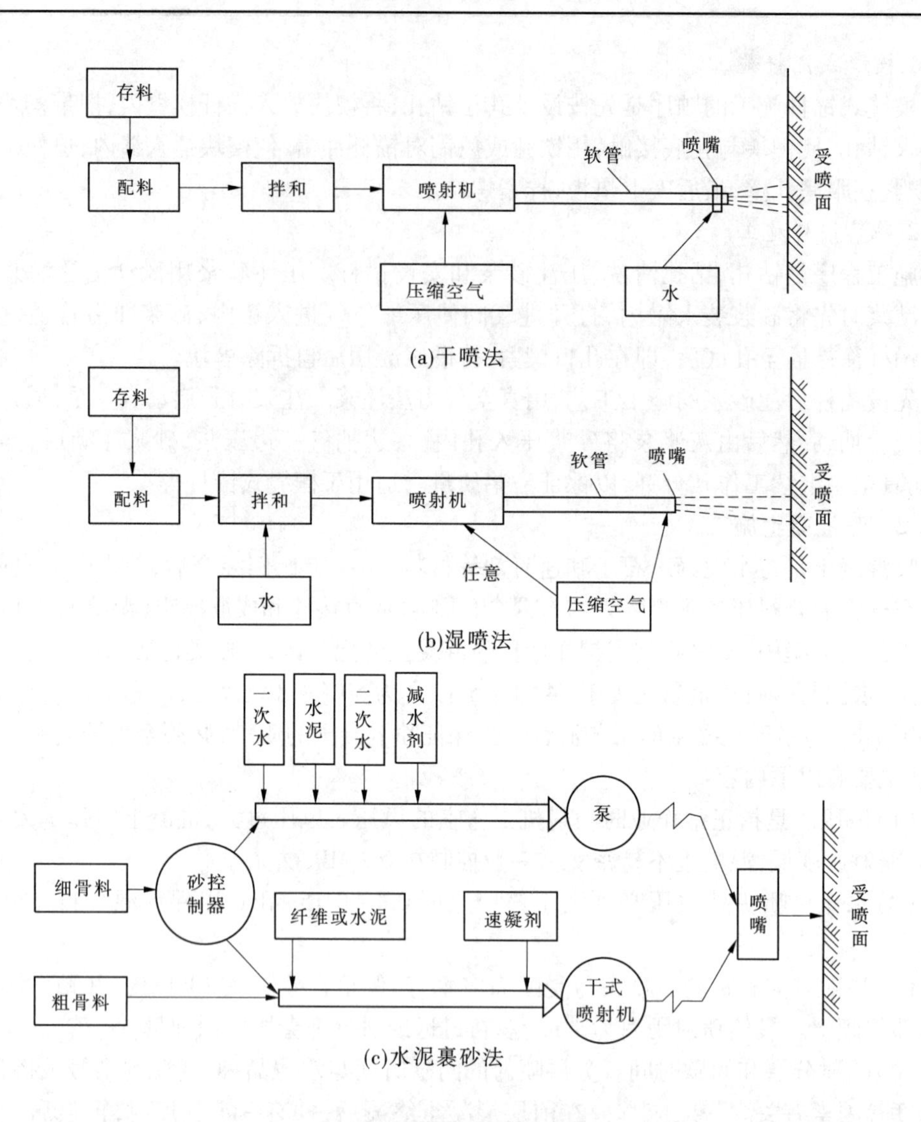

图 7-37　不同喷射方式的工艺流程图

图 7-38　混凝土喷射程序

技能训练

一、填空题

1.渠道开挖的施工方法有______、______和______等。

2.闸底板施工有______和______两种。

3.______是指输送渠道水流跨越河渠、溪谷、洼地和道路的架空水槽。

4.铲运机开挖渠道的开行方式有______和______两种。

5.衬砌施工在横断面上分块进行，一般分成底拱、边拱和顶拱三块，其浇筑顺序一般是先______，后______，再______。

6.炮孔按所起作用不同分为______、______、______三种。

7.喷锚支护是利用______和______加固围岩，阻止围岩变形，防止岩块松动，使支护结构与围岩形成共同工作的整体，以增强围岩的自身稳定能力。

二、选择题

1.水闸由(　　)三部分组成。

A.上游连接段　B.中间段　C.闸室段　D.下游连接段

2.闸墩模板安装常采用(　　)支模法。

A.对销螺栓　B.铁板螺栓　C.对拉撑木　D.滑模施工

3.为了适应地基的(　　)，在水闸设计中均设置温度缝与沉降缝。

A.不均匀沉降　B.伸缩变形　C.强度　D.透水性

4.为保证喷混凝土的质量，必须合理控制(　　)等有关施工参数。

A.风压　B.水压

C.喷射方向和距离　D.喷射分层和间歇时间

E.喷射区段与顺序

5.隧洞开挖的辅助作业有(　　)。

A.通风　B.防尘　C.防有害气体

D.供排水　E.供电

三、问答题

1.渠系建筑物有哪些特点？

2.简述水闸的施工特点。

3.简述装配式渡槽的特点。

4.隧洞灌浆有回填灌浆和固结灌浆两种，分别如何作业？

项目 8　施工组织与计划

水利水电工程建设规模大，涉及专业多，地质、地形条件复杂，需要应用现代施工组织计划技术，科学组织和编写施工组织设计，以便统筹规划、协调各方面矛盾，正确指导施工活动。

任务 8.1　施工组织设计

8.1.1　概述

施工组织设计是用来指导施工项目全过程各项活动的技术、经济和组织的综合性文件，是施工技术与施工项目管理有机结合的产物，它能保证工程开工后施工活动有序、高效、科学合理地进行并安全施工。施工组织设计是研究施工条件、选择施工方案、对工程施工全过程实施组织和管理的指导性文件，是编制工程投资估算、设计概算和招标投标文件的主要依据。

8.1.2　施工组织设计的编制原则

（1）贯彻执行国家有关法律、法规、标准和技术经济政策。

（2）结合实际，因地、因时制宜。

（3）统筹安排、综合平衡、妥善协调枢纽工程各部位的施工。

（4）结合国情推广新技术、新材料、新工艺和新设备，凡经实践证明技术经济效益显著的科研成果，应尽量采用。

8.1.3　施工组织设计的编制依据

（1）有关法律、法规、规章和技术标准。

（2）可行性研究报告及审批意见、上级单位对本工程建设的要求或批件。

（3）工程所在地区有关基本建设的法规或条例，地方政府、业主对本工程建设的要求。

（4）国民经济各有关部门对本工程建设期间的有关要求及协议。

（5）当前水利水电工程建设的施工装备、管理水平和技术特点。

（6）工程所在地区和河流的自然条件（地形、地质、水文、气象特性和当地建材情况等）、施工电源、水源及水质、交通、环保、旅游、防洪、灌溉、航运、过木、供水等现状和近期发展规划。

（7）当地城镇现有修配、加工能力，生活、生产物资和劳动力供应条件，居民生活、卫生习惯等。

8.1.4　施工组织设计的内容

在初步设计阶段，水利水电工程施工组织设计一般包括施工条件、施工导流、主体工程施工、施工交通运输、施工工厂设施和大型临建工程、施工总布置、施工总进度、主要技术供应等。

8.1.4.1　施工条件

施工条件包括工程条件、自然条件、物质资源供应条件以及社会经济条件等，主要有：

（1）工程所在地点，对外交通运输，枢纽建筑物及其特征。

（2）地形、地质、水文、气象条件，主要建筑材料来源和供应条件。

（3）当地水源、电源情况，施工期间通航、过木、过鱼、供水、环保等要求。

（4）对工期、分期投产的要求。

（5）施工用地、居民安置以及与工程施工有关的协作条件等。

8.1.4.2　施工导流

施工导流设计应在综合分析导流条件的基础上，确定导流标准，划分导流时段，明确施工分期，选择导流方案、导流方式和导流建筑物，进行导流建筑物的设计，提出导流建筑物的施工安排，拟定截流、度汛、拦洪、排冰、通航、过木、下闸封堵、供水、蓄水、发电等措施。

8.1.4.3　主体工程施工

主体工程包括挡水、泄水、引水、发电、通航等主要建筑物，应根据各自的施工条件，对施工程序、施工方法、施工强度、施工布置、施工进度和施工机械等问题，进行分析比较和选择。

8.1.4.4　施工交通运输

施工交通运输包括对外交通运输和场内交通运输两部分。

（1）对外交通运输：是在弄清现有对外水陆交通和发展规划的情况下，根据工程对外运输总量、运输强度和重大部件的运输要求，确定对外交通运输方式，选择线路的标准和线路，规划沿线重大设施和与国家干线的连接，并提出场外交通工程的施工进度安排。

（2）场内交通运输：应根据施工场区的地形条件和分区规划要求，结合主体工程的施工运输，选定场内交通主干线路的布置和标准，提出相应的工程量。施工期间，若有船、木过坝问题，应作出专门的分析论证，提出解决方案。

8.1.4.5　施工工厂设施和大型临建工程

（1）施工工厂设施，应根据施工的任务和要求，分别确定各自位置、规模、设备容量、生产工艺、工艺设备、平面布置、占地面积、建筑面积和土建安装工程量，提出土建安装进度和分期投产的计划。

（2）大型临建工程，要作出专门设计，确定其工程量和施工进度安排。

8.1.4.6　施工总布置

主要任务有：

（1）对施工场地进行分期、分区和分标规划。

(2)确定分期分区布置方案和各承包单位的场地范围。

(3)对土石方的开挖、堆料、弃料和填筑进行综合平衡,提出各类房屋分区布置一览表。

(4)估计用地和施工征地面积,提出用地计划。

(5)研究施工期间的环境保护和植被恢复的可能性。

8.1.4.7 施工总进度

施工总进度是对施工期间的各项工做所做的时间规划,它以可行性研究报告批准的竣工投产日期为目标,规定了各个项目施工的起止时间、施工顺序和施工速度。

(1)必须仔细分析工程规模、导流程序、对外交通、资源供应、临建准备等各项控制因素,拟定整个工程的施工总进度。

(2)确定项目的起讫日期和相互之间的衔接关系。

(3)对导流截流、拦洪度汛、封孔蓄水、供水发电等控制环节,工程应达到的形象面貌,需作出专门的论证。

(4)对土石方、混凝土等主要工种工程的施工强度,对劳动力、主要建筑材料、主要机械设备的需用量,要进行综合平衡。

(5)要分析施工工期和工程费用的关系,提出合理工期的推荐意见。

8.1.4.8 主要技术供应计划

(1)根据施工总进度的安排和定额资料的分析,对主要建筑材料和主要施工机械设备,列出总需要量和分年需要量计划。

(2)在施工组织设计中,必要时还需提出进行试验研究和补充勘测的建议,为进一步深入设计和研究提供依据。

(3)在完成上述设计内容时,还应提出相应的附图。

任务 8.2 施工总进度计划

8.2.1 概述

施工总进度计划是根据工程项目竣工日期的要求,对各个活动在时间上所做的统一计划安排。通过规定各项目施工的开工时间、完成时间、施工顺序等,综合平衡人力、资金、技术、时间等施工资源,在保证施工质量和安全的前提下,使施工活动均衡、有序、连续地进行。

在项目各个不同阶段,需要编制不同的进度计划。在初步设计批准之后,要做施工总进度计划,以确定整个工程中各扩大单位工程的主要单位工程及分部工程与主要临时工程的施工顺序和速度;当工期较长时,还需根据工程分期编制分期工程进度计划。在技术设计阶段要做扩大单位工程进度计划,以确定各单项工程中各单位工程及分部工程的施工顺序和工期。

施工总进度计划是施工组织设计的主要组成部分,并与其他部分关系密切,它们相互影响,互为基础。一方面,施工进度安排制约着其他部分的设计,如选择施工导流方案、研究主体工程施工方法、确定现场总体布置,规划场内外交通运输以及组织技术供应等都要依据进度安排;另一方面,进度计划的安排,也受以上条件的制约。如安排施工总进度计划,必须与导流程序相适应,要考虑导流、截流、拦洪、度汛、蓄水、发电等控制环节的施工顺序和速度;要与施工场地布置相协调;要考虑技术供应可能性与现实性;必须按照选定的施工方法、施工方案所提供的生产能力来决定施工强度。总之,只有处理好施工进度计划和施工组织设计各组成部分的关系,才能使计划建立在可靠的基础上。

8.2.2 施工总进度计划的编制原则

(1)认真贯彻执行党的方针政策、国家法令法规、上级主管部门对本工程建设的指示和要求。

(2)密切施工组织设计各专业的联系,统筹考虑,以关键性工程的施工分期和施工程序为主导,协调安排其他各单项工程的施工进度。

(3)在充分掌握及认真分析基本资料的基础上,尽可能采用先进的施工技术和设备,最大限度地组织均衡施工,加快施工进度,保证工程质量和安全施工,根据实际施工情况及时的调整和落实施工总进度。

(4)充分重视和合理安排准备工程的施工进度。在主体工程开工前,相应各项准备工作应基本完成,为主体工程开工和顺利进行创造条件。

(5)对高坝大库大容量的工程,应研究分期建设或分期蓄水的可能性,尽可能减少第一批机组投产前的工程投资。

8.2.3 施工进度计划的表示方法

施工进度计划的设计成果,常以图表的形式来表述,工程设计和施工阶段常采用的施工总进度计划的表示方法主要包括横道图、工程进度曲线、网络进度计划等。

8.2.3.1 横道图

横道图是结合时间坐标线,用一系列水平线段来分别表示各施工过程的施工起止时间和先后顺序的图表。一般包括两个部分,左侧的工作名称及工作的持续时间等基本数据部分和右侧横道线部分。图8-1为用横道图表示的施工进度计划。通常明确表示出各项工作的划分、工作的开始时间和完成时间、工作的持续时间、工作直接的相互搭接关系,以及整个工程项目的开工时间、完工时间等。

横道图的优点是形象、直观,且易于编制和理解,因而长期以来被广泛应用于建设工程进度控制中。但是横道图也存在下列缺点:

(1)不能明确反映出各项工作之间错综复杂的相互关系,在计划执行的过程中,当某些工作的进度由于某种原因提前或拖延时,不便于分析其对其他工作及总工期的影响程度,不利于建设工程进度的动态控制。

(2)不能明确地反映出影响工期的关键工作和关键线路,无法反映出整个工程项目的关键所在,不便于进度控制人员抓住主要矛盾。

(3)不能反映出工作所具有的机动时间,看不到计划的潜力所在,无法进行最合理的组织和指挥。

施工过程	施工进度（d）											
	1	2	3	4	5	6	7	8	9	10	11	12
支模板												
绑扎钢筋												
浇筑混凝土												

图 8-1　用横道图表示的施工进度计划

(4)不能反映工程费用与工期之间的关系,不便于缩短工期和降低成本。

8.2.3.2　工程进度曲线

横道式进度表在计划与实际的对比上,很难准确地表示出实际进度较计划进度超前或延迟的程度。为了准确掌握工程进度状况,有效地进行进度控制,可利用工程施工进度曲线,如图 8-2 所示。

在施工初期由于临时设施的布置、工作的安排等,施工后期由于装修、整理等,施工进度的速度一般较中期为小。每天的完成数量通常自初期至中期呈递增趋势,由中期至末期呈递减趋势。施工进度曲线一般约呈 S 形 。

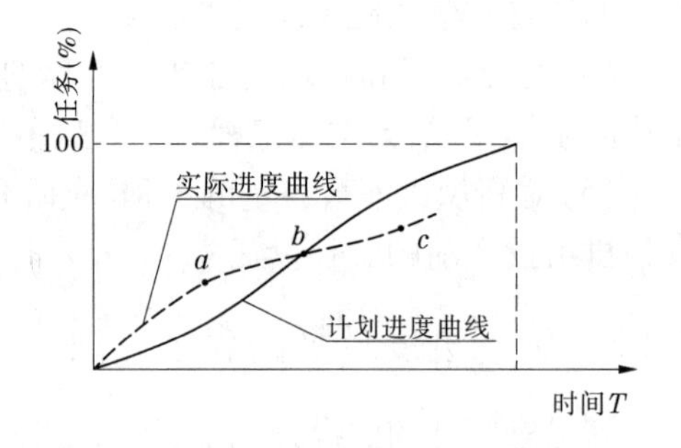

图 8-2　用进度曲线表示的施工进度计划

8.2.3.3　网络计划图

网络进度计划,也称网络计划,是进行施工组织与管理的一种方法。网络计划技术的基本原理是:应用网络图形来表示一项计划中各项工作的开展顺序及其相互之间的关系;通过网络图进行时间参数的计算,找出计划中的关键工作和关键线路,再通过不断改进网络计划,寻求最优方案,以最小的消耗取得最大的经济效果。网络进度计划表示方法有双代号网络图、双代号时标网络图和单代号网络图。

8.2.4　施工进度计划的编制

8.2.4.1　编制施工进度计划

编制施工进度计划步骤如下:

(1)收集基本资料。

(2)编制轮廓性施工进度。

(3)编制控制性施工进度。

(4)施工进度方案比较。

(5)编制施工总进度表。

(6)编写施工总进度研究报告。

8.2.4.2 编制轮廓性施工进度

编制轮廓性施工进度的方法如下：

(1)配合水工设计研究，选定代表性水工方案，了解主要建筑物的施工特性，初步选定关键性的工程项目。

(2)对初步掌握的基本资料进行粗略分析，根据对外交通和施工总布置的规模和难易程度，拟定准备工程的工期。

(3)对以拦河坝为主要主体建筑物的工程，根据初步拟定的导流方案，对主体建筑物进行施工分期规划，确定截流和主体工程下基坑的施工日期。

(4)根据已建工程的施工进度指标，结合本工程的具体条件，规划关键性工程项目的施工期限，确定工程受益的日期和总工期。

(5)对其他主体建筑物施工进度做粗略的分析，绘制轮廓性施工进度表。

8.2.4.3 编制控制性施工进度

控制性施工进度表应列出控制性施工进度指标的主要工程项目，明确工程的开工、截流日期，反映主体建筑物的施工程序和开工、竣工日期，标明大坝各期上升高程、工程受益日期和总工期，以及主要工种的施工强度。

(1)分析选定关键性工程项目，选定关键性工程项目的方法如下：

①分析工程所在地区的自然条件，即研究水文、气象、地形、地质等基本资料对工程施工的影响。

②分析主体建筑物的施工特性，根据水工建筑物图纸，研究大坝坝型、高度、宽度和施工特点，研究地下厂房跨度、高度和可能的出渣通道、引水隧洞的洞径、长度、可能开挖方式，可否有施工支洞等。

③分析主体建筑物的工程量，对各建筑物的工程量进行分析，例如河床水上部分或水下部分，右岸和左岸，上游和下游，以及在某些特征高程以上或以下的工程量。

④选定关键性工程，通过以上分析，用施工进度参考指标，粗估各项主体建筑物的控制工期，即可初步选定控制工程受益工期的关键性工程。

随着控制性施工进度编制工作的深入，可能发现新的关键性工程，于是控制性施工进度就应相应调整。

(2)初拟控制性施工进度表：初拟控制性施工进度的步骤和方法如下：

①拟定截流时段。

②拟定底孔(导流洞)封堵日期和水库蓄水时间。

③拟定大坝施工程序。

④拟定坝基开挖及基础处理工期。

⑤确定坝体各期上升高程的一般方法。

⑥安排地下工程进度。

⑦确定机组安装工期等。

(3)编制控制性进度表，可按以下步骤进行：

①首先以导流工程和拦河坝工程为主体，明确截流日期、不同时期坝体上升高程和封孔(洞)日期、各时段的开挖及混凝土浇筑(或土石料填筑)的月平均强度。

②绘制各单项工程的进度，计算施工强度（土石方开挖和混凝土浇筑强度）。

③安排土石坝施工进度时，考虑利用有效开挖料上坝的要求，尽可能使建筑物的有效开挖和大坝填筑进度互相配合，充分利用建筑物开挖的石料直接上坝。

④计算和绘制施工强度曲线。

⑤反复调整，使各项进度合理，施工强度曲线平衡。

编制施工总进度表，施工总进度表是施工总进度的最终成果，它是在控制性进度表的基础上进行编制的，其项目较控制性进度表全面详细。

8.2.5 施工网络进度计划

网络进度计划的编制步骤如下：

（1）收集基本资料。

（2）列出工程项目。

（3）计算工程量和施工延续时间。

①计算工程量：工程量的计算应根据设计图纸，按工程性质，考虑工程分期和施工顺序等因素，分别按土方、石方、水上、水下、开挖、回填、混凝土等进行计算。

②根据计算的工程量，应用相应的定额资料，可以计算或估算各项目的施工延续时间 t。

$$t = \frac{V}{kmnN} \tag{8-1}$$

式中 V——项目的工程量；

m——日工作班数，实行一班制时 $m=1$；

n——每班工作的人数或机械设备台数；

N——人工或机械台班产量定额；

k——考虑不确定因素而计入的系数 $k<1$。

③分析确定项目之间的依从关系。

④初拟施工进度。

⑤优化、调整和修改。

⑥提出施工进度成果。

网络进度计划的计算：根据施工项目之间的依从关系所绘制的网络图，可以用单代号网络计划表示，也可以用双代号网络计划来表示，参见图 8-3 和图 8-4，它们都是由节点和箭线所组成的有向网络，反映的逻辑关系是等价的。用网络图来反映施工进度，它的逻辑关系明确，便于分析计算和优化调整。网络图分析计算见例 8-1。

【例 8-1】 某项工程项目分解后，根据工作间的逻辑关系绘制的双代号网络计划如图 8-5 所示。工程实施到第 12 天末进行检查时，各工作进展如下：A、B、C 三项工作已经完成，D 与 G 工作分别已完成 5 天的工作量，E 工作完成了 4 天的工作量。

问题：（1）该网络计划的计划工期为多少天？

（2）哪些工作是关键工作？

（3）按计划的最早进度，到第 12 天末进行检查时三项工作是否已推迟？推迟的时间是否影响计划工期？

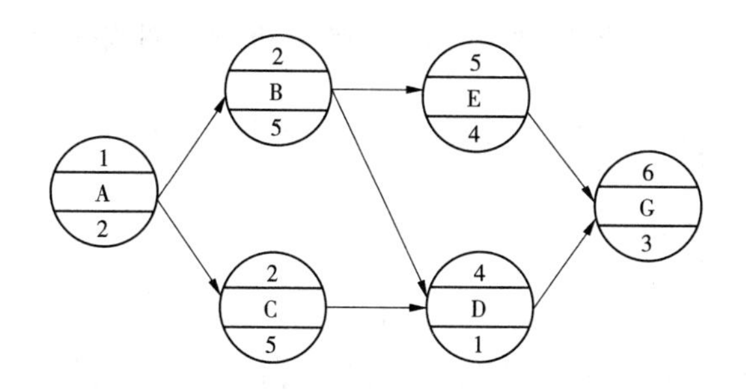

图8-3　以单代号网络图表示的网络计划

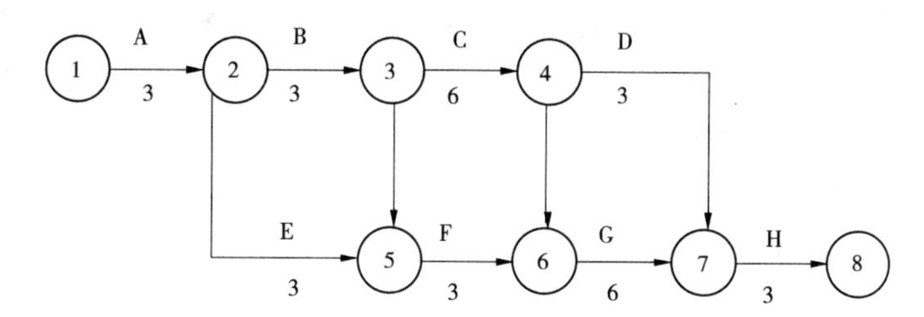

图8-4　以双代号网络图表示的网络计划

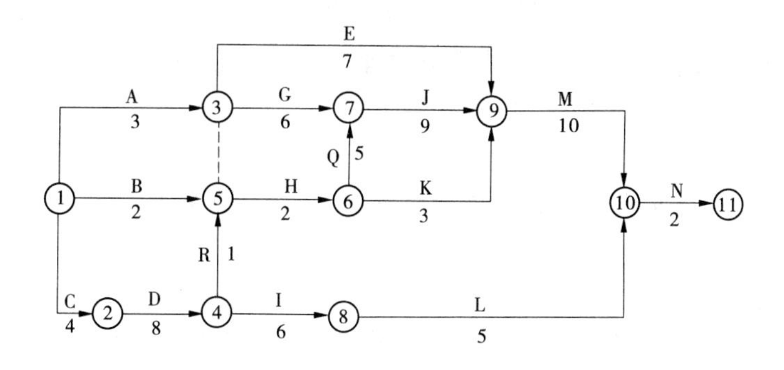

图8-5

参考答案:(1)通过网络计算,计划总工期为41天。

(2)该网络计划关键线路为:①—②—④—⑤—⑥—⑦—⑨—⑩—⑪,其关键工作为C、D、R、H、Q、J、M、N。

(3)D工作滞后3天,预计完成时间为第15天。因属于关键工作,导致总工期推迟3天。E工作滞后3天,预计完成时间为第15天。因有总时差19天,对总工期不产生影响。G工作滞后1天,预计完成时间为第13天。因有总时差11天,对总工期不产生影响。

施工进度的调整:根据优化目标的不同,人们提出了各种优化理论、方法和计算程序。

(1)资源冲突的调整。所谓资源冲突,是指在计划时段内,某些资源的需用量过大,超出了可能供应的限度。

(2)工期压缩的调整。当网络计划的计算总工期T与限定的总工期[T]不符时,或计划执行过程中实际进度与计划进度不一致时,需要进行工期调整。

任务 8.3　施工总布置

8.3.1　概述

施工总布置是施工组织设计的主要组成部分,它以施工总布置图的形式反映拟建的永久建筑物、施工设施及临时设施的布局。施工总布置应充分掌握和综合分析枢纽工程布置,主体建筑物规模、形式、特点、施工条件和工程所在地区社会、自然条件等因素,合理确定并统筹规划布置施工设施和临时建筑,妥善处理施工场地内外关系,以保证施工质量、加快施工进度、提高经济效益。

将施工布置成果标绘在施工场地的地形图上,就构成施工总布置图。一般来说,施工总布置图应包含:一切地上和地下已有的建筑物和房屋;一切地上和地下拟建的建筑物和房屋;一切为施工服务的临时建筑和临时设施。

施工总布置是施工场区在施工期间的空间规划,一般可分为三个阶段。

8.3.1.1　可行性研究阶段

合理选择对外运输方案,选择场内运输及两岸交通联系方式;初步选择合适的施工场地,进行分区布置,主要交通干线规划,提出主要施工设施的项目,估算建筑面积、占地面积、主要工程量等技术指标。

8.3.1.2　初步设计阶段

(1)落实选定对外运输方案及具体线路和标准,落实选定场内运输及两岸交通联系方式,布置线路和渡口、桥梁。

(2)确定主要施工设施的项目,计算各项设施建筑面积和占地面积。

(3)选择合适的施工场地,确定场内区域规划,布置各施工辅助企业及其他生产辅助设施、仓库站场、施工管理及生活福利设施。

(4)选择给水排水、供电、供气、供热及通信等系统的位置,布置干管、干线。

(5)确定施工场地的防洪及排水标准,布置排水、防洪、管道系统。

(6)规划弃渣、堆料场地,做好场地土石方平衡以及土石方调配方案。

(7)提出场地平整工程量、运输设备等技术经济指标。

(8)研究和确定环境保护措施。

8.3.1.3　招标设计阶段

(1)根据全工程合理分标情况,分别规划出各个合同的施工场地与合同责任区。

(2)对于共用场地设施、道路等的使用、维护和管理等问题作出合理安排,明确各方的权利和义务。

(3)在初步设计施工交通规划的基础上,进一步落实和完善,并从合同实施的角度,确定场内外工程各合同的划分及其实施计划,对外交通和场内交通干线、码头、转运站等由业主组织建设,至各作业场或工作面的支线,由辖区承包商自行建设。

8.3.2　施工总布置的原则

(1)施工临时设施与永久性设施,应研究相互结合、统一规划的可能性。

(2)确定施工临时设施及其规模时,应研究利用已有企业为施工服务的可能性与合理性。

(3)主要施工设施和主要辅助企业的防洪标准应根据工程规模、工期长短、水文特性和损失大小,采用防御 10~20 年一遇的洪水。高于或低于上述标准,要进行论证。

(4)场内交通规划必须满足施工需要,适应施工程序、工艺流程。全面协调单项工程、施工企业、地区间交通的连接和配合。力求使交通联系简便,运输组织合理,节约工程投资,减少运营管理费用。

(5)施工总布置应紧凑、合理,节约用地,并尽量利用荒地、滩地、坡地,不占或少占良田。

(6)施工场地布置应避开不良地质区域、文物保护区域。

8.3.3　施工场地区域规划

8.3.3.1　区域划分

大中型水利水电工程施工场地内部,可分为下列主要区域。

(1)主体工程施工区。

(2)辅助企业区。

(3)仓库、站场、转运站、码头等储运中心。

(4)施工管理及主要施工工段。

(5)建筑材料开采区。

(6)机电、金属结构和大型施工机械设备安装场地。

(7)工程弃料堆放区。

(8)生活福利区。

区域规划方式在区域规划时,按主体工程施工区与其他各区域互相关联或相互独立的程度,分为集中布置、分散布置、混合布置三种方式。水电工程一般多采用混合式布置。

8.3.3.2　分区布置

(1)其内容包括场内交通线路布置、施工辅助企业及其他辅助设施布置、仓库站场及转运站布置、施工管理及生活福利设施布置,风、水、电等系统布置、施工料场布置和永久建筑物施工区的布置。

(2)分区布置的原则是:

①场外交通采用标准轨铁路和水运时,要确定车站、码头的位置,布置重大辅助企业、生产系统和主要场内交通干线。然后,协调布置其他辅助企业、仓库、生产指挥系统、风、水、电等系统、施工管理和生活福利设施。

②场外交通采用公路时,首先布置重大辅助企业和生产系统,再按上述次序布置其他各项临时设施;或者首先布置与场外公路相连接的主要公路干线,再沿线布置各项临时设

施。前者较适用于场地宽阔的情况,后者较适用于场地狭窄的情况。

③凡有铁路线路通过的施工区域,一般应先布置线路,或者考虑和预留线路的布置。

8.3.3.3 现场布置总体规划

施工现场总体规划是解决施工总体布置的关键,要着重研究解决如总体布局、主要交通干线及场内外交通衔接、临建工程和永久性工程设施的结合、施工前后期的结合等一些重大问题。类似的有很多问题需要在施工现场总体规划中解决,如:施工场地是设在一岸还是分布在两岸?是集中布置还是分散布置?如果是分散布置,则主要场地设在哪里?如何分区?哪些临时设施要集中布置?哪些可以分散布置?主要交通干线设几条?它们的高程、走向如何布置?场内交通与场外交通如何衔接?以及临建工程和永久设施的结合、前期和后期的结合等。

8.3.4 施工场地选择

8.3.4.1 施工场地选择步骤

(1)根据枢纽工程施工工期、导流分期、主体工程施工方法、能否利用当地企业为工程施工服务等状况,确定临时建筑项目,初步估算各项目的建筑物面积和占地面积。

(2)根据对外交通线路的条件、施工场地条件、各地段的地形条件和临时建筑的占地面积,按生产工艺的组织方式,初步考虑其内部的区域划分,拟定可能的区域规划方案。

(3)对各方案进行初步分区布置,估算运输量及其分配,初选场内运输方式,进行场内交通线路规划。

(4)布置方案的供风、供水、供电系统。

(5)研究方案的防洪、排水条件。

(6)初步估算方案的场地平整工程量、主要交通线路、桥梁隧道等工程量及造价、场内主要物料运输量及运输费用等技术经济指标。

(7)进行技术经济比较,选定施工场地。

8.3.4.2 施工场地选择的基本原则

(1)一般情况下,施工场地不宜选在枢纽上游的水库区。如果不得已必须在水库区布置施工场地,其高程应不低于场地使用期间最高设计水位,并考虑回水、涌浪、浸润、塌岸的影响。

(2)利用滩地平整施工场地,尽量避开因导流、泄洪而造成的冲淤、主河道及两岸沟谷洪水的影响。

(3)位于枢纽下游的施工场地,其整平高程应能满足防洪要求。如地势低洼,又无法填高,应设置防汛堤和排水泵站、涵闸等设施,并考虑清淤措施。

(4)施工场地应避开不良地质地段,考虑边坡的稳定性。

(5)施工场地地段之间、地段与施工区之间,联系简捷方便。

8.3.5 施工总布置的步骤

由于施工条件多变,施工总布置图在设计时不可能列出一种一成不变的格局,只能根

据实践经验,因地制宜,按场地布置优化的原理和原则,创造性地予以解决。设计施工总布置基本步骤如下:

(1)收集分析整理资料。

(2)编制临时建筑工程项目单及规模确定。

(3)施工总布置规划。

(4)分区布置。

(5)场内交通规划布置。

(6)方案比较。

(7)修正完善施工总布置并编写文字说明。

8.3.6　施工总体布置的评价

8.3.6.1　施工总布置方案综合比较的内容

(1)场内主要交通线路的可靠性、修建线路的技术条件、工程数量和造价。

(2)场内交通线路的技术指标(弯道、坡度、交叉等),场内物料运输是否产生倒流现象。

(3)场地平整的技术条件、工程量、费用及建设时间,场地平整、防洪、防护工程量。

(4)区域规划及其组织是否合理,管理是否集中、方便,场地是否宽阔,有没有扩展的余地等;施工临时设施与主体工程施工之间、临时设施之间的干扰性;场内布置是否满足生产和施工工艺的要求。

(5)施工给水、供电条件。

(6)场地占地条件、占地面积(尤其耕地、林木、房屋等)。

(7)施工场地防洪标准能否满足要求,安全、防火、卫生和环境保护能否满足要求。

8.3.6.2　施工总布置方案的评价

评价因素大体有两类:一类是定性因素,一类是定量因素。

(1)属于定性因素的主要有:

①有利生产,易于管理,方便生活的程度;

②在施工流程中,互相协调的程度;

③对主体工程施工和运行的影响;

④满足保安、防火、防洪、环保方面的要求;

⑤临建工程与永久工程结合的情况等。

(2)属于定量因素的指标主要有:

①场地平整土石方工程量和费用;

②土石方开挖利用的程度;

③临建工程建筑安装工程量和费用;

④各种物料的运输工作量和费用;

⑤征地面积和费用;

⑥造地还田的面积;

⑦临建工程的回收率或回收费等。

技能训练

一、选择题

1.下列说法错误的是(　　)。

A.横道图所能表达的信息量较少,不能表示活动的重要性

B.横道图不能确定计划的关键工作、关键路线与时差

C.横道图简单、明了

D.横道图能清楚表达工序(工作)之间的逻辑关系

2.工程进度曲线(S 形曲线)以横坐标表示时间,纵坐标表示(　　)。

A.累计完成任务量　　B.单位时间内完成任务量

C.累计未完成任务量　　D.单位时间内完成任务量百分比

3.施工总平面布置图包括(　　)。

A.场外交通道路的引入　　B.仓库右呈

C.混凝土搅拌站　　D.外部运输道路

4.施工组织总设计内容中施工部署的主要工作应包括(　　)。

A.确定工程开展程序　　B.组织各种资源

C.拟定主要项目施工方案　　D.明确施工任务划分与组织安排

二、问答题

1. 水利水电施工组织设计的主要内容是什么?

2. 工程设计和工程施工常采用的施工总进度计划的表示方法有哪些?

3. 请简要叙述施工总布置的原则。

参考文献

[1] 张玉福,刘祥柱. 水利工程施工[M]. 北京:中国水利水电出版社,2010.
[2] 刘祥柱,牛根波,冷爱国.水利工程施工[M]. 郑州:黄河水利出版社,2015.
[3] 董邑宁. 水利工程施工技术与组织[M]. 北京:中国水利水电出版社,2010.
[4] 钟汉华,冷涛. 水利水电工程施工技术[M]. 北京:中国水利水电出版社,2004.
[5] 侍克斌. 水利工程施工[M]. 北京:中国水利水电出版社,2009.
[6] 袁光裕. 水利工程施工[M]. 北京:中国水利水电出版社,2003.
[7] 苗兴皓. 水利工程施工技术[M]. 北京:中国水利水电出版社,2008.
[8] 闫国新,张梦宇,王飞寒. 水利水电工程施工技术[M]. 郑州:黄河水利出版社,2013.
[9] 黄森开. 水利水电施工组织与工程造价[M]. 北京:中国水利水电出版社,2003.
[10] 钟汉华. 水利水电工程施工组织与管理[M]. 北京:中国水利水电出版社,2005.
[11] 王火利. 水利工程工程建设项目管理[M]. 北京:中国水利水电出版社,2005.
[12] 邓学才. 施工组织设计的编制与实施[M]. 北京:中国建材工业出版社,2000.
[13] 毛建平. 水利水电工程施工[M]. 郑州:黄河水利出版社,2004.
[14] 钟汉华. 坝工混凝土工[M]. 郑州:黄河水利出版社,1996.
[15] 王英华. 水工建筑物[M]. 北京:中国水利水电出版社,2004.
[16] 司兆乐. 水利水电枢纽施工技术[M]. 北京:中国水利水电出版社,2001.
[17] 薛桦,赵中宇,李建华. 水利水电工程施工技术与施工组织[M].郑州:黄河水利出版社,2014.
[18] 中华人民共和国水利部. 碾压混凝土设计规范:SL 314-2004 [S].北京:中国水利水电出版社,2004.
[19] 中华人民共和国国家能源局. 水利水电工程模板施工规范:DL/T 5110-2013 [S].北京:中国电力出版社,2013.
[20] 中华人民共和国水利部. 水工建筑物岩石基础开挖工程施工技术规范:SL 47-1994 [S].北京:水利电力出版社,1994.
[21] 中华人民共和国国家能源局. 水工混凝土钢筋施工规范:DL/T 5169-2013 [S].北京:中国电力出版社,2013.
[22] 中华人民共和国水利部. 水工建筑物水泥灌浆施工技术规范:SL 62-2014 [S].北京:中国水利水电出版社,2015.
[23] 中华人民共和国水利部. 水工碾压混凝土施工规范:SL 53-1994 [S].北京:水利电力出版社,1994.
[24] 中华人民共和国水利部. 碾压式土石坝设计规范:SL 274-2001 [S].北京:中国水利水电出版社,2002.
[25] 中华人民共和国水利部. 水利水电工程锚喷支护技术规范:SL 377-2007 [S].北京:中国水利水电出版社,2007.
[26] 中华人民共和国水利部. 水利水电建设工程验收规程:SL 223-2008 [S].北京:中国水利水电出版社,2008.
[27] 中华人民共和国国家能源局. 水工碾压混凝土施工规范: DL/T 5112-2009 [S].北京:中国电力出

版社,2009.

[28] 中华人民共和国住房和城乡建设部. 堤防工程设计规范: GB 50286-2013 [S].北京:中国计划出版社,2013.

[29] 中华人民共和国水利部. 水利水电工程天然建筑材料勘察规程:SL251-2015 [S].北京:中国水利水电出版社,2015.